LE LIVRE

DE

L'AGRICULTURE D'IBN-AL-AWAM

(KITAB AL-FELAHAH)

كتاب الفلاحة

PARIS. — IMPRIMERIE DE V. GOUPY, RUE GARANCIÈRE, 5.

LE LIVRE

DE

L'AGRICULTURE

D'IBN-AL-AWAM

KITAB AL-FELAHAH

كتاب الفلاحة

TRADUIT DE L'ARABE

PAR J.-J. CLÉMENT-MULLET

DES SOCIÉTÉS GÉOLOGIQUE ET ASIATIQUE DE PARIS,
DE LA SOCIÉTÉ IMPÉRIALE D'HORTICULTURE
ET DE LA SOCIÉTÉ D'AGRICULTURE DE L'AUBE.

(Ouvrage couronné par la Société impériale d'agriculture de Paris.)

TOME II. — IIe PARTIE.

L'ÉTABLE. — L'ÉCURIE. — LA BASSE-COUR

PARIS

LIBRAIRIE A. FRANCK

Rue Richelieu, 67

1867

AVANT-PROPOS

Nous avons divisé ce second volume en deux parties pour en
accélérer la publication et parce que cette division était indiquée
par la matière et par l'auteur arabe lui-même. En effet, nous
trouvons ici une étude spéciale sur les animaux domestiques,
les oiseaux de basse-cour et les abeilles. Le cheval surtout occupe une place fort étendue en raison de l'importance de ses
services et de l'intérêt que pouvait lui porter un Arabe-Espa-
gnol. La matière est donc bien tranchée, car l'autre partie
traitait de la culture des terrains et de tout ce qui peut s'y rattacher exclusivement. L'auteur a si bien compris cette division,
qu'il termine cette première division par une de ces doxologies
que les Arabes ne manquent jamais de mettre à la fin des
livres.

La traduction de cette seconde partie et surtout celle des deux
longs chapitres sur le cheval présentaient de grandes difficultés
à cause de la matière, de l'insuffisance des dictionnaires et de
la synonymie. Nous avons déjà dit et nous répéterons encore
ici combien M. Goubaux, professeur à Alfort, nous a merveil-

II*

leusement aidé par ses connaissances théoriques et pratiques,
et parce que, par lui, nous avons eu l'indication du livre trop
peu connu des *Hippiatriques* ou vétérinaires grecs.

Ce livre a pour titre Τῶν ἱππιατρικῶν βιβλία δύο, *Veterinariæ
medicinæ libri duo*. Il a été publié en grec en 1537, à Basle,
par *Symon Grynæus*; antérieurement, en 1530, Jean Ruel, de
Soissons, en avait publié une traduction latine qu'il avait dé-
diée au roi François Ier, à l'instigation duquel il paraît avoir
entrepris son travail. Plus tard, en 1563, Jean Massé, médecin
champenois, publia l'*Art vétérinaire ou la grande maréchalerie*,
qui est la traduction en langage de l'époque des Hippiatriques
grecques (1), à laquelle il a réuni ses propres observations.

Cet ouvrage est divisé en deux livres, subdivisés en chapitres.
Il y est parlé exclusivement des maladies des chevaux et de
leur traitement. Ce n'est point un livre d'une rédaction suivie,
dont les parties soient coordonnées suivant un plan régulier ;
ce sont, au contraire, autant d'articles sur un sujet spécial,
détachés et reliés seulement entre eux par le titre. Ces articles
portent la suscription de dix-sept noms d'auteurs différents qui
sont : Apsyrte, Hippocrate le Vétérinaire, Himerius, Hiéroclès,
Æmilius l'Espagnol, Tiberius Theomnestus, Eumelus, Pelago-
nius, Litorius de Bénévent, Archidemus, Anatolius, Pamphilus,

---

(1) Τῶν ἱππιατρικῶν βιβλία δύο, *Veterinariæ medicinæ libri duo,
à Joanno Ruellio suessionensi olim quidem latinitate donati, nunc vero
iidem sua, hoc est Græca lingua, primum in lucem editi*, Basl. Joan.
Valder. 1537, in-4°. — *Veterinariæ medicinæ libri II, Johanne Ruellio
suessionensi interprete. Paris. Simon. Colinæum*, 1530, in-fol. —
L'art vétérinaire ou grande Maréchalerie, par maistre Jean Massé, doc-
teur en médecine; en laquelle est amplement traité de la nourriture,
maladies et remèdes des bêtes chevalines. Paris, Charles Perrier,
1563, in-4°.

Africanus, Magon de Carthage, Didymus et Diophanes. Tous ces noms, à l'exception de deux ou trois, se retrouvent dans les Géoponiques. Quelques-uns, comme Anatolius, Pamphilus, Didymus, Diophanes, etc., sont cités en ce dernier recueil dans un grand nombre de chapitres où il est parlé de la culture, ce qui prouve qu'ils avaient embrassé dans leurs ouvrages toutes les parties de l'agriculture et l'élevage des animaux domestiques.

La forme épistolaire est le plus souvent usitée par Apsyrte. Dans le premier paragraphe posé comme *préface*, en s'adressant à son ami Asclépiades, il parle des observations qu'il a faites sur les maladies des chevaux quand il faisait partie de ces légions qui combattirent sur l'Ister. Ce sont ces observations avec les remèdes applicables à chaque maladie qu'il a consignées dans son œuvre (*in volumen*) ou volume dans lequel il a sans doute toujours suivi cette forme épistolaire. Nous trouvons (liv. I, chap. 2, fol. 19 vᵒ trad. lat.) une de ces lettres adressées à Hippocrate le Vétérinaire qui prouve qu'il était contemporain d'Apsyrte. Les autres articles semblent être des passages extraits des ouvrages des auteurs auxquels ils sont attribués.

Ce traité de médecine vétérinaire serait donc une compilation. Quel en fut l'auteur? A quelle époque et où fut-il composé? Suivant Jean Massé, ce serait l'œuvre d'Hiéroclès, qui aurait ajouté à son recueil beaucoup du sien (1). Mais nous pensons que Jean Massé est dans l'erreur. Il se fonde sans doute sur ce

______

(1) *Epistre dédicatoire*, page 3. Cette épître fournit quelques documents sur les écrivains qui, vers cette époque, s'étaient occupés de la médecine vétérinaire.

que le premier article d'Hiéroclès est une préface ou épitre dédicatoire à son ami Bassus. Mais, si Hiéroclès (1) était réellement l'auteur du recueil, la préface donnée comme de lui eût été placée au commencement du livre, tandis qu'elle n'est qu'en second lieu et que le premier est occupé par cette préface d'Apsyrte dont nous avons parlé. Nous sommes donc bien plus porté à croire que le recueil des vétérinaires grecs est une compilation dans le genre de celle des Géoponiques dont l'auteur et la date nous sont inconnus. Il dut précéder les Géoponiques, puisque, dans ces dernières, on en trouve des extraits.

La Bibliothèque impériale possède, sous le numéro 1038, anc. fond, un manuscrit arabe divisé en deux parties, qui est intitulé :

هذا المجلّد يشتمل على كتابين فى علم البيطرة احدهما تصنيف حنين بن اسحق والآخر تصنيف ثابت بن قرّة

Ceci est un volume contenant deux livres sur la science de la médecine vétérinaire. Le premier est l'œuvre de Honéin-ben-Ishaq et l'autre est l'œuvre de Tsabit-ben-Qorah.

Le livre d'Honéin commence par ces mots : جملة في كتاب البيطرة, *somme* ou *table de ce qui est contenu dans le livre de la médecine vétérinaire.* Il se termine par ceux-ci : تمّ كتاب ثاومنيسطيس ترجم حنين بن اسحق الطبيب فى البيطرة, *fin du livre de Théomnistis traduit par Ishaq, médecin vétérinaire* (litt. dans la vétérinaire). Or ce Théomnestus est un des auteurs le plus souvent cités dans le recueil des vétérinaires grecs. Ainsi notre traducteur arabe, lui attribuant ce livre, le considère

____

(1) Cet Hiéroclès était avocat, ou comme le dit Massé, *occupé és négoce de plaidoirie.*

comme en étant l'auteur véritable. Cette assertion contredit l'opinion de Massé, et, d'un autre côté, parmi les noms cités, c'est celui d'Apsyrte qui revient le plus souvent. Cette traduction est loin de reproduire intégralement le texte grec; c'est au contraire un simple abrégé où les chapitres, rangés dans un ordre particulier, ne concordent point avec l'ordre adopté pour l'original. Ce sont autant d'extraits avec lesquels il est souvent fort difficile de suivre le texte, ce qui prouve l'exactitude de ce que nous avons avancé dans la préface, à l'occasion de l'interprétation du verbe نقل pris dans le sens de *traduire*. Nous dirons donc aussi du verbe ترجم, qu'il ne faut pas le prendre plus que le verbe précédent dans un sens trop général ni trop absolu. On doit les interpréter, l'un et l'autre, dans un sens relatif. Or, ici, ترجم s'applique à une *traduction abrégée*, comme dans l'Agriculture nabathéenne. نقل ne peut s'entendre que de la traduction de passages pris dans le texte suivant la convenance de l'auteur.

Ce traité abrégé contient beaucoup moins de maladies que le texte d'Ibn-al-Awam, mais aussi il en contient quelques-unes dont ne parle point ce dernier, ou bien elles sont présentées d'une autre manière, ce qui rend difficile l'usage de cette traduction. Cependant nous avons pu, dans quelques cas trop rares, nous en servir utilement.

Cette première partie du manuscrit ne comprend que quarante-six feuilles in-4°, bien écrites, sans indication de date.

La seconde partie est beaucoup plus considérable, car elle comprend cent vingt-trois feuilles du même format et de la même écriture que les précédentes.

L'auteur, dans une préface, dit avoir fait une traduction d'un texte persan qui était nommé كتاب البيطرة livre de la (médecine) vétérinaire. Il traite des principaux animaux domestiques, le cheval, le chameau, l'espèce bovine et ovine; de leur vie, leurs habitudes, leurs maladies et la manière de les guérir. La partie qui traite du cheval est divisée en quatre sections (فصل). Mais en réalité et plus exactement elle est partagée en deux grandes sections : la première comprendrait la physiologie du cheval, et la seconde la pathologie, c'est-à-dire la description des maladies, la diagnostique, puis la thérapeutique ou la manière de les traiter. Cette seconde division, qui est la plus grande, absorbe quatre-vingt-dix-neuf feuilles. La thérapeutique est partagée en quatre-vingt-dix chapitres, ce qui montre que la matière est traitée avec assez d'extension.

Vient ensuite la partie qui traite de l'âne, du chameau et des espèces ovine, caprine et bovine.

Ce manuscrit est remarquable par les détails qu'on trouve sur les nuances des couleurs des chevaux et sur les influences fatales que leur accordaient les Orientaux. C'est aussi un chapitre curieux pour l'histoire morale des populations de l'Orient. Les feuilles 17 v° et 18 r° et v° sont bordées d'un long extrait sur le même sujet emprunté aux philosophes indiens : الاخلاق الهندي, ce qui peut servir de jalon à la marche des idées.

Le manuscrit 997, 2, traite également de la médecine vétérinaire. C'est un petit in-folio bien écrit auquel manquent le commencement et la fin. Dans l'intérieur aussi, à la suite de la feuille 30, est une lacune indiquée par une feuille blanche. Cet état incomplet est regrettable. Le livre n'est pas entièrement consacré au traitement des maladies des animaux, mais il traite encore de la nourriture, de la disposition à donner aux écuries, et de ce que le cavalier doit surtout connaître. Ce traité peut être encore fort utile pour l'histoire de la science, car il cite les opinions des vétérinaires de l'Inde, de la Perse, de l'Irak et de l'Arménie. On s'y rencontre aussi avec les vétérinaires grecs comme Théomnestus et Apsyrte. Les marges sont chargées de notes destinées à compléter l'œuvre. Ces notes rappellent aussi les noms que nous avons cités ; elles sont d'une belle écriture orientale prenant parfois des formes fantastiques et des zigzags.

Le n° 997, supplément arabe petit in-4°, même écriture, traite aussi de la médecine vétérinaire. Il a pour titre écrit d'une main étrangère : كتاب البيطرة النافع للدابة التي تشتكي, livre de médecine vétérinaire utile pour les animaux qui sont contristés (par la maladie). Ce manuscrit paraît incomplet.

Un manuscrit qui a fixé assez particulièrement notre attention, est celui qui est inscrit sous le n° 994, supplément arabe, sous le titre de : كامل الصناعتين, *Kamil assanaatin*, Traité complet des deux arts. Ce livre est généralement connu sous le nom de *Naceri* ou Nacérien parce qu'il fut composé pour le sultan d'Égypte et de Syrie, *Melik Nâcir Mohammed Ben Qaloun*, dans la première moitié du XIVe siècle, par *Abou Bekr Ben el-Bedr*, vétérinaire attaché aux écuries du sultan. Le titre de Traité complet des deux arts lui a été donné parce qu'il a pour objet l'art de soigner les chevaux malades بيطرة et celui de les élever et de les dresser رياضة. L'auteur dit s'être servi de ses propres observations, de celles de son père et des principaux praticiens de l'Égypte et de la Syrie. On y trouve encore les noms d'Aristote, Galien, Hippocrate, Hermès, etc. Ce livre, comme nous l'avons vu dans notre préface, a été traduit et publié en trois volumes par M. le Dr Perron. Le premier forme une longue et curieuse introduction sur l'élevage et l'emploi du cheval chez les Arabes et les expéditions guerrières. La copie du *Nacéri* dont M. Perron a fait usage fut terminée le 9 de Rebi premier, l'an 1077 de l'hégire, qui correspond à l'année 1666-1667 de l'ère chrétienne. Le manuscrit de la Bibliothèque impériale porte la date finale الٱٮراح du 14 de schâban de l'année intercalaire 875 de l'hégire ou 1470 de l'ère chrétienne. (Voir la notice du catalogue de la Bibliothèque impériale, le second vol. de la trad. de M. Perron et Hadji Kalfah, t. V, n° 9735.)

Parmi les ouvrages arabes manuscrits que possède la Bibliothèque impériale, nous citerons encore كتب المخزون لارباب الفنون فى الفروشية ولعب الرمح وبنودها, « Recueil destiné aux « personnes qui cultivent les différentes branches de l'art mili- « taire et qui s'exercent au maniement de la lance, ainsi qu'aux « manœuvres dont cet art est susceptible. » Mss. n° 1126. A. F. Il comprend deux parties, l'une desquelles, la seconde, traite de la manière de monter à cheval, de manier les armes et de faire toutes les évolutions et fantasias militaires, avec des figures qui, pour l'exécution, laissent beaucoup à désirer.

Le n° 988, 2, du Supplément arabe intitulé كتب المخزون وجامع الفنون « Recueil réunissant les différentes branches « de l'art, » et il a pour auteur Ibn-Hazem ابن حزم. Il est pareil à cette seconde section du numéro précédent, mais beaucoup mieux exécuté dans toutes ses parties. Les figures surtout sont bien plus belles. M. Reinaud dit, dans la note qu'il a insérée dans le catalogue, que cette copie a été faite pour quelque grand personnage de la cour des sultans mamelouks, et que cet exemplaire paraît provenir de la bibliothèque du sérail de Constantinople. (Voir *Journ. Soc. asiat.*, pages 201 et suiv., et *Hist. de l'artillerie*, par MM. Reinaud et Favé, *Avant-propos*.)

Pour compléter la liste des ouvrages arabes qui ont rapport

à l'hippologie, nous rappellerons sommairement les numéros
suivants :

Le n° 993, supp., كتاب علم سياسة الخيل لوهب بن منبّه,
l'art de conduire les chevaux, par Wahab, fils de Menabbah,
volume orné de peintures, rapporté d'Égypte et offert par le
général Menou à la Bibliothèque.

N° 988, Sup. arabe, كتاب الفروسية برسم الجهاد فى سبيل الله,
« Traité de l'art militaire (équitation) en vue de la guerre pour
« la cause de Dieu. » (V. *Journ. Soc. asiat.* Sept. 1848, page 201.)

N° 996, Sup. arabe, كتاب الاقوال الكافية والفصول الشافية,
traité d'équitation et des chevaux en général.

On trouve aussi dans le *Encyclopaedische Übersicht der Wis-
senschaften des Orients* (Leipzig, 1804), que généralement on
attribue à M. de Hammer, les ouvrages suivants cités dans le
paragraphe sur la médecine vétérinaire (*Vieharzneykunde*),
page 456.

1° كتاب لابى فوارس بن منقداد اب ركوب فارس, livre d'Abou
Fouaris ben Monqad pour la bonne tenue du cavalier.

2° كتاب فى علم السياسة الخيل, livre de l'art de dresser les
chevaux d'Amrou'l-Kaïs.

3° كتاب سياسة الخيل, livre de l'art de dresser les chevaux
de Zaïn ed-din d'Andalousie.

Hadji Khalfa, dans son second volume, a un article spécial
pour la *science vétérinaire* (art. 2029, page 84), mais cet article
de quelques lignes contient seulement quelques généralités sur
la matière. Cependant, divers ouvrages de médecine vétérinaire se trouvent dans d'autres parties. Ainsi t. IV, art. 9032,
الفروسية المحمدية. *Ars equestris Mohammedica*, de Schems ed-
din Mohammed Ben Abi Bekr Ben Qaïm el-Djauziet, mort l'an
751 de l'hégire, 1350 de J.-C. — T. V, art. 9953, كتاب البيطرة,

liber de arte veterinaria, de Schânâq l'Indien, شداق الهندى. —
Ibid., art. 10365, كتاب الفرس, *liber de equis*, de Abou Hatim
Sahl Ben Mohammed Sejestani, mort en 248 de l'hégire, 862
de J.-C. — Ibid., art. 10369, كتاب الفروسيّة, *liber de arte
equestri*, de Abou'lfaradj Abd el-rahman ben Ali Ibn el-Djauzi,
mort en 598 de l'hégire, 1201 de J.-C.

Enfin on pourra trouver des éclaircissements plus étendus
sur quelques-uns de ces manuscrits dans le mémoire déjà cité
de M. Reinaud sur l'*Art militaire chez les Arabes au moyen âge*,
Journ. Soc. asiat., sept. 1848, pages 200 et suiv., ainsi que
dans l'*Histoire de l'artillerie*, du même savant, en collaboration
avec le général Favé (préliminaires).

Nous croyons devoir prévenir nos lecteurs que, dans nos catalogues
d'Aristote, nous avons suivi la traduction de l'*Histoire des animaux*, par
Camus, 2 vol. in-4°, Paris, 1783.

Pour l'indication française des titres des manuscrits arabes, nous avons
copié celle des catalogues.

LE LIVRE

DE L'AGRICULTURE

D'IBN-AL-AWAM

CHAPITRE XXXI.

De l'agriculture par rapport aux animaux ; manière d'élever les espèces *bovine*, *ovine* et *caprine*, tant les mâles que les femelles. Choix des meilleures bêtes. Saison où il convient de donner le mâle aux femelles ; durée de la gestation. Ce qui convient le mieux au bétail pour l'alimentation et la boisson, quant à l'eau. Traitement d'une partie de leurs maladies et infirmités. Comment on doit les gouverner, et autres indications de ce qui peut les entretenir en bon état.

ARTICLE 1.

Espèce bovine.

Cassius dans son livre (sur l'agriculture) conseille de choisir parmi les taureaux et les veaux, soit pour le travail, soit pour le produit, ceux qui ont le corps allongé, ample, qui sont bien charpentés, qui ont un aspect sauvage, les yeux rouges (1), circonscrits dans un cercle blanc, le mufle arrondi et bien fait, les lèvres noires, les cuisses fermes, courtes et bien mus-

---

(1) Il est quelques parties de ce passage qui, pour être bien comprises, doivent être rapprochées des Géoponiques et de Virgile. Le texte dit : *les yeux rouges ;* les Géoponiques les veulent *noirs*, et Virgile *farouches, torvi,* c'est peut-être ce sens-ci qu'il faut chercher. Le *mufle arrondi et beau* est sans doute le mufle ramassé, *simus,* sans gibbosité. Géop., XVII, 2; Virgile, *Géorg.*, III, 50, suiv.; Colum., VI, 20 et 21.

clées, la poitrine largement développée, les côtes (et les flancs) amples ; les dents ne doivent pas être larges ; le pelage doit être de couleur rouge, avec les jambes noires. Le meilleur animal est celui dans lequel se rencontre le plus grand nombre de ces signes caractéristiques, bien qu'ils n'y soient point tous réunis.

Suivant Kastos, le plus mauvais taureau qu'on puisse trouver, c'est celui qui est d'un naturel difficile, dont les cuisses sont noires à l'intérieur et les testicules de la même couleur. Il dit encore qu'il faut pour la reproduction choisir une vache dont l'épine dorsale soit longue comparativement à son corps ; qu'elle ait le front large et fort, les yeux gros et noirs, mufle arrondi (ramassé) vers le nez. Elle doit être élevée du devant, avoir le cou épais, le poitrail développé, les cuisses et les jambes bien égales, les hanches bien faites, la queue longue et la touffe de poil terminal également longue ; les pieds ne doivent pas s'entre-choquer en marchant.

Suivant Aristote (*Hist. an.*, IX, 5), les vaches aiment à se réunir en groupes, et, si l'une d'entre elles s'écarte du chemin, les autres la suivent. Aussi, quand les pâtres voient qu'il leur en manque une, ils cherchent dans tout le troupeau (inspectant tous les groupes) (1).

Parmi les vaches, comme parmi les brebis, il y en a toujours une qui marche devant. Un seul pâtre peut suffire pour surveiller un grand nombre de vaches. Le plus habituellement une vache ne met bas qu'un seul veau ; quelquefois elle en donne deux, par superfétation (2). La vache peut recevoir le mâle et

(1) Nous nous sommes aidé d'Aristote pour rectifier le texte que Banqueri avait aussi trouvé fautif, mais notre correction diffère de la sienne ; nous lisons ﺳﺎﺑﻮﺗ ﻃﺎﺑﻮﺭ, qui nous paraît répondre bien au grec πᾶσαν ἐπιζητοῦσιν, que Gaza traduit par *totum armentum requirunt*. Camus traduit : *ils ne manquent pas de faire le dénombrement de tout le troupeau*. La traduction de Gaza répond mieux au texte.

(2) Ces superfétations sont sans doute très-rares, mais nous pouvons en citer un exemple dont nous garantissons l'authenticité. Vers 1818 au bourg de Lusigny (Aube), une vache a produit quatre veaux femelles

engendrer pendant toute sa vie, qui est de quinze ans et plus. Le taureau vit aussi longtemps quand il a été coupé. Quand la vache est grasse (et bien nourrie), elle peut vivre jusqu'à vingt ans, si elle est d'une bonne complexion. Le taureau a pris son accroissement, et il est dans toute sa force, quand il a atteint l'âge de cinq ans. Le jeune mâle jette ses dents à deux ans, mais il ne les jette pas toutes ensemble. Il en est de même pour la jeune vache. Celle-ci ne reçoit point le mâle avant un an révolu (1). Le plus communément la saillie des vaches et la conception a lieu au printemps ; cependant, il en est chez lesquelles l'accouplement a lieu en automne. Quand la vache a mis bas, elle a du lait dès le jour même ; mais elle n'en a point avant cette époque. Quand ce premier lait se coagule, il acquiert la consistance de la pierre, à moins qu'on n'y mette de l'eau (2). Quand les taureaux sont très-ardents pour la saillie, les vaches étant pleines, c'est un signe de grandes pluies, disent quelques personnes. La vache met bas quelquefois à l'âge d'un an, mais c'est extraordinaire. On a dit qu'elle recevait le mâle à huit mois ; mais ce qu'il y a de plus certain et de meilleur dans l'affaire de la saillie de la vache, c'est que la conception et le part n'aient pas lieu avant deux ans révolus (3). Cassianus dit qu'il ne faut pas faire saillir la vache avant qu'elle ait atteint sa deuxième année, de façon que le

dans une seule portée ; deux de ces veaux furent élevés, nous les avons vus.

(1) La citation d'Aristote n'est point complète ; il dit que « les mâles « commencent à saillir et les femelles à les recevoir à un an ; l'accou- « plement à cet âge peut être fécond, mais le plus ordinairement il ne « l'est qu'à un an huit mois ; deux ans est même l'âge où on le recon- « naît tel le plus généralement. » VI, 21. Les Géoponiques disent aussi que l'accouplement ne doit avoir lieu qu'à deux ans, XVII, 3 et 12. C'est dit aussi par Varron, *de Re rust.*, II, 5. 13.

(2) Le texte dit positivement que « la concrétion a lieu si on *met de l'eau* ; » Aristote dit au contraire que *la concrétion n'a pas lieu si on mêle de l'eau au lait*. Nous avons adopté cette rédaction. *Hist. anim.*, *loc. cit.*

(3) C'est-à-dire, de ne pas lui donner le mâle avant cette époque.

part ait lieu dans la troisième. Si on attend la quatrième année, elle sera mieux disposée pour la conception. Kastos ne veut pas qu'on fasse saillir une vache avant qu'elle ait deux ans accomplis; alors, devenue féconde, elle met bas la quatrième année. Si même la saillie n'a lieu que dans la quatrième année, c'est plus convenable à son organisation, les veaux sont plus forts et le lait plus abondant. Le plus que puisse donner une vache, c'est quinze portées. Le plus longtemps que porte une vache, c'est onze mois. Suivant Aristote, la durée de la gestation est de neuf mois, et le part a lieu le dixième. Il en est qui pensent que la vache porte dix mois pleins. Si elle met bas avant ce terme, le petit est un avorton qui ne vit pas (Arist., *Hist. anim.*, VI, 21).

Suivant Kastos l'époque pour donner le taureau aux femelles et celle de la saillie commence au premier d'*Isfendarmah*, (mai); elle dure pendant quarante jours et finit la nuit du dix de *Férourdinmah* (juin). On a dit aussi qu'il ne fallait pas donner une nourriture trop abondante, ni trop abreuver les vaches pendant un mois ou deux avant l'époque de la saillie, parce qu'ayant perdu de leur graisse elles sont mieux disposées pour la fécondation et la gestation que si elles sont grasses. Le mâle qu'on destine pour la saillie doit être bien nourri; il faut lui donner de l'orge, de la paille et de l'herbe. Cassianus dit que, si le pâturage n'est pas abondant, il faut donner au taureau de l'orge qui a trempé dans l'eau, avec de la paille. Un taureau peut suffire pour vingt vaches; on tient les mâles séparés des femelles pendant deux mois (avant l'accouplement), et, quand ils se sont écoulés, on introduit les mâles parmi les femelles, où ils sont en pleine liberté pour satisfaire leur ardeur amoureuse; cela se fait dans la saison indiquée plus haut (1).

---

(1) Le texte arabe est enveloppé de quelque obscurité, c'est pourquoi nous nous sommes aidé des Géoponiques où se trouve ce passage, et qui porte *ipsorum impetus non coercendus*, que l'arabe semble avoir paraphrasé (Géop., XVII, 3).

Aristote dit : Le taureau dans un seul accouplement rend la vache pleine ; il accomplit cet acte avec beaucoup de violence. La vache reste ensuite calme pendant vingt jours, puis son désir du mâle se réveille, et elle le recherche de nouveau (si le premier accouplement a été sans résultat) (1). Les taureaux âgés ne saillissent les vaches qu'une seule fois par jour, et ils se tiennent en repos tout le reste de cette journée, pour recommencer le lendemain. Les jeunes mâles peuvent réitérer l'accouplement plusieurs fois dans le même jour, sur plusieurs femelles, avec la même animation. Le taureau, dit encore le naturaliste grec, est capable d'engendrer au bout d'un an, et il ajoute qu'il croît et se développe plus rapidement si on l'empêche pendant plusieurs années de s'accoupler ; il est même des personnes qui ne permettent l'accouplement qu'après neuf ans.

Il a été dit que c'est lorsque les testicules sont descendus en totalité (dans le scrotum) qu'on fait subir aux jeunes taureaux l'opération de la castration qui les rend impropres à la génération. C'est après un an révolu qu'on pratique cette opération (sur le bouvillon) (2). Il serait mauvais (et dangereux) de le faire plus tôt, (le corps et) les membres seraient arrêtés dans leur développement. Il faut tenir séparées du troupeau les bêtes de l'un et de l'autre sexe qui sont maigres et chétives et veiller à ce qu'il n'y ait pas de rapprochement ; la maigreur disparaîtra. Les bœufs (ou vaches) connaissent la voix de leur pâtre et de ceux qui les appellent ; ils leur sont dociles et se laissent (facilement) détourner de leur but (pour les suivre). Un moyen de connaître à l'avance quel sera le sexe de ce qui naîtra de l'accouplement, c'est de voir si le taureau

(1) Ici encore nous nous sommes aidé du texte d'Aristote pour corriger l'arabe et le compléter (*Hist. anim.*, VI, 21).

(2) Columelle dit qu'il est meilleur de faire la castration sur le bouvillon dans sa seconde année que quand il est dans sa première année. *Melius bimus quam anniculus castratur.* Vient ensuite la description de l'opération. Col., *de Re rust.*, VI, 25. Les Géoponiques disent la même chose, XVII, 8.

après cet acte accompli descend du côté droit; dans ce cas,
il naîtra un mâle; si, au contraire, il descend du côté gauche,
ce sera une femelle (Géop., XVII, 6). Galien dit : Il est bien
peu de taureaux employés pour la saillie qu'on puisse dompter et rendre assez dociles pour les employer à la culture de
la terre ou à tout autre travail que ce soit. Aristote dit que, si
on applique un ail pilé sur la corne d'un taureau (1), on le
fait passer partout où l'on veut sans grande peine. Il a été dit
encore que, si on frotte d'huile le pénis d'un taureau récalcitrant, on le rend docile au travail. De même que, si on pratique aux deux cuisses de l'animal une ligature avec un fil de laine
tordu, il s'adoucit et devient docile. On a dit encore : Si le taureau est récalcitrant et ne veut pas se laisser conduire, faites
avec une (petite) corde une ligature sur les testicules et alors
on le trouvera docile; si on pratique une ligature aux deux
jarrets, l'animal suivra (son conducteur) partout où il voudra
le conduire. Si on oint le mufle du taureau avec de l'huile de
rose, il deviendra obéissant. — En frottant un taureau d'eau
de rose, on fait enfler sa tête, et, si on en frotte celle de la vache, elle en meurt. La friction sur le mufle de l'individu de
l'espèce bovine lui fait prendre la fuite, et il s'échappe bien vite.

Kastos dit que le secret pour rendre un taureau (ou un
bœuf) docile, c'est de piler et de réduire en poudre une rose sèche, puis d'insuffler dans les narines de l'animal cette poudre
avec un tube de roseau et d'oindre d'huile de rose l'extrémité du
mufle et les narines; à la suite de cette opération. toute sa
fougue s'apaise. On dit que, si on oint le mufle du taureau avec
de l'huile d'amande douce, il suivra celui qui aura fait l'opération. On dit qu'il suffit pour obtenir ce résultat d'attacher
un taureau à un figuier. On a parlé aussi de faire chauffer
avec du sel de la graisse d'une brebis immolée (2), tenue en

(1) Le texte porte جَمَل, un *veau*; nous pensons qu'il faut lire
فَحْل, un *taureau*, *admissarius*, comme l'indique le commencemen
de l'article.

(2) الأضحية, brebis immolées à l'heure de la prière qui se faisait au

réserve pour cela; on fait fondre la graisse dans une poêle, on
en frotte les cornes de l'animal récalcitrant, et alors il s'opère
en lui un changement, Dieu aidant. Il en est aussi qui disent
que la cire chauffée ramollit la corne du taureau, au point qu'on
peut l'étendre à volonté. On a dit encore qu'il y avait en Arménie des bœufs qui portaient une crinière (1).

Quant aux maladies des bœufs, Aristote dit que ceux qui vivent en liberté dans le pâturage sont exposés à deux maladies.
La première est la *goutte* et la seconde ressemble au *cidâm* (2).
Quand ils ont été attaqués par la goutte, leurs pieds enflent;
l'animal n'en meurt point, mais les ongles du pied tombent. Il
n'y a point d'autre soulagement au mal que de frotter l'ongle
avec de la cire ou de l'huile d'olive (3); ce remède est très-
efficace pour cette goutte. Quand l'animal est attaqué de l'autre maladie qui ressemble au *cidâm*, on observe les mêmes
symptômes que dans la fièvre qui attaque les hommes; la
respiration est brûlante et précipitée; cet animal ne peut manger; il succombe en peu de temps, et, si on fait l'autopsie, on
trouve le poumon gâté.

Suivant Cassianus, quand un bœuf a été piqué par les mouches, il est saisi d'un vertige qui ressemble à une folie furieuse.
Un excellent procédé pour éloigner ces insectes des animaux
dans le pâturage, c'est de prendre des feuilles de laurier-rose,
de les faire bouillir dans l'eau, et d'asperger les animaux avec
cette décoction. *L'Agriculture nabathéenne* dit de prendre des

---

lever complet du soleil, et dite صلاة الضحى ou prière du soleil levant
صلاة الشروق. V. *Chrest.*, Sacy, I, pag. 103 et suiv., et Cast., *Lexic.
hept.*

(1) Ce sont sans aucun doute les *yaks*, qui ont une crinière et une
queue de cheval. Il est question de ces bœufs sous le nom de *Bolinthi*
dans le livre *De mirab. auditis*, c. I.

(2) الحذام. Le dictionnaire de Castel dit seulement : maladie qui
attaque la tête des chevaux; mais Aristote nomme cette maladie χοιράδες
qu'on traduit par *struma*, *écrouelles* (*Hist. an.*, VIII, 28). La description est celle d'une fièvre violente et pernicieuse.

(3) Aristote dit *poix d'huile*.

baies de laurier (*laurus nobilis*, Linn.), de les faire bouillir dans l'eau qu'on répand ensuite dans les pâturages fréquentés par les bœufs; alors les insectes, quelle qu'en soit l'espèce, disparaissent à cause de cette décoction d'un arbre qui leur est nuisible (1). Ou bien on lave le dos des bœufs avec cette décoction, et les mouches ne s'approchent point. On peut encore faire bouillir ces baies de laurier avec de l'huile de sésame ou de l'huile ordinaire ; on humecte avec la décoction le lieu sur lequel s'est posée la mouche. Le résultat sera encore pareil, si on frotte l'animal, taureau ou vache, avec les mucosités prises dans sa bouche ou ses narines; les mouches ne s'approcheront jamais. Le même Cassianus dit : Si l'animal a été piqué par une mouche et que cette piqûre soit grave, on prend de cette céruse (fard) que les femmes s'appliquent sur la figure, on la réduit en poudre, on la délaye avec de l'eau et on en bassine la plaie ; ce remède amènera la guérison, Dieu aidant de sa volonté (*Géop.*, *loc. cit.*, 7).

Cassianus dit encore que, parmi les moyens curatifs à employer quand un animal de la race bovine a reçu une contusion, c'est de prendre de la mauve sauvage qu'on pile et qu'on applique toute humide en cataplasme sur la blessure; suivant Kastos, on peut remplacer la mauve par la guimauve (khetmie) sauvage. Le même dit encore que les bœufs souffrent des atteintes d'un froid *trop intense* ou de la neige (qui leur sont nuisibles). Lorsqu'on les fait marcher pour aller d'un lieu vers un autre, souvent il arrive que les pieds deviennent endoloris; il faut, dans ce cas, les frotter avec de l'ail ou de l'huile ; c'est très-utile contre cette douleur des pieds; d'autres disent de frotter avec de l'ail pilé ou de l'huile.

Asthahoursis dit que, si on prend un morceau d'émail d'une dent de vieille chamelle, mais non d'une autre, que l'on enve-

---

(1) Ces prescriptions se trouvent dans les Géoponiques, XVII, 7 et 11; dans le premier de ces chapitres il est question du οἶστρος appelé μύωψος, l'œstre du bœuf, *œstrus boris*, Linn., et le taon des bœufs, *tabanus bovinus*, Linn., dont la piqûre rend parfois les chevaux furieux. Le chap. II parle seulement des mouches, μυῖαι.

loppe d'un linge qu'on liera avec un fil, puis qu'on suspende le
tout au cou d'un bœuf, ce sera un préservatif efficace contre
la peste. On dit que, si on attache la queue d'un loup à la crèche d'un bœuf, il ne touchera point à la nourriture, tant que
cette queue restera appendue à la crèche مذود pl. مذاود (1).

Il arrive souvent que, chez les taureaux (et les bœufs) em·
ployés au labourage ou à tout autre travail analogue dans le
cours du mois de juin, les veines jugulaires se gonflent. Dans ce
cas, on prend une lancette très-large, à pointe bien fine; la largeur sera du double à peu près de celle de la lancette employée
pour les bêtes de somme (les chevaux). On l'emmanche dans une
tige préparée à cet effet et bien connue. La lame ressort du manche de la longueur de la phalange du pouce. Il en est qui disent
qu'il faut atteler la paire de bœufs en sens contraire de ce qui se
pratique pour le labourage, c'est-à-dire que la tête de l'un soit
tournée vers la queue de l'autre. L'homme qui a attelé se tiendra sur le côté de l'animal et non tourné vers la tête, suivant l'habitude, mais vers la queue, de façon que le côté droit de l'homme
soit en contact avec le côté de l'animal. Alors, à l'aide d'une
corde, il exerce une forte constriction sur le cou de celui-ci pour
rendre les jugulaires plus apparentes et plus faciles à distinguer.
On ramène l'extrémité de la corde vers la queue du bœuf où on
l'attache. Alors on ouvre la veine et on tire du sang en quantité double de celle qu'on tire aux chevaux. Cette saignée est
très-avantageuse pour la peau dont les couleurs deviennent

(1) Banqueri a renvoyé en note et négligé de traduire le passage
suivant à cause de la puérilité de la prescription : « On a dit que
« lorsque le taureau a eu un pied blessé par le soc de la charrue
« et qu'il en souffrait (il fallait qu')un homme prenant un ton joyeux
« lui criât dans les oreilles et lui dît : *Guéris-toi promptement, sinon
« je te blesserai l'autre pied avec le soc;* et alors la guérison s'ensuivrait,
« Dieu aidant. Cette prescription ressemble à celle faite pour la déchi-
« rure qu'on a rapportée à ce cas. » Columelle parle de la blessure qui
peut être faite au pied du cheval par le soc de la charrue, mais il indique un remède sérieux et non fantastique comme celui-ci (Col., *De
rust.*, VI, 15).

plus vermeilles; elle est encore utile (d'une manière générale) et la condition de l'animal devient meilleure.

En ce qui concerne l'alimentation de l'espèce bovine (en général) et pour l'engraisser, suivant l'Agriculture nabathéenne, l'orobe ou ers (*Ervum ervilia*, Linn.), plante et graine, donne de la vigueur aux bœufs qui en sont nourris et leur fait prendre un embonpoint régulier; il n'est point de nourriture meilleure pour l'espèce bovine, car, en même temps qu'elle lui donne de la vigueur, elle augmente le volume de la moelle et de l'encéphale. Quand on nourrit d'orobe les chèvres ou autres quadrupèdes (de cette famille), elles fournissent beaucoup plus de lait; mais cette alimentation ne convient point aux brebis pleines (1).

Une des propriétés des haricots, c'est d'engraisser les bœufs quand on les leur donne après les avoir fait tremper dans le vinaigre, et en même temps ils les débarrassent d'affections nuisibles, et leur action sur le corps pour le conserver sain est égale à celui de l'orobe. Ces deux légumineuses étant mêlées ensemble, chacune d'elles produit isolément l'effet (salutaire) que nous avons dit. Le doura convient très-bien aussi aux espèces bovine et caprine quand on leur en donne la feuille et la tige en vert; il leur procure une graisse de bonne nature. Il a déjà été dit dans le livre de Dioscoride (II, 131) que l'orobe engraisse les bœufs quand on la leur fait manger bouillie. Aristote dit que les bœufs se nourrissent (d'herbes) de graines. Celles surtout qui les engraissent sont celles qui sont flatulentes, comme l'orobe et les fèves moulues ou leur feuillage donné en vert. Le vieux bœuf qu'on veut engraisser doit être nourri d'orge bouillie ou moulue, ou bien avec des fruits sucrés, comme la figue et l'olive, et des feuilles d'*orme*. Ce qui peut encore favoriser l'engraissement, c'est la chaleur du soleil et les bains d'eau chaude. L'insufflation leur est particulièrement favorable. Avicenne dit que parfois on pratique sur les

(1) Aristote, *Hist. anim.*, III, 21, dit seulement que l'ers, ὄροβος, est une mauvaise nourriture pour les femelles pleines.

extrémités des animaux des incisions par lesquelles se fait l'insufflation ; ce procédé contribue beaucoup à l'engraissement de l'animal (1). Aristote dit que les bœufs ne boivent jamais d'eau bourbeuse, et qu'ils s'abstiennent même de boire jusqu'à ce qu'ils aient trouvé de l'eau claire, qui est la seule qui leur convienne (2).

ARTICLE II.

Espèces ovine et caprine.

Tous ceux qui s'adonnent à l'agriculture sentent le besoin du fumier de mouton, de même que personne ne peut se passer ni du lait ni de la chair de l'espèce ovine. Cassianus et Kastos disent que les meilleures brebis pour le produit sont celles qui sont jeunes, et dont la toison bien fournie est d'une laine d'une finesse et d'une longueur moyenne, et dont le ventre en

(1) La pensée du naturaliste grec ne se trouve pas toujours exactement reproduite dans l'arabe, mais toujours nous nous sommes rapproché du grec. L'arabe conseille des feuilles du *salix babylonica*, Linn. أوراق غرب ; le grec dit, φύλλοις τῆς πτελέας, *feuilles d'orme*. Nous avons rétabli la citation d'Avicenne omise par Banqueri et celle d'Aristote, d'après le texte, *Hist. Anim.*, l. VIII, ch. vii, 10.

(2) Banqueri a renvoyé en note, refusant de les traduire, les passages suivants : « On a raconté du Prophète, sur qui soient la prière et le salut, « qu'il disait : Je vous recommande les diverses espèces de lait de « vache produit de toute espèce d'arbres, car le lait de vache est un « bon médicament. On raconte encore du Prophète, qu'il disait que le « bétail était une source de bénédiction préparée (par Dieu).

« On rapporte qu'Ali disait : La chose la plus avantageuse que chacun de vous puisse élever dans son habitation, c'est la brebis; celui « qui aura dans sa maison une brebis sera gardé une fois par les anges « tous les jours. On rapporte que le Prophète disait à sa tante : Qui « t'empêche d'élever dans ta maison la source des bénédictions? Elle « répondit : O prophète de Dieu, quelle source de bénédiction ? C'est, « dit-il, la brebis, ou la chamelle, ou la vache, car ce sont autant de « sources de bénédiction. » Nous avons supprimé un de ces *hadits* ou récits traditionnels dont le texte était trop altéré.

est bien fourni (Géop., XVIII, 1). Kastos prescrit de donner la préférence aux animaux à tête petite, de longue encolure, avec des yeux doux, qui ont le museau régulier, les cornes bien faites, le corps bien développé ; les cuisses et les jambes longues. On prise beaucoup les brebis à laine (lisse et) non crépue, parce que leur toison est plus fournie. Quant aux béliers ou mâles, les meilleurs sont ceux dont le corps est largement développé, vigoureux, sain et de belle apparence, l'œil fauve, la toison souple, les cornes minces, les oreilles garnies de laine longue et abondante, les testicules gros, enfin un animal qui soit sans défaut. On ne doit point laisser saillir le mouton avant trois ans ; cette saillie doit avoir lieu à l'équinoxe du printemps, au mois de *dimah*, mars (1).

Assemai dit que le moment favorable pour donner le bélier à la brebis, c'est sept mois après qu'elle a mis bas. La gestation étant de cinq mois, elle donnera une portée chaque année. Elle en donnera deux, si on lui donne des soins (multipliés) (2).

Aristote dit que la brebis qui boit de l'eau salée entre en rut avant les autres, et qu'entre l'accouplement et le part il y a cinq mois d'intervalle. Cassianus dit qu'un seul bélier peut féconder vingt brebis, et Kastos dit *cinquante*. Un seul berger peut suffire pour deux cents brebis, s'il est secondé par un enfant et deux chiens (*Géop.*, XVIII, 1). Les brebis laissées libres dans leurs pâturages donnent du lait pendant huit mois, suivant Aristote ; la durée de la vie de la brebis est de dix ans ; il en est qui vivent quinze ans ; les brebis d'Éthiopie se conservent et vivent pendant douze à treize ans ; la brebis est capable d'engendrer jusqu'à huit ans, et, si on lui donne de très-bons soins, elle conservera cette faculté jusqu'à onze ans. Cette es-

(1) Une partie de ces prescriptions se trouve dans les Géoponiques, XVIII, 1, attribuées à Florentinus ; nous signalerons encore ici le mois persan employé par Kastos. C. f., Varron, II, 2, 3.

(2) Aristote dit qu'on obtient ce résultat dans quelques pays où le climat est tempéré, où il fait beau et où la nourriture est abondante. *Hist. anim.*, VI, 19.

pèce de bétail reste le plus ordinairement féconde toute sa vie. La brebis et la chèvre mettent bas deux petits, selon leur complexion et la richesse et l'abondance du pâturage, et si les mâles sont d'espèce produisant des jumeaux. Il en est qui donnent plus habituellement des femelles et d'autres des mâles (1). Il y a en Arménie et en Syrie des moutons qui portent de grosses queues de la longueur d'une coudée (2).

Suivant Kastos, le moment favorable pour tondre les brebis, c'est vers le milieu du *dimah* (mars). Le même et Cassianus disent que, si on veut connaître quelle sera la couleur de l'agneau avant sa naissance, il faut examiner la langue de la brebis ; si elle est noire, l'agneau le sera aussi ; si, au contraire, elle est blanche, le produit sera blanc. Aristote dit que, si les veines qui sont sous la langue du bélier sont blanches, les produits des brebis qu'il aura saillies le seront aussi; mais, si elles sont noires, les produits le seront aussi; si elles sont rousses, on retrouve cette couleur sur la queue (3), par la volonté de Dieu. Aristote dit encore que, si le troupeau est composé de brebis et de chèvres et qu'on le fasse séjourner dans un lieu où le pâturage est abondant, les chèvres courent d'un lieu vers un autre sans rester en place. Celles-ci ne broutent jamais que l'extrémité des branches d'arbres (l. VIII, 13). Il est bien plus avantageux de faire paître ces animaux le soir qu'à toute autre heure du jour. La fatigue de la marche fait maigrir les brebis.

(1) Cet article, comme l'indique le texte, est emprunté à Aristote, mais reproduit avec quelques modifications, *Hist. anim.*, *loc. cit.*

(2) Aristote parle des brebis de Syrie à grosse queue, *Hist. anim.*, VIII, XVIII, 33 ; Ludolf, *Hist. Abyssin.*, l. I, c. 10, a figuré un individu dont la queue est si grosse qu'il la traîne sur un petit chariot auquel il est attelé. — Voir aussi Munk, *Palestine*, p. 30.

(3) Le passage emprunté de Kastos et de Cassianus semble être une traduction du chap. 6, liv. XVIII des Géoponiques. Il y est dit que c'est d'après la couleur de la *langue* qu'on peut juger de celle de l'agneau qui naîtra ; aussi lisons-nous سبخن et non البخنة, comme Banqueri. — Le passage d'Aristote est tiré de l'*Hist. anim.*, liv. VI, 19. — Virgile, *Géorg.*, III, 387, indique la couleur des veines qui sont sous la langue. Pline dit la même chose, VIII, 67.

C'est en hiver, à l'occasion de la neige et de la gelée blanche, que les bergers peuvent distinguer les brebis fortes des brebis faibles, parce que le givre et la neige restent sur les premières (qui ne s'en émeuvent point), tandis que les secondes s'agitent et se secouent pour les faire tomber. Les brebis à queue large supportent la violence du froid, mieux que celles chez qui elle est longue; il en est de même aussi pour celles dont la toison est bien fournie. Celles chez qui elle l'est moins, ou dont la laine est frisée, sont plus sensibles au froid (Arist. *ibid.*). L'espèce ovine est de ces animaux qu'on appelle stupides (sans intelligence) ; elle va (à l'aventure) dans les plaines. Si la pluie vient surprendre le troupeau, il s'arrête où il se trouve, sans bouger, jusqu'à l'arrivée du berger; car, lui absent, il ne saurait faire le moindre mouvement. Le pâtre vient avec les mâles et se place en avant du troupeau qui marche à sa suite. Les bergers enseignent aux brebis à se réunir et à aller à leur suite, quand elles entendent quelque bruit violent ou le tonnerre grondant fort. Si quelque mère pleine restait en arrière immobile quand il tonne, elle avorterait immédiatement (H. A., IX, iii, 4).

Cassianus et Kastos disent qu'il faut isoler les brebis malades de celles qui sont saines, de peur que celles-ci ne contractent elles-mêmes la maladie, parce que ces maladies sont toujours contagieuses (*Géop.*, XVIII, 13). Il en est qui disent que, si on veut se faire suivre d'un bélier, il faut lui arracher une certaine quantité de laine avec laquelle on fait une forte ligature aux oreilles, et l'animal ne manquera pas de suivre.

Arrivant à ce qui peut guérir les maladies de l'espèce ovine, et faire disparaître les mauvaises qualités du lait, Kastos dit que, quand une brebis a été attaquée du *claveau, qirdân,* قِردان, il faut répandre sur le corps de l'animal de l'urine de mouton, puis frotter avec du soufre. Cassianus dit que les brebis atteintes de la *gale* جَرَب doivent être lavées avec de l'urine de vache, puis frottées avec de l'huile et du soufre (1). Si

(1) Ce procédé est rappelé dans les Géoponiques, XVIII, 13, comme

on répand une certaine quantité de paille de froment dans la
bergerie, ce procédé est très-efficace pour faire cesser les alté-
rations morbides du lait, par la volonté divine. On a dit aussi
que, si on fait avaler au mouton une certaine quantité de goudron dissous dans l'eau en la lui introduisant dans la bouche,
lorsqu'on a fini de le tondre, avant même de le délivrer de ses
liens, et qu'ensuite on lui rende la liberté, ce procédé est très-
utile, la volonté divine aidant. Si on fixe des confitures de
rose de montagne sous le ventre des brebis, elles auront du lait
en plus grande abondance. Il en sera de même, si on donne du
sel aux mères qui allaitent.

En parlant de ce qui engraisse les moutons, Aristote dit que
ce qui donne surtout ce résultat, c'est de leur faire boire beaucoup d'eau. Il en sera de même, si on leur donne du sel tous
les cinq jours pendant l'été. Les bergers intelligents le leur donnent à raison d'une *médimne* (51 lit. 80 cent. par cent bêtes);
avec ce procédé, le troupeau sera tenu en bon état et gras. Il y
a des personnes qui ont l'habitude de jeter du sel dans la plu-
part des aliments, j'entends par là les pailles et autres substances. Nourri de cette façon, le mouton éprouve le besoin
de boire beaucoup d'eau.

L'automne arrivé, on donne au troupeau des courges assai-
sonnées de sel. Ce qui contribue à l'engraissement du mouton,
c'est la lentille, mais rien n'est comparable au sel. L'usage de
l'eau salée donne de l'appétit aux animaux, les conserve sains,
par la volonté divine. Il les force à boire beaucoup par la
soif qu'il leur cause. Il faut donner le sel aux brebis quand
elles vont mettre bas et pendant l'allaitement, et surtout au
printemps. Si on le donne quand la brebis va agneler, les mamelles seront plus longues, car (nous le répétons) ce qui excite
surtout la soif, c'est le fourrage saupoudré de sel. Un moyen
d'obtenir que le mouton engraisse promptement, c'est de le

étant usité chez les Arabes. Nous n'hésitons pas à traduire ici avec
Banqueri قردوان par claveau, comme porte à le conclure le traitement
prescrit.

faire jeûner pendant trois jours et trois nuits, puis de lui donner une nourriture abondante. En faisant marcher le troupeau pendant le milieu du jour, il boira beaucoup, surtout vers le soir. En automne il faut donner au mouton de l'eau qui ait été frappée du vent du nord ; elle est bien plus avantageuse que celle qui l'a été par le vent du midi (1). On coupe un certain nombre de mâles pour les faire engraisser et pour empêcher qu'ils ne se battent contre les béliers. On dit que si on opère la castration des chamelles et des truies, on détruit en elles tout désir du mâle, et qu'elles deviennent très-grosses. On nourrit le troupeau, à l'intérieur, de graines, de semences et de fruits ; au pâturage, il broute l'herbe verte, les feuilles de chêne et d'olivier (2). Suivant Aristote, le lait qui convient le mieux pour la fabrication du fromage, c'est celui de brebis, ensuite le lait de vache et celui de chèvre. Le lait de vache est employé à cet usage bien plus fréquemment que le lait de chèvre, dans la proportion d'une fois et demie.

Quant à la *chèvre*, Cassianus dit que ce qu'on peut prendre de mieux pour le produit, c'est celle qui est en bon état, saine, de forme agréable, de belle couleur, avec poil long et fourni. Le bouc reproducteur doit être ample de corps, flancs larges, poitrine développée, poil dense, long, épais et de couleur blanche, lascif et ardent pour les femelles (c. f. Géop., VIII, 9 et Colum., VII, 6).

Kastos dit que les chèvres destinées à la reproduction doivent être choisies parmi celles qui se rapprochent le plus de la forme préférée pour les brebis *portières*. Cette espèce de bétail aime les montagnes ; c'est là que se trouvent les meilleurs pâturages pour elles. L'espèce caprine souffre difficilement le froid ; il n'est pas un individu soit mâle, soit femelle, qui ne soit pris de la fièvre, *gage du froid*. Et quand cette

(1) Ce qui précède est une citation d'Aristote, *Hist. anim.*, VIII, 13, qui a éprouvé dans l'arabe quelques modifications.

(2) Le texte arabe dit *fruits de chêne et d'olivier* ; nous avons substitué le mot *feuilles*, qu'on lit dans Aristote et qui est plus rationnel.

fièvre vient à cesser (*il meurt*) (1). Le bouc, malgré l'excès de
son tempérament lascif, ne s'accouple jamais avec la brebis ;
il en est de même du bélier (pour la chèvre). Quand le bouc
commence à engraisser, il ne s'accouple plus que rarement;
c'est pourquoi les hommes intelligents font maigrir les boucs
avant de les livrer aux femelles.

Suivant Aristote (H. A. vi, 19), la chèvre met bas une fois
par an. Si elle se trouve dans des pâturages chauds, abondants
en herbe, elle donne deux portées. La chèvre vit à peu près
huit ans ; quelquefois son existence se prolonge jusqu'à onze
et douze ans. La chèvre a plusieurs points de ressemblance
avec la brebis. Aristote dit qu'il y a des chèvres dont les oreilles ont un schabre et demi (0ᵐ,396), et chez quelques-unes
elles sont assez longues pour toucher la terre (2). Il y a quelques pays en petit nombre où on tond les chèvres comme les
brebis (3). Il en est qui disent que les boucs qui ont l'habitude
de s'éloigner du troupeau sont rendus forcément sédentaires.
si on leur coupe la barbe sous le menton, à l'approche du
printemps ; suivant d'autres, en la coupant avant l'hiver, le résultat est le même (4). Suivant l'Agriculture nabathéenne,
quand on nourrit les chèvres et autres quadrupèdes de gesses
ou vesces noires, elles donnent du lait en plus grande abondance, mais cette nourriture ne convient point aux femelles
pleines. Suivant Cassianus et Kastos, un procédé qui peut aug-

(1) Nous nous sommes écarté de Banqueri pour nous rapprocher
des Géoponiques qui disent précisément : *naturâ animal ægrè frigus
fert, nimirum naturaliter semper febricitat* ; *etsi quando defecerit febris
intereunt*, XVIII, 9. Cette interprétation a amené quelques corrections
dans le texte. Ces mots *gage du froid* sont la traduction littérale du
texte رصينة البرد.

(2) Aristote dit : Les chèvres de Syrie ont les oreilles de longueur
d'un sipthame et quatre travers de doigt σπιθμῆς καὶ παλαιστῆς (0ᵐ, 31).
Hist. an., VIII, 33.

(3) Aristote (*ibid.*) dit que cette tonte se pratique en Cilicie, Cf.
Varron, II, ii, 11; Géop., XVIII, 9.

(4) *Vid.* Géop., *ibid.*

II *

menter la quantité de lait chez les chèvres qui viennent de mettre bas, c'est d'opérer une ligature aux mamelles et aux pieds.

CHAPITRE XXXII.

Élevage des chevaux, des mulets, des ânes et des chameaux pour le produit, pour la monture, pour l'emploi dans les divers travaux agricoles et autres. Choix des meilleurs animaux, saison où il faut donner le mâle aux femelles. Durée de la vie des mâles et des femelles. Ce qui leur est le plus convenable pour l'alimentation et parmi les eaux pour boisson. Comment on les engraisse et comment on prépare (les chevaux) aux courses. Manière de dresser les animaux et de corriger leurs habitudes vicieuses, telles que le caractère rétif et autres analogues. Comment on doit les ferrer (1) et autres choses de ce genre qui se rattachent à ce sujet.

Nous parlerons d'abord du mulet, de l'âne et du chameau, parce que ces animaux sont plus habituellement employés pour les travaux des champs que l'espèce chevaline, tandis qu'on se sert plus généralement du cheval pour les expéditions militaires et de la jument pour la reproduction.

Le mulet et l'âne.

Le mulet est de la famille des solipèdes (2); il est le produit du cheval et de l'âne. En effet, quand un âne couvre une ju-

----

(1) *Litt.*, chausser leurs pieds avec des lames de fer.

(2) البغل *mulus*, en hébreu פֶרֶד (1 Reg., I, 33), d'où vient le mot برذون *bardus*, que nous verrons plus loin appliqué au cheval commun.

ment, il en résulte un mulet parfait dans ses formes ; quand c'est le cheval (commun) qui saillit une ânesse, il en résulte un mulet inférieur (litt. petit), amoindri dans son être, tête courte, mufle camard et déformé dans la partie supérieure. La vie du mulet (de l'une et de l'autre espèce) est plus longue que celle de ses générateurs. On dit que, quand on veut faire saillir une jument par un âne et qu'elle s'y refuse, on lui coupe la crinière et alors elle cesse de résister et devient docile. Le mulet le plus robuste (le plus dur) et qui convient le mieux pour le bât, pour le transport des fardeaux, est celui dont les jambes sont solides, la tête et l'encolure fortes, les yeux brillants, les cils roux, le corps ample, d'une nature ferme et dure, celui qui est exempt de vices et de maladie. Il en est qui disent que, quand on veut choisir un mulet, il faut prendre seulement celui qui est de moyenne taille, trapu, large de hanches, qui a le cou long, le corps large. Enfin tout animal qui possède une longue encolure, le corps ample et des hanches larges, et, si l'œil de l'observateur remarque l'absence de quelques-unes de ces qualités, l'animal ne doit pas être pour cela considéré comme étant d'une condition inférieure (*litt.*, petit). Celui-là seul doit être réputé tel, auquel manquent toutes ces qualités (ou le plus grand nombre). Au reste, la condition capitale pour le mulet, l'âne et les diverses espèces de bêtes de somme, c'est l'énergie dans le caractère. J'ai indiqué ces qualités, dit Ibn-Abou-Hazem, parce que j'ai acquis l'expérience que l'animal trapu et de taille moyenne est de toutes les bêtes de somme celui qui supporte le mieux la faim, qui est le plus sobre pour la nourriture et la boisson, et qui fournit la plus longue route (sans se fatiguer).

Il en est qui disent que l'abondance de crin au toupet, à la crinière et à la queue, et l'espèce de poil aux oreilles, annoncent la faiblesse et le manque d'énergie dans le mulet et dans

En grec ὄνος et ἡμίονος. Une espèce de ce nom était productive, c'est l'*equus hemionos* des modernes (*Hist. anim.*, VI, 36). *Hinnus* était chez les Latins le produit du cheval et de l'ânesse, *bardot* de Buffon, et *mulus* le produit de l'âne et de la jument, Plin., VIII, 44.

l'âne; l'œil enfoncé dans l'orbite indique les mêmes défauts. La rareté des crins indique le contraire. On dit que, si on attache ensemble un mulet et un cheval de belle race, c'est préjudiciable pour ce dernier.

Les ânes les meilleurs pour la selle sont ceux d'Égypte, et ensuite ceux de l'Yémen. Celui qui a besoin d'un âne doit le prendre d'une nature dure, avec le cou long, l'œil net et cendré, (enfin) de belle venue et exempt de tout défaut. Suivant Cassianus, l'âne qu'on doit choisir de préférence, c'est celui qui est ample de corps. Suivant Kastos, la beauté de l'âne se trouve dans la réunion des conditions qui constituent celle du cheval, sinon que l'âne doit être pris dans une espèce déjà bien connue pour sa vivacité.

Suivant Cassianus, le terme de la gestation de l'ânesse et le moment du part arrivent douze mois après l'accouplement. C'est vers le milieu de l'été, ou peu de jours avant, qu'on doit donner l'âne sauvage à l'ânesse (1). On dit que l'âne sauvage, si craintif, devient obéissant et souple, quand on a pu l'apprivoiser (*litt.*, le monter). Un seul accouplement suffit pour que l'âne féconde la femelle ; il est capable de saillir à trente mois, mais il ne produira rien avant d'avoir atteint trois ans révolus ou même trois ans et six mois. On a vu une ânesse devenir mère à un an, dont l'ânon a vécu (2).

Ibn-Hazem dit que, si un âne a l'habitude de braire beaucoup quand on le monte, il faut, au moment de le faire, lui frotter fortement l'ombilic avec de l'huile ordinaire ou de sésame, et alors l'animal ne songera plus à braire tant qu'il lui restera quelque peu d'huile. Il en est qui disent que, si on attache une pierre à la queue de l'âne, il ne braira point tant

----

(1) Le texte arabe dit la *saison d'été*, mais les Géop., XVI, 21, disent le *solstice d'été* ; c'est cette lecture que nous avons adoptée.

(2) Le texte arabe porte : *ou deux ans et six mois*, mais Aristote dit : *trois ans ou trois ans et demi*. Le fait de génération précoce qui termine l'alinéa a été rejeté par Banqueri, mais il est textuel dans Aristote, *Hist. an.*, V, 14.

qu'elle y restera attachée ; il en sera de même, si on lui met dans la bouche de son crottin. Un autre procédé pour empêcher un âne de braire, c'est d'attacher à son museau un sac ou musette contenant des cendres. Veut-on calmer dans l'âne le désir de braire, il faut introduire dans ses narines de l'eau de menthe. Si, au contraire, on veut exciter en lui ce désir, il faut lui frotter les lèvres avec du vinaigre de vin et en verser dans ses narines. Suivant Aristote (H. A., VIII, xxv, 30), l'âne est très-sensible au froid et beaucoup plus qu'aucun autre animal. Aussi on prescrit de le tenir enfermé (*litt.* dans une étable), comme la chèvre et le *cheval* (1). On dit que l'âne ne brait jamais dans les pays froids, et qu'il y vieillit promptement. Ibn-Abou-Hazem dit que les étalons des mulets (2) et des ânes qui respirent souvent l'odeur de l'urine de la femelle vieillissent très-promptement ; leur état devient mauvais et ils perdent leurs forces et ne peuvent faire de longues courses.

Maladies de l'âne et moyens curatifs. — Aristote dit que l'âne est sujet à une maladie spéciale qui est mortelle pour lui. En voici les symptômes : Il commence par éprouver de la douleur à la tête ; il s'écoule des naseaux des matières muqueuses rousses, en abondance. Quand le mal se porte au poumon, il fait périr l'animal ; s'il reste dans la tête, il n'est pas mortel (3). Ibn-Abou-Hazem dit que l'âne n'est sujet à

---

(1) Le texte porte الحيّات *les serpents*, ce qui ne donne pas de sens ; nous croyons donc plus logique de lire الخيل, *les chevaux*.

(2) Le texte dit bien positivement : l'étalon parmi le mulet et l'âne, الفحل من البغل والخيل. Faut-il entendre ici l'étalon producteur du mulet ou le mulet lui-même, ce qui est contraire à l'habitude ; Aristote porte à croire qu'il s'agit du mulet puisqu'il dit : ὁδὲ ὀρεὺς ἀναϐαίνει μὲν καὶ ὀχεύει μετὰ τὸν πρῶτον βόλον. Le mulet couvre les femelles et s'accouple après qu'il a jeté ses premières dents (*Hist. an.*, VI, 26) ; mais il pourrait parler des mulets de Syrie, c'est-à-dire de l'hémione.

(3) Aristote appelle cette maladie *Mélide. Hist. anim.*, VIII, 30.

aucune maladie inflammatoire, excepté celle nommée *di-bah* (1).

Kastos dit que, si un âne vient à boiter, il faut laver avec de l'eau chaude le pied qui souffre ; ensuite on met à jour le lieu où est le siége de la douleur, on y verse de l'urine humaine mêlée de sang, puis on bassine avec de l'eau tiède. Cela effectué, on fait fondre dans un vase neuf de la graisse de vache ou toute autre qu'on verse sur la plaie ; il faut avoir bien soin de la bassiner, jusqu'à guérison complète. Cassianus dit qu'un des moyens curatifs, quand un âne boite (2), c'est de lui laver les pieds avec de l'eau chaude, de nettoyer la plaie avec le scalpel, puis de verser dessus de la vieille urine. Ce remède avait déjà été indiqué par les agronomes mentionnés, avant que Kastos en eût parlé.

On lit dans le livre d'Ibn-Abou-Hazem que, quand un âne rend une urine sanguinolente et rouge, on le guérit de cette manière : on prend de l'anis, de la graine de persil, de l'asarum (*asarum europæum*, Linn.), de l'amande amère, de l'absinthe, de chaque chose une drachme (2 gr., 54); on les pile séparément, puis on les réunit, on les pétrit avec du miel, on en fait des pilules qu'on fait avaler à l'animal avec de l'eau miellée à la dose d'une drachme ; le procédé est très-profitable, avec la volonté divine ; on peut encore, pour cette maladie, prendre du doronic, un demi-mitskal ; on en fait une poudre qu'on délaye dans l'eau et qu'on fait avaler à l'animal auquel ce serait fort utile, Dieu aidant.

---

(1) الذُّبَيْنَة. Ce mot arabe ne se trouve pas dans les dictionnaires. Il a en chaldéen la signification de *loup*. Aristote n'en dit rien. Nous verrons plus loin que le cheval est attaqué d'une enflure au jarret nommée الذُّؤَابَة ; ces deux maladies sont-elles identiques ?

(2) Le texte porte الحَصِرَة *lascif* ; mais comme cette prescription se lit textuellement dans les Géoponiques, XVI, 21, qui l'appliquent aux ânes qui *boitent*, nous avons modifié le texte et lu العَرَج

Le chameau.

Cassianus dit que le chameau ne supporte ni la boue, ni le
terrain glissant. Jamais on ne voit les mâles couvrir leurs mères ou leurs sœurs (Cf., *Géop.*, XVI, 22). On a vu des chameaux lutter de vitesse à la course avec les chevaux et les
dépasser, et, lorsqu'ils faisaient route ensemble, les devancer
et les laisser en arrière (1). Un moyen de rendre les chamelles
plus laitières, c'est de leur attacher au ventre une rose de
montagne. Aristote dit que le chameau vit environ trente ans ;
il en est qui vivent plus longtemps ; on cite un chameau qui
vécut cent ans. Le même auteur dit encore que le chameau
préfère l'eau bourbeuse à celle qui ne l'est point; aussi il
ne boit point d'eau courante (*litt.*, de rivière), si auparavant,
dit-on, il ne l'a rendue trouble en l'agitant avec ses pieds
de devant ou de derrière. Le chameau est assez fort (d'organisation) pour rester quatre jours sans boire ; ensuite il absorbe une grande quantité d'eau.

On lit dans l'Agriculture nabathéenne que, si on nourrit
le chameau avec le fenu grec et sa graine, il engraisse
et son corps se tient dans un état parfait de santé, car
il n'est aucune nourriture qui lui convienne mieux que
cette plante. C'est à ce point que, si on suspend à la
partie postérieure du cou d'un chameau un nouet contenant
soixante-quatre grains de fenu grec, son corps se conserve
parfaitement sain, et en même temps l'animal est préservé
d'accidents fâcheux. Suivant Kastos, le remède qui convient
quand le chameau est attaqué par la gale ou qu'il a trop

(1) Dans ce membre de phrase, comme dans le premier, nous nous
sommes écarté de Banqueri pour nous rattacher au sens qu'indiquent
les Géoponiques, XVI, 22, qui dans plusieurs points se rapprochent de
notre auteur.

souffert des tiques (1), c'est de le frotter avec du goudron (2).

ARTICLE I.

Le cheval.

Je rapporterai tout ce qui a été dit et enseigné sur (ce qui
constitue) la beauté du cheval. Les maîtres dans le langage
élégant disent que le beau cheval est *bai brun* (3), que les plus
durs à la fatigue sont les chevaux *bai* كميت et les *noirs* ادهم
les plus légers à la course ; ceux qui se développent le mieux
sont les chevaux *alezan* اشقر, mais ceux qui l'emportent sur tous
les autres (les rois) sont les chevaux *gris clair* شهب *schahab*.
Suivant Ibn Qoteiba, la différence qui existe entre le cheval
alezan et le cheval bai consiste dans la nuance de la crinière,
de la queue ; quand l'une et l'autre sont rouges, les chevaux
sont *alezans* ; si elles sont noires, ils sont *bais*.

Dans les livres persans sur l'art vétérinaire, il est accordé

(1) القراد *al-qourad* sing., القردان *al-qirdán* plur., le ricin, la tique
de chien ou louvette, *ixodes ricinus, acarus ricinus*. Linn. Cet insecte
était très-connu des Arabes, car il a donné lieu à plusieurs proverbes,
V. Meidani, *Arab. proverb.*, etc., G. W. Freytag, I, 638, 116, et III,
903 et 2458. Le commentaire qui accompagne le premier de ces proverbes prouve avec quelle avidité les ricins ou tiques attaquent les chameaux dans le désert et combien ils sont nombreux dans les stations.

(2) Les Géoponiques indiquent la résine qui découle du cèdre κεδρία
comme étant employée dans ce cas par les Arabes, XVIII, 15.

(3) احوى ; un de ces grammairiens dit : احوى est un noir mal
teint (rouille de l'épée dans le fourreau, Freyt.) et الحوة est une couleur
tirant sur le noir. Hariri l'explique ainsi : الحمرة تضرب الى السواد
al-hawa, rouge tirant sur le noir, Har., pag. 235, comm. 1ʳᵉ édit. La
traduction des noms des couleurs a été faite en partie d'après M. Caussin
de Perceval qu'on sait être aussi bon cavalier qu'habile professeur.

six qualités au cheval gris clair, et même celle de pouvoir traverser l'eau en nageant et de s'en tirer, quelque grande qu'elle
soit. Il en est qui disent que les chevaux *pie* (noirs et blancs)
بَلْقِ sing. أَبْلَقُ sont d'une nature faible. Mahmoud et Ibn-Salem
dit que ce cheval ne s'est jamais enflammé pour la cavale et
que jamais il ne l'a recherchée (1).

On pense (généralement) que tout ce qui est *Schahab* est
d'une complexion faible. On donne ce nom à toute couleur qui
est mêlée d'une autre (2).

Mousa-ben-Naçr dit que toute tache blanche qui se voit sur
un cheval, et qui n'est point native, est le résultat et souvent
l'indice de quelque mal. Parmi nos anciens, il y en avait de
bien avisés, qui, pour les expéditions militaires, préféraient
les chevaux entiers aux juments, parce que ces dernières laissent échapper leur urine en courant, et que les chevaux sa-
vent la retenir au point de la rendre par la bouche (3), et parce
qu'ensuite les juments ont moins d'agilité.

Suivant Salem-ben-Djenadab, le premier qui monta un
cheval et le dompta fut Ismaël, fils d'Abraham, l'ami de Dieu;
sur eux soit le salut. Cet animal était resté à l'état sauvage et
indompté jusqu'à ce que Dieu l'eût soumis à Ismaël. On dit
encore que le premier cavalier fut Mathusalem, fils d'Énoch,
qui est le même qu'Édris. Ce que nous avons dit sur l'excel-
lence du cheval n'est qu'une faible partie d'un grand tout.

On élève les chevaux entiers pour les expéditions militaires,
et les juments pour la reproduction. On les laisse paître en
liberté, enfermés dans des parcs (4). On en tire ensuite une
partie pour l'équitation (la monture), et l'autre est laissée

---

(1) Platon fait l'éloge des chevaux blancs comme il fait celui des
nuances extrêmes; il compte aussi les chevaux *bai clair* φοινικίζοντα
parmi les bons, Géop., XVI, 2.

(2) Suivant Hariri, *Commentaire*, pag. 130, c'est le noir mêlé de
blanc (le gris).

(3) يِنْتَقِيُو litt., vomir.

(4) Le texte porte عبيسة qui ne donne aucun sens; nous l'avons

abandonnée à elle-même. Le cheval est aussi employé pour les gros travaux.

On veut pour les *houdjour* (1), qui sont les juments qu'on destine à la reproduction, celles qui possèdent la majeure partie des qualités indiquées plus haut. Cassianus et Kastos disent que les meilleures juments pour la reproduction et pour le produit sont celles de belle taille (dont le corps est bien développé), qui sont vigoureuses (bien musclées), saines et d'un bel aspect, qui ont la région abdominale ample et bien proportionnée, avec une étoile blanche qui se montre gracieusement au front(2). On les prendra de trois à dix ans, sans dépasser l'âge que nous fixons.

Voici ce qui constitue la beauté parmi les chevaux entiers, qu'on veut employer comme étalons فحول *phouhoul*, suivant les hommes experts dans la matière. Le sujet le meilleur pour un étalon est celui qui est fortement bâti, d'une constitution dure, qui porte la tête haute, le cou *relevé*, bien proportionné dans son ensemble, solidement posé, réunissant la santé et la vivacité. Il doit avoir de six à quinze ans. Il en est qui disent que le meilleur sujet pour faire un étalon est celui qui réunit au plus haut degré ce qui peut constituer la beauté du cheval, celui dont la race est connue et la vigueur éprouvée, celui qui est exempt de tout défaut du côté de la mère et du père, comme d'être difficile, rétif, indocile ou rancuneux. Dans toutes les espèces d'animaux, ne prenez jamais que ceux qui sont bien vivaces. La plus grande partie des chevaux se porte à l'acte vénérien. Mais il ne faut admettre que ceux qui sont dans l'âge convenable, et nullement ce qui est trop vieux ou trop jeune ou trop faible. L'étalon doit être(pris) âgé de plus de quatre ans, jusqu'à dix. Il doit être sain et exempt de tout vice qui se transmette. Il ne faut point qu'il

remplacé par محبوسة, enfermées (dans des parcs), ce qui nous a paru plus exact et plus conforme à la pratique.

(1) *Houdjour*, حجور et au sing. حجرة *hadjrah*; رمك, *ramak* hébr. רמך (Esth. VIII, 10) sont les noms de la jument poulinière.

(2) Nous avons modifié l'ordre suivi dans le texte arabe en nous

soit ni dur, ni rétif, ni récalcitrant; ces défauts, qui tiennent au
caractère, se retrouveraient dans les produits. Un des signes
auxquels on peut reconnaître qu'un cheval est vieux, c'est de
pincer entre le pouce et l'index la peau du front et de l'attirer à
soi, puis de la lâcher brusquement ; si alors cette peau rentre
vivement à sa place et qu'on ne voie, comme avant, qu'une
surface bien lisse, l'animal sera très-bon pour faire un étalon,
s'il est d'origine arabe. Si, au contraire, la peau abandonnée
à elle-même est lente à reprendre place et à redevenir lisse
comme avant, l'animal affaibli ne peut plus être employé
comme étalon (1).

Suivant Aristote et autres, le cheval peut commencer à s'accoupler à deux ans, et cet accouplement est fécond. A cette époque
sa voix devient plus forte et plus sonore. La même chose a lieu
pour la jument. Mais les produits de l'accouplement à cet âge
sont faibles et rachitiques. Le plus habituellement le cheval
ne commence à s'accoupler qu'à trois ans ; c'est beaucoup plus
convenable, et tous les produits obtenus après cet âge sont de
meilleure nature et plus vigoureux, et ils sont tels jusqu'à ce
que l'étalon ait atteint vingt ans accomplis ; il en est de même
pour la jument. Cependant le cheval entier peut engendrer
jusqu'à l'âge de trente-trois ans, et la jument peut admettre
le mâle jusqu'à quarante ans. Ainsi la faculté génératrice dure
chez ces animaux à peu près pendant toute leur vie. En effet,
le cheval vit trente-cinq ans, et la vie de la jument dépasse
quarante ans. On pense qu'anciennement le cheval entier vi-
vait jusqu'à soixante-quinze ans (2). Il en est qui disent que le
cheval entier conserve sa faculté génératrice et la jument le

aidant de celui des Géoponiques, XVI, 1, où se trouve cette citation.
On y lit : *habere latum ventrem juxtà ilia et lumbos.*

(1) Aristote indique le même mode d'expérimentation, mais il propose la peau de la joue, γνάθος, et non celle du front, *Hist. anim.*, VI,
23.

(2) Ce passage est presque en entier dans Aristote, *Hist. an.*, V, xiv,
13. Mais il n'est point affirmatif pour le dernier fait ; il se contente de
dire qu'on a *l'exemple d'un cheval qui a vécu soixante-quinze ans.*

désir du mâle et la propriété de concevoir pendant toute leur vie et qu'il n'y a d'interruption que quand l'animal est trop jeune ou trop avancé en âge. Le cheval refuse toujours de saillir sa mère ou sa sœur ou ses filles. On raconte qu'un souverain possédait une jument qui était fort belle, d'une couleur magnifique, qui donnait des poulains d'une grande beauté. Il voulut un jour la faire saillir par un de ses poulains. Mais l'animal amené auprès de sa mère refusa de le faire. On lui jeta alors sur la tête un vêtement pour lui en dérober la vue, et la saillie eut lieu; quand l'animal fut descendu, on lui découvrit la tête, et alors cet étalon reconnaissant sa mère s'enfuit et se précipita dans le fond d'un ravin où il se tua (1).

Il arrive souvent que deux étalons se battent pour une jument; le vainqueur jouit de sa victoire et alors il s'établit entre le cheval et la jument une sorte d'intimité. Un autre dit que la jument n'admet l'étalon et ne conçoit que quand elle y est portée par le désir, et que quand elle le recherche ; c'est toujours sous l'influence du rut. Quand une jument a reçu l'étalon, le plus longtemps qu'elle souffre le mâle (et reste avec lui), c'est pendant sept jours, de telle sorte que, si elle le quitte avant l'expiration de la semaine, la conception est assurée. Elle le délaisse pendant vingt jours, et alors elle admet l'étalon, comme la première fois, si elle le désire. Il est des juments qui bien que pleines conservent toujours l'appétence du mâle pendant quarante jours, et même pendant deux mois, ce qui est le maximum, admettant toujours l'étalon, pendant ce laps de temps. C'est en faisant approcher l'étalon de la jument qu'on peut s'assurer si elle est réellement pleine. Quand elle l'est, elle porte le nom de عَقُوق *ahqouq* jusqu'au moment où elle doit mettre bas ; mais, quand elle est proche du terme, on l'appelle مُقَرِّب *mouqarrib*. A cette époque les mamelles de-

---

(1) Aristote dit positivement que l'étalon couvre sa mère et la femelle issue de lui, *Hist. an.*, VI, 22. p. 392. Il semble incliner pour l'opinion contraire, liv. IX, 47, 73, où il rapporte précisément l'anecdote qu'on lit ici. Varron rapporte le même fait en disant que le cheval se rua sur le palefrenier et le tua, II, 7, 9. V. Plin., VIII, 42.

viennent noires, et la jument recherche la solitude, fuyant la
compagnie des hommes.

Il en est qui disent qu'il convient de présenter la jument à l'é-
talon le jour même où elle a été saillie, et que si elle le repousse
la saillie a eu d'heureuses conséquences ; alors il faut tenir les
animaux séparés. S'il en est autrement, elle le recevra, et, dans
ce cas, il faut le lui présenter de nouveau le lendemain matin.
Le régime le meilleur et le plus convenable pour une jument
pleine, c'est de la tenir attachée dans un endroit où elle soit
garantie du froid ; il faut se garder aussi de la fatiguer, de lui
faire porter des charges et de la monter ; on ne doit pas non
plus l'envoyer à la pâture, avant que la chaleur se fasse sentir
et que le soleil soit ardent. On doit se hâter de faire rentrer la
jument avant que le froid de la nuit se fasse sentir, car le froid
est généralement nuisible à toutes les femelles pendant la gestation (Cf. Colum., vi, 27, 11 et Géop., xvi, 1).

Suivant Aristote on peut donner utilement l'étalon à la jument tous les jours dans ceux de la fin du mois (1). Quand on
veut faire saillir une jument, il faut préparer le cheval par une
bonne nourriture ; on rendra ainsi la fécondation plus prompte
(et plus certaine), Dieu aidant de sa volonté. On reconnaît
qu'une jument est pleine aux signes suivants : à son œil clair,
à sa vue plus perçante et plus étendue, à la promptitude avec laquelle elle se détourne pour éviter le mâle, quand il veut l'approcher. Un autre signe de la conception, c'est quand, à la
suite de l'accouplement, la jument venant à pisser sur l'herbe
verte, on trouve le lendemain matin cette herbe sèche. C'est
une preuve que la bête est pleine et que *l'avortement* n'est
point à craindre (2). Il en est qui disent que, quand après l'ac-

(1) *Litt.*, les chevaux mâles emplissent la matrice des juments tous les
jours qui ne sont point *en complément*, رَوَاهِقَة. Banqueri suppose que
par ce mot l'auteur aura voulu dire la fin du mois, *lunaire.*— أضربها
donne-leur une bonne nourriture comme pour les préparer aux courses.

(2) C'est ce que dit le texte ; peut-être vaudrait-il mieux lire la *perte
de la semence.*

couplement, on veut s'assurer du résultat, c'est-à-dire, s'il
a été fécond ou non, il faut, lorsque le cheval est descendu,
et que la jument a marché, la faire arrêter dans un endroit où
se trouve de la terre végétale ; elle devra nécessairement y
faire une émission d'urine ; déposez dans ce lieu de l'herbe
verte, fraîche, qui reçoive cette urine ; enlevez cette herbe
(ainsi mouillée), et le lendemain matin allez la voir et constatez son état ; si elle est sèche, cela vous apprendra que la jument a retenu. Si, au contraire, elle est restée fraîche et intacte,
c'est qu'il n'en est point ainsi, et que l'accouplement est sans
résultat. Quand la jument est entrée en rut وردة et qu'on veut
le faire cesser et y mettre fin, on réduit le volume de la crinière en la coupant (1) ; cette simple opération calme l'ardeur
de l'animal et la fait disparaître. On a avancé que lorsque la
jument pleine venait à respirer l'odeur de la fumée d'une bougie éteinte elle avortait ; le même phénomène se produit aussi
chez quelques femmes (2). Voici comment on peut connaître à
l'avance si le poulain sera un mâle : si, lorsque l'étalon descend
de la jument, il le fait à droite on aura un cheval, si c'est du
côté gauche ce sera une jument, mais Dieu est le plus savant.
On a dit encore que, quand les mamelles commencent à se
gonfler de lait, si c'est dans la mamelle droite qu'il arrive d'abord, c'est un signe que le poulain sera un mâle ; si au contraire c'est dans la mamelle gauche qu'il commence à affluer,
ce sera une femelle. Si vous voulez que, Dieu aidant, la jument
vous donne un mâle, faites la saillir un jour que le vent du
nord souffle ; si vous voulez une femelle, faites-le quand c'est
le vent du midi ; dans les deux cas la jument devra recevoir le
vent en face. On en agit de la même manière pour toute espèce

(1) Le texte porte جرّوها *tirez-la*, ce qui à notre avis ne donne pas
de sens. Nous préférons lire جزّوها *tondez-la*, ce qui nous paraît plus
logique et plus concordant avec cette croyance à la force qui devait résider dans les cheveux et les longs poils et surtout avec cette recommandation de diminuer la crinière. Suivant M. Goubaux on peut la *tondre* ou
la *tirer*, ce qui autoriserait la lecture de Banqueri.

(2) Assertion absurde, suiv. M. Goubaux.

de bête de somme. Après que la jument a mis bas, il faut la laisser en repos pendant sept jours, a fin qu'elle puisse rejeter les immondices qu'elle avait dans le corps (l'arrière-faix, les lochies) (1), puis au bout de ce temps on la présente de nouveau à l'étalon. Elle est alors devenue plus ardente et plus disposée encore que précédemment à recevoir le mâle, et la conception chez elle est plus prompte. Il en est ainsi pour tous les solipèdes ; le moment le plus favorable pour leur donner le mâle, c'est sept jours après le part. Le plus habituellement la durée de la gestation pour la jument est de onze mois et demi à partir du jour où son ardeur vénérienne a cessé. Aristote dit que la jument porte onze mois et qu'elle met bas le douzième (*Hist. anim.*, VI, 22). Cassianus et Kastos disent que la durée de la gestation de la jument, depuis le moment de la conception jusqu'à celui du part, est de onze mois et dix jours. Gharib-ben-seïd, *Katib de Cordoue* (2), dit que le délai de la gestation de la jument est de dix mois. D'autres disent que le poulain qui vient à moins de neuf mois ne peut pas vivre.

Il est des juments qui repoussent le mâle à ce point qu'il faut employer pour elles les entraves. Il en est qui se refusent à le laiss r approcher par l'effet d'une maladie de la matrice dont nous indiquerons le remède, Dieu nous aidant. Il y en a qui ne peuvent ni retenir la semence, ni concevoir jamais. Il y a, dit Mohammed-ben-Jahkoub-ben-Hadàm, des juments qui mettent bas deux poulains à la fois ; mais, ajoute-t-il, je n'ai jamais vu aucune de ces juments. On a cité des juments qui ont pris leurs poulains en si grande aversion qu'elles ont refusé de les allaiter, les repoussant à cause de la douleur qu'elles avaient éprouvée en leur donnant le jour. Il faut alors les prendre par

____

(1) الخَسِب. Ce mot ne se trouve pas dans les dictionnaires avec une explication satisfaisante pour ce passage. Le radical خَسِب à la IVe forme signifie *turpissimè locutus est* ; c'est sans doute ce qui a porté Banqueri à traduire par *immunditias*. Nous avons adopté cette interprétation.

(2) Auteur du calendrier de Cordoue, dont nous avons parlé plus haut.

la douceur et les mettre en présence du poulain pour l'allaiter. Jamais une autre que la mère ne doit le faire, parce que le lait de cette étrangère est mortel pour le petit. Aristote dit (néanmoins) que, si une jument vient à mourir ou à s'égarer laissant un poulain, toute autre jument *pourra* allaiter et élever (l'orphelin).

Les chevaux aiment les prairies et les lieux où l'eau est abondante. Ils aiment à boire trouble ; aussi, quand l'eau est courante et limpide, l'animal commence par la troubler avec ses pieds avant de la boire (1). Quand le cheval a fini de boire, il se baigne dans cette eau, car cet animal aime beaucoup les bains et l'eau.

Suivant un autre, le moment favorable pour faire saillir une jument vive et allègre, c'est au printemps, afin que le poulain puisse profiter du printemps et de l'été de l'année prochaine et ainsi prendre de la force avant l'arrivée des froids rigoureux. L'étalon qu'on donne doit être gras, vif et bien portant.

Suivant Aristote, le moment pour laisser les étalons en libre pâture avec les juments, c'est depuis le 22 du mois d'adar ou *dimah* (mars). Il en est qui disent depuis le huitième jour avant la fin de ce mois jusqu'au 22 du mois d'*isfendarmah* (*ayar*, mai), afin que le *part* coïncide avec la saison du pâturage et des herbes. En effet, dans ce cas, la jument mettra bas à l'approche de cette saison où les froids cessent et les herbes poussent (dans les prairies). Les animaux peuvent ainsi se rassasier des plantes nouvelles, ce qui est très-profitable (2). Il faut trente juments pour un cheval au moins. Suivant d'autres, on laisse en liberté dans les prairies un cheval entier pour dix juments. Il en est qui veulent qu'on donne aux juments l'étalon

(1) Cf. Aristote, *Hist. anim.*, VIII, 11.

(2) Ces prescriptions se lisent aussi dans les Géoponiques, XVI, 1, qui indiquent comme limite extrême de la saillie le 22 juin. Ici, on lit le nom du mois persan qui correspond au mois de *mai* ; est-ce une faute de copiste et faut-il lire *frouardinmah* (*juin*)? car les Géoponiques allèguent les mêmes raisons que notre arabe. Columelle le dit pour les chevaux de race, VI, 27, 3.

depuis l'équinoxe qui a lieu au mois de *dimah* ou adar (mars), quand la température de l'air est devenue tempérée et que les prairies sont abondantes en herbe. Tous les poulains conçus dans le cours de l'été, après le printemps, sont frêles et débiles (Cf. *Géop.*, XVI, 1).

Gharib-ben-Sahid-Qatib de Cordoue prescrit de lâcher les chevaux entiers en liberté dans les prairies avec les juments, le 5 avril, après qu'elles ont achevé de mettre bas. Le 25 de juin, mois de l'ançarah (limite de l'accouplement), on isole l'étalon de la jument qui reste seule jusqu'à la fin de la période de la gestation, où le *poulinage* a lieu, c'est-à-dire depuis le 15 de mars jusque vers la fin d'avril (1).

D'après Ibn-Abou-Hazem, si on craint que la jument n'avorte, on prend de la paille (hachée) qu'on fait bouillir avec quatre rotls (1 kilogr. 166) de lait récemment tiré, on le fait bouillir avec de l'orge bien lavée et on fait manger à la jument cette préparation pendant une semaine. Si déjà l'animal avait ressenti des douleurs, il faudrait que cette alimentation se prolongeât pendant quatorze jours et même vingt-un (trois semaines); cette précaution sera très-profitable, Dieu aidant. On lit dans le livre des *Influenees propres*, qu'il est très-utile d'attacher à l'animal un morceau de succin.

ARTICLE II.

Conditions de formes qui constituent la beauté dans un cheval ; inductions qu'on en peut tirer pour juger si c'est un animal de *race*, s'il est bon et s'il est vigoureux ; (indication de) ce qu'on rejette comme vicieux dans les formes.

Ibn-Abou-Hazem dit : Sachez bien qu'il peut arriver dans chacun des membres du cheval que ce qu'on voudrait court fût long, ce qu'on voudrait long fût court, ce qu'on voudrait mince fût épais et ce qui doit être épais fût mince ; on désire

(1) Cela ne se trouve point dans le Calendrier de Cordoue dont Gharib est l'auteur.

de la largeur, le membre est étroit ; on le voudrait étroit, il est large, et autres contradictions pareilles en opposition avec ce qu'on peut désirer et ce qui constitue la beauté. Tous ces contraires forment des défauts. Tout ce qu'on peut rechercher de qualités dans un cheval en général, on le veut en particulier aussi bien dans le cheval de race que dans le cheval de travail (1).

Ibn-Qotaïba dit, dans l'*Élégance du livre* ادب الكتاب *Adab-al-Kitab*, comme un autre le dit également : ce qu'on recherche dans les oreilles du cheval, c'est qu'elles soient fines, droites, longues (2) et pointues, délicates à la base, gracieuses dans leur contour et fermes en même temps ; elles doivent ressembler à une feuille de myrte et se terminer en pointe comme celle d'un qalame, ainsi que l'a dit le poëte :

« Que ses oreilles soient des pointes de qalame.

« On rejette celles qui sont flasques et pendantes. »

Ibn-Qotaïba ajoute que cette flaccidité des oreilles tombant sur les yeux est assez visible par elle-même pour qu'il soit inutile de dire à quels signes on la reconnaît (3).

On veut que le *toupet* soit bien fourni ; on rejette, dit Ibn-Qotaïba, celui qui est سفا *safà*, c'est-à-dire maigre et peu fourni. C'est un défaut grave dans le cheval et une qualité dans le mulet et l'âne. Le poëte a dit :

« Le père de la vitesse (le cheval)

« Ne doit point avoir le toupet maigre ni trop pendant. »

الشبل *al-schabel*, crins pendants et touffus, c'est un des plus grands défauts du toupet dans le cheval ; de là vient ce qu'on appelle الغسنم *al-ghasnam*, la profusion de crins sur le devant de la tête ; on dit qu'un cheval est *agham* quand sa crinière frontale est

(1) البردون *al-bardoun*, *equus tardiori gradu incedens*. Cast. Ce mot a de l'analogie avec ברד de l'hébreu appliqué au *mulet*, comme nous avons vu. Banqueri traduit par *caballo turco*, qui est le sens primitif ; nous traduisons, par *cheval de trait* ou *de travail*, par opposition au coursier de race, ainsi que l'indique toujours la pensée de l'auteur.

(2) Voir page 43 une note sur ces longues oreilles du cheval.

(3) C'est le cheval …

dans cet état. Ibn-Qotaïba dit : le *ghamâ* dans le toupet,
c'est l'exubérance de crins qui couvre les yeux. Ce qu'on
estime beaucoup, c'est quand il n'y a ni excès ni rareté, mais
une juste proportion. Le *mahir* المهر ou calvitie du toupet, nommée aussi *al-qarah* القرح, est encore un vice dans le cheval.
C'est, dit Mousa-Ibn-Naçr, quand le crin du toupet est grêle ;
on peut trouver un remède à ce défaut. Le toupet dans les bêtes de somme, c'est le crin qui occupe le sommet du front ; il
prend naissance entre les deux oreilles. On aime que les joues
soient lisses et délicates ; c'est un des caractères d'une origine
noble et d'une bonne qualité. On veut aussi un *front* large.
Amrou-Il-Khaïs dit que *le cheval doit avoir le front comme les
ombilics des boucliers et des rondaches.* L'ombilic du bouclier,
c'est sa partie convexe.

Quant aux traits caractéristiques des yeux, voici ce qu'on
veut y trouver et ce qu'on en rejette : On aime qu'ils soient
clairs et perçants et bien ouverts en même temps, brillants,
noirs, que la vue soit forte (et longue), les coins espacés, bordés
de longs cils, que les yeux montrent de l'effroi et de l'inquiétude
à la vue d'un chien, que le regard soit pénétrant et se portant
facilement dans tous les sens.

Les défauts dans les yeux sont : le strabisme (1), la faiblesse
de la vue, l'œil vairon et le *gharab.* Si la couleur vairon se
trouve dans les deux yeux à la fois, on la repousse, car le cheval ne peut supporter le soleil, quand la couleur vairon est d'un
blanc pareil à celui de l'étoile du front. La couleur vairon dans
un œil seul s'appelle *al-khaïf* الخيف. Le strabisme *al-hawil,*
الحول, c'est quand le blanc se montre dans un coin de l'œil et
que le noir (la pupille) va plonger dans l'orbite. La vue faible,
al-khawar الخور, a lieu, quand le blanc de l'œil est trop développé, sans strabisme, ni couleur vairon. Le *gharab* الغرب,
c'est quand la paupière et les cils sont blancs et qu'en même
temps l'œil est couleur vairon ; quand l'œil d'un cheval, dans

_____

(1) Cas fort rare chez les animaux.

cet état, se porte sur la neige ou qu'il est frappé du froid, il ne peut rien voir; il en est de même quand il l'est par la lumière du soleil. On rejette les yeux trop renfoncés, car ils indiquent un manque d'énergie. On dédaigne aussi les yeux rouges dans le cheval noir. Mousa-ben-Naçr dit que le cheval noir qui a les yeux rouges est appelé *al-haraf* الحرف.

ARTICLE III.

Signes caractéristiques *de la beauté* du nez et de la bouche.

On veut de l'ampleur dans les naseaux, parce que, s'ils en manquent, la respiration devient pénible, l'air restant comprimé dans l'intérieur du corps; on dit, dans ce cas, que le cheval a le vent court et qu'il est كابي *kâbi* (*litt.* éteint, étouffé). Quelquefois il arrive que, dans ce cas, on fend la narine. Amrou'l-Kaïs a dit : Il faut que sa narine (du cheval) soit comme l'antre d'un lion, pour qu'il prenne sa respiration (à l'aise), quand il est haletant. Un autre poëte a dit : *Que sa narine soit comme l'ouverture d'une chemise.*

On ne veut point dans un cheval un nez gibbeux. Celui qui l'a tel est dit *al-qany* القنى; c'est, dit Ibn-Qotaïba, un de ces défauts qui se rencontrent dans le cheval commun. Ibn-Abou-Hazem dit que, parmi les défauts du cheval, on compte le nez camus, et que celui qui est dans cet état est appelé Akhnas اخنس camard. Le défaut consiste en ce que le nez dans sa longueur (*litt.* les canaux) est déprimé; ce défaut reste toute la vie. On rejette ce défaut parce qu'il dépare le cheval et qu'il gêne sa respiration. Le même ajoute que l'extrémité du museau trop large donne au cheval un air commun et que la respiration en est gênée. On rejette encore la dépression de l'espace qui prend sous la courroie du mors et va jusqu'à l'extrémité du nez; c'est laid et la respiration est embarrassée. On veut l'ampleur de l'auge entre la partie supérieure des ganaches الحنكين; le passage de la respiration y gagne en largeur. On prise dans le

cheval le *harot*, الهرت, c'est-à-dire que les commissures de la
bouche soient fendues. Cette dernière disposition permet au
mors et à la lame à laquelle est fixé *l'anneau gourmette* de pénétrer plus avant dans la bouche et par suite de raccourcir la
têtière de la bride; sinon, il faut allonger cette bride à cause
(de la longueur) de la joue qui permet difficilement au mors
d'entrer (profondément) dans la bouche (1). C'est pourquoi le
poëte a dit :

« La bouche fendue en longueur porte la bride courte ; une
« joue ample appelle la bride allongée. »

ARTICLE IV.

Signes de la beauté dans le cou, les épaules et la poitrine.

On veut que le cou soit bien lisse, qu'il soit long ; le poëte
a dit :

« Le jeu gracieux du *cou* (2) est une des choses qui décèlent
le mérite. »

Quand il y a quelque doute si le cou est long ou s'il est
court, on le vérifie de la manière suivante : on verse de l'eau
dans un vase ou quelque chose d'analogue et on l'approche
de l'animal ; si lorsqu'il veut la boire il ne ramène point la
pince, c'est-à-dire l'extrémité de son sabot, le cou est convenablement long et l'animal de belle race ; si au contraire il la
replie (ou la ramène en dessous), l'animal est court d'encolure et de race commune. La brièveté du cou, sa sécheresse,
le poitrail étroit et rigide, sont autant de défauts qui se rencontrent dans le cheval de race commune. Un des vices dans

______

(1) Le texte est visiblement fautif; aussi il nous a causé beaucoup
d'embarras. Nous avons essayé de le corriger dans quelques-unes de ses
parties en le coordonnant à l'ensemble du paragraphe et de la citation
poétique. Banqueri dit aussi avoir été fort embarrassé.

(2) Le texte lit العينين, *des deux yeux*, ce qui ne donne pas de sens ;
nous lisons العنثن.

le cou, dit Ibn-Abou-Hazem, c'est quand le cheval a le *cou vide*, ce que le vulgaire nomme *farigh*. فرغ ; c'est le plus vilain défaut dans le cheval. Un autre défaut, c'est le *Qantarah* القنطرة, qui est une protubérance au milieu du cou, qui plaît peu à la vue ; cependant c'est un vice peu grave et un des moins nuisibles.

On aime des épaules et un garot élevé. Le garot, *Kassil* est aussi le *harik*, quand il est trop large, c'est un défaut: Ibn-Qotaïba dit que ce défaut existe quand le garrot (*interscalpium*), qui est l'espace qui se trouve à la partie supérieure des épaules ou omoplates, est trop écarté. On veut un poitrail large ; c'est, suivant Abou-Nadjem, un poitrail bien ouvert avec la partie antérieure, ample. Un des défauts dans le poitrail, c'est, dit Ibn-Qotaïba, quand il est bas du devant (*danan*. دنن , c'est-à-dire que le poitrail descend trop bas et se rapproche trop de la terre, ce qui est un des plus vilains défauts. Suivant un autre, on dit d'un cheval qu'il est *Adann* أدنّ, quand il est affecté du danan, dépression à la base du cou. Un des défauts du poitrail, dit Ibn-Abou-Hazem, c'est le *Zawar* زور qui consiste en ce que le poitrail est rétréci dans tout son ensemble et que l'un des deux muscles charnus rentre l'un dans l'autre.

<h3 style="text-align:center">ARTICLE V.</h3>

Signes tirés des flancs, du ventre et de la queue.

On aime à trouver chez le cheval de l'ampleur dans les flancs et le ventre pendant que l'hypocondre va s'arrondissant gracieusement.

Un poëte a dit :

> « Corps ample, élevé;
>
> « Allure vive; bien posé. »

Cette région ne doit point devenir trop resserrée, ni passer à l'état d'*edhème* عضم, ce qui est un vice de conformation. Ce

vice, dit Ibn-Qotaïba, consiste en ce que les côtes se resserrent
vers la partie supérieure. On dit d'un cheval dans cet éta
qu'il est *inahdham, serré du flanc*. C'est, dit Ibn-Abou-Hazem,
le résultat de côtes trop droites et rentrant vers la partie supérieure en même temps qu'elles sont trop minces.

Un des défauts du ventre du cheval, c'est le *Ikhtâf* اختطاف,
rétrecissement qui consiste en ce que la partie du ventre au
delà de la sangle est trop grêle. Un cheval dans cet état est dit
moukhtal, efflanqué. Suivant Ibn-Abou-Hazem, l'*ikhtâf* existe
quand la partie qui se trouve au delà de la sangle est trop
grêle; suivant un autre, c'est quand la sangle revient toujours
vers les testicules, parce que les flancs sont dépourvus d'ampleur.

On veut dans le cheval l'élévation de la *hanche*, c'est-à-dire
de la (naissance de la croupe) partie sur laquelle pose le
(second) cavalier monté en croupe; on en repousse la dépression. Quand elle existe en même temps que celle des reins,
c'est un vice de conformation qu'on nomme *barkh* برخ, *bas du
derrière*. Ce défaut existe, dit Ibn-Abou-Hazem, quand il y a à
la fois dépression des reins et de la naissance de la croupe.
Le même ajoute : On ne veut point que le dos du cheval soit
trop long, mou, faible, avec les lombes sans vigueur. On aime
que la croupe soit lisse et bien unie.

Le poëte a dit :

« Une croupe comme un beau monticule, comme un marbre
lisse et poli. »

Un des défauts de la croupe, dit Ibn-Abou-Hazem, c'est
quand elle est anguleuse (pointue) et longue; c'est le défaut
nommé طريكون *thirkoun*.

On aime dans le cheval une longue queue, avec un tronçon
court. Suivant Ibn-Qotaïba, l'os de la queue avec la peau qui
le couvre constitue le *hassib* ou tronçon de la queue; suivant
Amrou'l-Khaïs, il faut au cheval *une queue comme celle de la
robe d'une mariée*. On ne veut point qu'elle soit déjetée; ce
qui a lieu, dit Ibn-Qotaïba, quand elle se porte d'un côté plus
que de l'autre, c'est un défaut qui se contracte, car il ne vient

point de naissance. On aime un cheval qui relève sa queue dans l'attaque; on le prise beaucoup et c'est, dit-on, très-recherché.

ARTICLE VI.

Inductions tirées du paturon, du sabot et des pieds.

On veut que le paturon soit épais et sec et court en même temps, qu'il ne soit point droit, se portant (en quelque sorte) en avant du sabot.

Le poëte a dit :

« Si le paturon ressemble à un cou obèse, l'animal éprouve des difficultés pour boire. »

Un des défauts du paturon, c'est le *qafad*, قفد. Ibn-Qotaïba dit : Quand le paturon est droit sur le sabot, le cheval est dit *aqfad, droit jointé*, ce qui est un défaut. Suivant Abo-Obéid, il ne se trouve que dans *les pieds de derrière* (1). Un autre défaut du paturon, c'est le *fadah* فدح ; suivant Ibn-Qotaïba, c'est dans les deux paturons une déviation de la ligne droite se portant de côté. Suivant un autre, c'est une déviation du paturon sur le côté, partant de la tête du boulet, au point de son assemblage avec l'os du carpe du pied de devant, ce qui détermine une déviation entre ces deux parties. Cette difformité affecte les deux pieds ou sabots simultanément.

Un défaut naturel qui affecte les pieds de devant et les genoux du cheval, c'est, dit Ibn-Abou-Hazem, quand ils sont

----

(1) Le texte ici est incomplet, en ce qu'il ne parle que des pieds de derrière. Il faut, pour lui rendre ce qui lui manque, se reporter à la page 637 qui traite de cette difformité des pieds. L'auteur la signale comme attaquant à la fois les pieds de devant et ceux de derrière; quand elle affecte les pieds de devant, elle est nommée *ahssam* حسم, et قفد si elle affecte ceux de derrière. C'est la première indication qui manque. L'auteur a donc voulu dire que le nom de *qafad* est seulement pour le vice des pieds postérieurs, et il a omis de parler des pieds antérieurs.

disposés d'une façon si défectueuse, que l'animal, quand il est attaché, ne peut frapper la terre régulièrement soit des deux pieds, soit même d'un seul, surtout si le paturon est trop long et les tendons trop mous. On aime à voir les sabots fermes, noirs ou d'un vert (foncé), arrondis comme une patère et larges de surface. Leur teinte noire en garantit la solidité. Mais il ne faut point que rien de blanc s'y montre parce que cette couleur indique l'absence de dureté. Un poëte a dit :

« Il aura le sabot comme l'écuelle de l'enfant et la cavité de la sole profonde et solide. »

Un des défauts du sabot du cheval, c'est le *Hanaf* الخنف, déviation qui affecte les sabots des deux pieds, qui se portent l'un vers l'autre, les paturons restant droits. Le *nafad* نفذ est encore un des défauts de la race chevaline; c'est quand la corne se fend (1).

Ce qu'on rejette dans un cheval dans son ensemble et dans ses membres, c'est tout ce qui le rend défectueux et qui témoigne d'une race commune. Il y a de ces signes révélateurs qui se tirent des dents et de la langue. Un de ces défauts dans la dentition est celui nommé *schaghâ* شغا. Le cheval qui en est affecté est dit *aschgâ* (2). C'est un défaut qui consiste dans l'irrégularité des dents, non qu'elles soint séparées (par des vides), mais les unes sont longues et les autres sont courtes, ce qui constitue un défaut dont nous ferons connaître le remède, Dieu aidant. Le *rawaïl* (est un autre défaut). C'est, dit Assamahi, une *surdent* qui pousse à la racine de la dent, à la

____

(1) Le texte porte نشقت, litt. *decorticata fuit*, a été décortiquée, mais il faut traduire : *elle se brise;* c'est l'opinion de M. Goubaux, professeur à Alfort.

(2) Hariri, p. 211, 1re éd., donne, pour les dents, l'indication des défectuosités suivantes qui manquent ici : الروق *ar-rawaq*, la longueur des dents; الكسس *al-kassas*, leur brièveté; الثعل *al-tsahl*, *dens super-fluus, pone alium vel ad latus;* cette disposition vicieuse se rapprocherait du رئول ou روال *rawal*, *dens redundans*, surdent; اللصص *al-lacac*, quand elles sont trop rapprochées et serrées; البلل *al-ilal*, quand elles inclinent vers l'intérieur de la bouche. V. *Inf.*, Ch. 33, art. 2, *fin.*

mâchoire supérieure et à l'intérieure, des pinces et jamais des moyennes : la disposition de cette surdent est pareille à celle du crochet (1). Il y a, dit Mousa Iben-Naçr, un remède à ce défaut. La *langue courte*, c'est, dit Ibn-Hazem, un défaut dans un cheval, parce que dans ce cas la bouche est toujours sèche et dépourvue de salive, ce qui est vicieux. La longueur normale dans la langue détermine une salivation abondante qui procure au cheval plus d'aisance et moins de fatigue dans la marche.

ARTICLE VII.

Signes tirés de la hanche, des pieds et des jarrets.

Le *harf* عرف est un défaut qui affecte les hanches et consiste, dit Ibn-Qotaïba, en ce que l'une des deux hanches est plus longue que l'autre. *Al-Akab* الأكب, c'est le cheval sur lequel la selle ne peut se maintenir avec fixité à la partie antérieure, de façon qu'elle est rejetée vers le cou et les pieds de devant. L'*ahrab* العرب a grande ressemblance avec l'akab ; on rencontre fréquemment ce vice dans le mulet. Le *çadaf* الصدف, défaut qui affecte les deux cuisses. Il consiste, dit Ibn-Qotaïba, en ce que, les deux cuisses étant d'abord rapprochées, il y a ensuite écartement vers les sabots, par suite de la déviation des paturons, ce qui est un vice. Le *qasth* قسط consiste en ce que les pieds de derrière sont trop droits et sans courbure. Le cheval dans ce cas est dit *aqsath*, ce qui est une conformation vicieuse. Le *çakak* الصكك, dit Ibn Qotaïba, est un défaut qui fait que les talons s'entre-choquent, chose vicieuse (2). Il y a au contraire *ahdjadj* الحجج, quand

---

(1) Le texte porte خلقتها خلقة الأنبات, *litt.* leur constitution, leur nature est celle des plantes ; mais nous lisons الأنياب, *les crochets*, ce qui nous paraît plus vrai.

(2) C'est ce qu'on appelle *encastelé*.

les talons sont trop écartés. *ar-rahisch* الرهيش; c'est, dit Ibn-Qotaïba, quand le sabot du pied de devant, dans sa longueur, frotte les tendons de l'autre pied, ce qui souvent cause un affaiblissement aux pieds antérieurs (1). (*ihdjayat* حجيات au duel). *ihdjaitani* حجيتان sont les deux tendons qui se trouvent à la partie interne et du pied de devant; à la base sont deux petits corps qui ont une forme d'ongle et qu'on appelle *as-sahadanat* السهدانات, *les os sésamoïdes*. Suivant un autre, le *rahisch* est le battement ou entre-choc qui a lieu à la partie interne des deux *paturons* (2). Il a lieu à cause de la dureté du renflement des paturons, et alors le frottement des deux l'un contre l'autre détermine une excoriation (3). Le *faqad* الفقد est un excès de mollesse dans les paturons des pieds antérieurs. Le *qamah* القمح vient, dit Ibn-Qotaïba, de ce que la tête du jarret s'arrondit au lieu de se terminer en pointe. Suivant un autre, le *qamah* est une grosseur qui se montre au milieu du jarret sur l'extrémité de la pointe (litt. l'aiguille); vu de loin, il a la forme d'une pomme et à peu près sa grosseur. C'est un défaut qui est peu nuisible. Le *malach* الملخ est un vice de la partie inférieure du jarret, une grosseur qui est de la grosseur de la moitié d'un cornichon, et quelquefois moindre, qui s'étend en long. Ce défaut se manifeste particulièrement chez les poulains. C'est, dit Ibn-Hazem, un de ces maux dont les animaux ont le moins à souffrir.

Un des défauts qu'Ibn-Abou-Hazem signale dans les chevaux, c'est celui d'agiter la queue et de la relever quand ils sentent le coup de fouet; c'est une mauvaise manière qui tient à une habitude. Le *haschaf* الكشف est une déviation du tron-

---

(1) C'est le cheval qui se coupe. G.

(2) Le texte porte الرسغين, *les deux paturons*, mais il est visible ici qu'ils ont été confondus avec le *boulet* عظيم; autrement on ne peut confondre le frottement réciproque de ces deux parties du pied. Le mot قرح *qarah*, litt. *cucurbite*, dont la dureté détermine le frottement, indique un renflement qui ne peut être que celui du boulet.

(3) ثقب, *litt.* perforation.

çon de la queue, qui se porte sur un des côtés du train de derrière.

ARTICLE VIII.

Choses vicieuses qu'on rejette dans la constitution du cheval ; signes indicateurs qu'il est nécessaire de connaitre.

Le *mutisme*, défaut naturel qui se reconnaît, dit Mousa-ben-Nàqui, en faisant approcher un cheval d'une jument ; si alors il se met à hennir, il n'est pas muet.

La *lusciosité* (1). Ce défaut, dit Assemahi, consiste en ce que le cheval ne peut voir pendant la nuit, ni s'il y a de la neige. Mousa-ben-Naçr dit que ce défaut se reconnaît en ce que *si on amène un cheval vers un tapis* noir et qu'il y marche (sans difficulté), c'est qu'il a la vue faible ; dans ce cas il est dit *ahscha* اعشى, mais, s'il s'arrête, c'est qu'il a la vue bonne. Le *schabkour* شبکور est un défaut qui peut être accidentel et dont l'animal peut être guéri. Suivant Ibn-Abou-Hazem, c'est une vue affaiblie qui ne voit rien dans la nuit. Un des signes de l'existence de ce vice, c'est que l'animal pose lourdement le pied quand il marche la nuit, comme le fait l'animal à vue faible, le *ahschâ*. Si le mal vient de naissance, il est incurable ; si au contraire il est accidentel, il y a des moyens curatifs que nous indiquerons plus loin, Dieu aidant. Le *djahr*, الجهر ; le cheval qui en est attaqué est dit *adjhar, nyctalope*. Il en est qui disent que c'est un affaiblissement de la vue par suite duquel on ne peut voir pendant le jour, suivant d'autres, quand le soleil brille. C'est à la manière de marcher du cheval qu'on juge de l'existence de

---

(1) العشى, *al-ahlschi* comme lit Banqueri, Ch. 33, art. 1, et non العشا, comme il le lit ici ; c'est *l'héméralopie* et l'animal qui en est atteint est dit : الاعشى *al-ahschi* ; cette maladie est appelée en persan شبکور, comme ici. الجهر *al-djahr*, c'est la *nyctalopie* ; le cheval qui en est atteint est اجهر, *adjar*. Ces maladies sont rappelées aussi Ch. 33. 1. العشية, Ibid. est un mal d'un autre genre.

cette affection. La *cécité*, *ahmaï* الأعمى, c'est quand l'œil a
cessé d'être à son état normal. On la reconnaît parce que,
lorsque l'animal marche, il ramène les pieds de devant en re-
levant les cuisses de façon à frapper presque ses lèvres. Quand
ce défaut vient de naissance, il est incurable ; mais, s'il est accidentel, on peut le guérir. *Al-qamr* القمر, suivant Ibn-Abou-
Hazem, c'est une maladie causée aux bêtes de somme par
l'effet de la lumière (trop vive) du soleil. Quand l'animal a l'œil
vairon ou injecté de sang, si sa vue reste (trop longtemps)
fixée sur une couleur blanche et si la chaleur du soleil a
exercé trop longtemps son action pendant la *longueur* du chemin, le tour des yeux devient rouge (et s'enflamme); il se gerce
ainsi que les paupières (1). Les yeux par l'effet de cette chaleur (trop intense) du soleil éprouvent de l'affaiblissement. La
neige produit le même effet. Suivant un autre, tous les animaux à l'œil vairon peuvent contracter la maladie du *qamr*,
c'est-à-dire devenir *aqmar*. C'est à cause de cette couleur
vairon qu'ils ne peuvent rien voir quand le soleil brille et surtout quand la vue est fixée sur une couleur blanche. C'est une
de ces affections maladives qui sont accidentelles et qu'on
peut guérir, comme nous le dirons plus loin, Dieu aidant.

Le *Çaman* الصمم, c'est, dit Ibn-Hazem, le *tharosch* الطرش, la
surdité; le cheval qui en est atteint est dit *athrousch*. Un des
signes de cette affection, c'est quand l'animal laisse tomber ses
oreilles en arrière sans les tenir jamais toutes deux dans une
situation semblable. Il n'entend point quand on crie après lui.
L'auteur ajoute : C'est dans les chevaux pies qu'on rencontre le
plus ordinairement cette maladie. Mousa-ben-Naçr dit que la
surdité se reconnaît parce que le cheval tient ses oreilles dans
une position particulière et qu'il a peine à les remuer. On le
reconnaît encore parce que, si on tient l'animal dans un lieu
où il soit libre, qu'on se place derrière lui, à une portée de

***

(1) Nous traduisons *paupières* et non *lèvres*, comme Banqueri, parce
que nous lisons الخفذذ, comme plus loin Ch. 33, art. 1, où cette maladie
est décrite, et non جحفلته, avec le traducteur espagnol.

flèche de distance, et qu'on frappe la terre avec le pied, et si
alors il dresse les oreilles et prend une attitude fixe, il
n'est pas sourd, sachez-le bien. La surdité est peut-être accidentelle et alors elle est susceptible de guérison, comme nous
le dirons plus loin (ch. XXXIII); mais si l'animal l'apporte en
naissant, elle est incurable.

Al-Acemahi dit : L'homme qui en travaillant se sert de la
main gauche est dit *ahschar* أعشر, gaucher; on le dit de même
d'un cheval qui en marchant avance son pied gauche le premier. Mousa-Ben-Naçr dit qu'on reconnaît de cette façon
si un cheval *est gaucher* : Un homme lui fait sauter un fossé
sept fois; s'il lève à chaque fois le membre (litt. pied) antérieur
droit le premier, il n'est point gaucher [1]. D'autres affirment
qu'un cheval gaucher nage difficilement.

Parmi les défauts, il y a encore le *djarad* الجرد. C'est, dit
Ibn-Hazem, quand le cheval relève violemment les pieds de
devant, et qu'il les ramène de telle sorte qu'on croirait voir toute
autre chose que ce qui est, c'est-à-dire que l'animal marche
de la poitrine et qu'il est gaucher.

Le poëte a dit :

« Portez une grande attention sur le *djarad* (2). »

L'Ahiouf, العيوف (le dégoûté), qui ne boit point à tous les
abreuvoirs. Ce défaut, dit Ibn-Mousa, peut se reconnaître en ce
que, si l'animal boit dans tous les endroits quelconques, c'est
un bon signe; si au contraire il refuse, c'est qu'il est *Ahiouf*.
On dit qu'il y a des moyens de faire cesser ce vice.

Al-balid البليد, le *stupide*, est le contraire du cheval énergique et courageux. Mousa-ben-Naçr dit que ce défaut se recon-

---

(1) Le texte dit *un homme*, sans parler du cheval. C'est une inexactitude que nous avons réparée.

(2) Ce mot, جرد, n'est point expliqué dans les dictionnaires d'une
manière qui réponde au sens que lui donne ici l'auteur. Plus loin, nous
verrons جرد expliqué par *tumor au... in suffragine juncti*, l'éparvin.
C'est peut-être à ce mal que le poëte fait allusion; ce passage du texte
n'est pas bien clair.

naît de cette manière : On se place à dix coudées (4^m,62) de
distance de l'animal et on agite la bride ; s'il reste immobile,
on doit penser qu'il est sans énergie (stupide); il en sera de même
si on éternue violemment. ou si, étant monté sur lui, et qu'on
agite une partie de ses vêtements (il ne fait aucun mouvement).
Mais si on monte un cheval, qu'on jette à terre (devant lui) un
vêtement blanc, qu'on le force à marcher dessus et qu'il montre de la frayeur, sachez que le cheval est vif et plein de cœur.
S'il en était tout autrement le cheval en manquerait et serait sans
énergie. Il en est qui disent que ce défaut peut se guérir. Sachez bien que lorsque ceux des défauts que nous avons énu-
mérés ont été apportés par l'animal en naissant, il n'y a pas
de remède, car le vice est originel ; mais, s'il est accidentel, on
pourra y remédier.

Nous rapporterons plus loin les causes des maladies qui
surviennent dans le corps du cheval et ses diverses parties, et
qui attaquent son organisation après le dressage, mais qui ne
sont point originelles ni apportées en naissant.

ARTICLE IX.

Résumé sommaire (des qualités constitutives d'un bon cheval) d'après les hommes
versés dans la connaissance des chevaux.

Quelques hommes des plus habiles dans la connaissance
pratique des chevaux ont résumé dans un exposé sommaire
ce qui a été dit sur ce qui constitue la beauté d'un cheval dans
la forme des membres, en y ajoutant ce qui n'avait pas été
dit. Un cheval doit présenter dans ses diverses parties (membres) un ensemble bien proportionné : la tête petite ; le cou
long, bien nourri, doux (au toucher), mince vers la gorge (1),

(1) Le texte porte : الفقي الذيب ; ce mot ذيب ne donne aucun
sens. Banqueri a propose de lire اللبب, qui est le nom de la partie du
cou qui est tranchée quand on égorge l'animal ; ce serait donc le point

les oreilles fines et allongées (1), pointues, droites, bien faites et fermes, gracieuses dans leur contour, pareilles à une feuille de myrte ou à l'extrémité d'un qalame; les joues allongées, douces au toucher, et fines (non épaisses); les crins du toupet bien égaux; la nuque délicate, c'est-à-dire la partie supérieure au toupet et sur laquelle porte la têtière de la bride; le front large; l'œil noir; la pupille saillante; la vue perçante, les naseaux bien ouverts, noirs; les commissures de la bouche longuement fendues; les lèvres s'arrondissant bien et minces en même temps; la lèvre supérieure tendant à s'allonger sur l'inférieure; les dents fines et bien rangées; la langue longue et la luette vermeille (2); le poitrail ample dans sa partie antérieure; le cou bien également posé sur ses bases, d'un aspect gracieux, allant en s'allongeant sur le garrot; le dos court, bien uni, non ensellé; les flancs et l'abdomen amples; la région des hypocondres s'arrondissant bien; celle des côtes se montrant de façon convenable; les lombes régulières et unies; le corps large et le ventre mince (point trop gros, *vulgò, ventre de brochet*) (3). La *hanche*, ou point d'appui du

d'attache de la tête au cou, la *gorge ;* on traduirait ainsi *mince de gorge,* ce qui pourrait répondre à ce que dit Xénophon pour ce cas : (cou) *évidé a l'endroit de la flexion.* Banqueri traduit par *cerviguillo,* nuque.

(1) Le texte dit positivement الاذنين طويلين, les deux oreilles *longues,* ce qui est en contradiction avec ce qui a été enseigné par les anciens et les modernes qui veulent toujours que les oreilles soient *courtes.* Palladius dit: *aures breves et argutæ, Mart.,* 13, 2. Columelle dit aussi : *brevibus auriculis, de Re rust.,* VI, 29, 2. Xénophon tient le même langage, *Equit.,* ch. I. M. le général Daumas cite les oreilles *longues* parmi les défauts du cheval, *Chev. du Sahara.* pag. 29. Peut-être faudrait-il corriger le texte et lire طريين, *contournées en rond, en cornet,* ce qui répondrait à ce qu'on lit ensuite : لطف طريين. *gracieuses dans leur contour.*

(2) اللهات *al-lahât, la luette ;* mais, comme elle n'existe point chez le cheval, peut-être faut-il entendre par ce mot le *voile du palais.*

(3) Le texte porte ici مقعد الفارس, *lieu où s'asseoit le cavalier;* mais il faut ajouter الردف, *qui va en croupe,* comme on lit plus loin.

cavalier (qui va en croupe) relevé, la croupe courte, arrondie
et bien unie (passant à ligne la droite). Tronçon de la queue
court, et celle-ci complète (bien fournie) de crins; les parties
sexuelles noires ; large du derrière (1, les cuisses bien nourries
et s'arrondissant (gracieusement), les jambes fortes et allongées, les genoux bien unis, le canon délicat, [c'est la partie qui
surmonte le boulet jusqu'au genou ou *jarret*] (2; les boulets
courts et épais et bien posés, les tendons secs; talons arrondis,
les jarrets pointus ; le sabot noir ou de couleur blonde, la sole
bien ronde et concave, la pince se posant solidement sur le
sol; les quartiers élevés ; le poil doux et fin, ces deux qualités
sont fort estimées dans tous les animaux domestiques (bêtes
de trait) et dans ceux qui sont sauvages; c'est un indice de
force. Le *schakir*, c'est-à-dire ce qui avoisine le toupet et la
crinière, doit être doux au toucher; c'est un poil court qui ressemble à un duvet soyeux ; on doit, en le palpant, lui trouver
le moelleux de la soie peignée; si, au contraire, on le trouve
rude au toucher, l'animal n'est point exempt du *mélange d'un
sang* vulgaire. En outre de ces qualités, le cheval doit porter
la tête relevée, avoir du courage, se montrer gai sous le cavalier et vif dans ses allures. Il regarde la terre de sa tête altière.
Il aura en outre la robe noire, le front marqué de la double
étoile blanche et la lèvre supérieure de la même couleur ;
la balzane à trois de ses pieds, à l'exception du pied droit (de

p. 670. Le ﺔﻄﺸ est la *hanche*, le point où se réunissent *les os des îles*
qui font partie de la croupe. M. de Sacy traduit ce mot par *croupe*,
Chrest., III, 110, 2ᵉ édit.

(1) ﺖﻟﺮﻤﻟﺍ ; litt., le passage des excréments.

(2) Ici nous voyons le même mot ﻍﺳﺮﻟﺍ employé dans un sens qui
peut présenter de l'équivoque. En effet, le canon s'étend bien entre le
genou et le boulet; celui-ci est nommé ﺏﻮﺴﺣ. Qu'il soit court et gros,
c'est une qualité; mais le paturon doit être court, bien posé, sans être
trop épais; ainsi le paturon aurait été oublié. *Le boulet forme la jonction
du canon avec le paturon.* Inf., Ch. XXXIII, art. 8.

devant) (1). Quand un cheval réunit toutes ces qualités, l'ama-
teur peut se dispenser de recourir aux informations.

ARTICLE X.

Taches blanches que portent les chevaux.

Al-qorrah, الغرة ; c'est dans le cheval cette tache blanche
de la largeur d'un dirhem, qu'il porte au front. *Al-qo-
rahaq,* القرحة, autre tache de dimension un peu moindre.
Al-artsam الارثم est une autre tache blanche à la lèvre supérieure. *Le blanc de la balzane,* التحجيل, *Al-tahadjil ,* dépasse le
paturon.

ARTICLE XI.

Signes qui témoignent de la vigueur d'un cheval, de sa patience et de sa force.

Ibn-Abou-Hazem dit que ce qu'on recherche dans l'organisation d'un cheval, c'est une constitution vigoureuse et qu'il
soit patient, alerte, détalant lestement. Si on peut, en outre,
trouver dans un cheval la réunion des qualités que nous allons
énumérer, son organisation ne laisse rien à désirer (il a atteint
la perfection). Le cheval doit d'abord être de race ancienne
(pur sang); c'est là un point essentiel (*litt.*, la base de son
affaire). Il doit avoir beaucoup d'énergie, le corps et les organes de la respiration amples et larges; le cou relevé avec
fierté, (*litt.* long), bien planté sur le garrot; la cuisse longue;

(1) C'est le cheval d'*Arzel* des anciens.

les reins forts (1); les muscles larges (2); les articulations souples et solides; la corne du sabot dure. Ce qui, en outre, ajoutera à la valeur du cheval, c'est sa rapidité dans la course et sa patience à supporter ce qui peut lui déplaire (3).

Mousa-Ibn-Naçr dit que ce qui décèle la vigueur dans un cheval, c'est si, quand il marche, on entend le bruit du sabot qui résonne (4), et, quand le cavalier le tenant au repos pendant une heure et même deux, il ne bouge, ni frappe la terre du pied (par impatience). Un cheval qui présente ces caractères est fort et très-vigoureux. Un jour, pendant la guerre sainte, Omar-ben-Mahdi-Karab, craignant que son cheval ne fût affaibli, mit pied à terre, saisit d'une main sa queue et s'appuyant vigoureusement sur le sol, il la tira vivement à lui; mais, le cheval n'ayant pas bougé, il en conclut que son cheval avait conservé sa vigueur (et qu'il n'était pas exténué).

ARTICLE XII.

Comment on peut reconnaître qu'un cheval est bon coureur et capable de l'emporter en vitesse sur les autres.

Examinez sur le sol l'empreinte que laissent les pieds du cheval quand il court; si l'empreinte des pieds de derrière

(1) Le texte porte جعبا, qui ne donne pas de sens. Banqueri lit جَبَبا que les dictionnaires traduisent par *quod exit a parte sub umbilico usque ad ossa podicis*, et il traduit : *la parte mas de lantera de su espalda.* Nous lisons comme Banqueri, mais nous voyons une allusion à la partie moyenne postérieure du corps.

(2) Au lieu de نَشِز نَقْتاهُ, nous lisons وَسِع نَشِز, large de ses nerfs ou de ses muscles. Banqueri avoue s'être guidé sur le sens plutôt que sur la lettre pour ce passage difficile.

(3) Le sens littéral serait : et ce qui embellit sa constitution après cela et lui est d'un plus grand secours pour la course, c'est la patience.

(4) Xénophon amplifiant l'expression dit : Un sabot bien évidé, résonnant comme une cymbale sur le sol. *Trait. équit.*, I. C'est le *sonitus ungulæ* de Virgile.

s'applique sur celle des pieds de devant, l'animal dépassera
à la course tous les autres dont l'empreinte du pied n'indique
pas une pareille qualité.

Les indices qui décèlent la vivacité dans un poulain d'un an,
c'est, disent Kastos et Cassianus, une tête petite, des yeux
d'un noir très-foncé, des oreilles pointues et la rareté du poil
dans leur intérieur. Il aura de plus une crinière fournie, le
poitrail large, le cou relevé, les bras bien unis, la croupe
forte, la queue longue et touffue, les sabots bien arrondis
(C. f. Géop., XVI, I, 2, et Colum. VI. 29, 1). Un signe encore de la
vive énergie du poulain, c'est quand il n'est point coureur, et
qu'il se tient avec sa mère seule sans aller avec aucun autre
cheval.

ARTICLE XIII.

Méthode à suivre pour dresser les poulains, mâles et femelles
(أمهار plur. مهر sing.).

On ne doit point monter un jeune cheval avant qu'il ait
atteint trois ans. On commence à le dresser au printemps de
sa troisième année, avant l'arrivée du mois de mai, ou bien à
l'automne pour éviter l'action de la chaleur, ou celle du froid,
parce que souvent, quand il fait froid, le poulain entre en
sueur (le froid le saisit) et il lui survient un affaiblissement
dans les jambes ou la phthisie. Il ne faut point appliquer au
poulain le mors avant qu'il ait atteint sept mois et huit suivant
d'autres; alors on lui adapte un caveçon léger pour l'habituer,
on le lui laisse seulement une heure, puis on le lui enlève, pour
recommencer le lendemain matin. On s'y reprend ainsi à plusieurs reprises successives, jusqu'à ce que l'animal soit bien
habitué; voilà la méthode qu'on suit quand on veut accélérer
le dressage. Il faut à l'avance avoir l'attention de passer souvent la main sur les places que doivent occuper la têtière de la

bride et la sangle, au poitrail et sur la croupe, afin d'habituer l'animal à ces diverses parties des harnais, et qu'elles lui
deviennent familières. Il faut pendant quelques jours appliquer une couverture de laine ou quelque chose sur le dos et
sur le ventre du jeune animal (1). On lèvera aussi le pied de
devant avec précaution, et on frappera dessus avec les doigts
en guise de marteau, afin d'accoutumer le poulain à cette
opération (pour la ferrure). On augmente ensuite graduelle-
ment la force de la percussion, jusqu'à ce qu'on en arrive à
frapper, avec une petite pierre qu'on tient à la main, des coups
plus sentis que ceux qui se donnent avec le doigt. On habitue
aussi l'animal à ce qu'on relève ses pieds de devant pour parer la corne (2), afin que tout se passe convenablement quand
viendra la nécessité de la piqûre des clous, pour la ferrure.
C'est ainsi qu'on débute quand le poulain est d'un caractère
doux et facile ; mais, s'il est au contraire d'un naturel rude et
difficile, on le dompte en lui faisant porter sur le dos des sacs
remplis de sable, et en le forçant de marcher jusqu'à ce qu'il soit
devenu docile et que, sa fougue étant calmée, on puisse le maîtriser et obtenir ce qu'on espère en le domptant et le dressant.

Quand on en est arrivé au point d'être assez maître du poulain, c'est le moment de lui appliquer la selle et de le monter.
Après lui avoir passé la selle sur le dos, vous le faites tenir au
repos, et, si votre intention est de le monter, vous prenez l'é-
trier (et vous vous enlevez). Quand vous êtes monté et installé
sur le dos de l'animal, vous le tenez en place, l'empêchant de
marcher pendant une heure, de façon qu'il soit au repos et
immobile sous vous, afin qu'il contracte cette habitude qui est

(1) Le manuscrit original, dit Banqueri, porte اللبد, mais on doit
préférer البد qu'on lit en marge de la copie. Nous n'admettons pas cette
correction et nous préférons لبد qui est le nom de *pièce de laine* ou *couverture* qu'on met sous la selle.

(2) وأسآ اوصول يديه et l'action de raser, tailler la base de ses pieds
de devant ; Banqueri n'a pas compris cette phrase et l'a rejetée en note.

très-belle, et nécessaire pour les souverains et pour tout homme en général. Gardez-vous bien de laisser le cheval contracter l'habitude de s'agiter (en le laissant maître de ses mouvements) quand vous vous disposez à le monter, car c'est une mauvaise habitude. L'animal alors devient indocile et va jusqu'à refuser le cavalier. Pendant que vous maintenez ainsi votre cheval en arrêt, vous arrangez vos vêtements, pour qu'il demeure (désormais) calme (quand vous le ferez). Faites alors marcher l'animal à petits pas (*litt.* peu à peu), sans lui faire sentir les talons. Que l'impulsion donnée soit (seulement) pour faire sortir l'animal de l'état stationnaire. Ne l'habituez jamais à s'arrêter, quand vous saluez ceux que vous rencontrez, ni pour autre chose pareille. Faites prendre au cheval une allure dégagée et que jamais il ne soit habitué à s'arrêter, car c'est une habitude détestable dans un cheval. L'écuyer qui dresse un poulain ne doit pas le monter plus de cinq heures (sans interruption) et doit (ensuite) lui donner un repos de quinze heures (1). Il faut habituer le poulain à l'étrille المحسّة et à se vautrer sur le préau. Ce sont deux choses fort utiles.

Persuadez-vous bien que le principe essentiel pour dresser les chevaux, c'est d'user de douceur (et de patience), car, du moment que l'animal s'est montré récalcitrant (par suite de mauvais traitements), on ne peut plus le maîtriser. *Douceur et patience*, voilà toute la science (du dresseur). L'écuyer doit bien prendre garde de blesser la bouche du poulain. Tout cheval, dans la bouche duquel le sang afflue, se raidit contre le frein (la bride) et devient récalcitrant. C'est un grand défaut chez un instructeur de faire saigner la bouche des chevaux. S'il les frappe, il les rend rétifs et indociles; ils se jettent contre tout ce qui se trouve au-devant d'eux par suite de leur énergie et de leur raideur de caractère. Si au contraire on traite le jeune animal avec calme, qu'on cherche par la douceur à le former aux belles allures, ce

---

(1) Banqueri n'a point traduit ce membre de phrase qu'il n'a pas compris.

dont il ne faut jamais se départir, on aura un cheval exempt de défauts et de belle condition.

Usez donc de douceur et de bienveillance dans toutes les occasions. Un soin que doit avoir celui qui dresse les poulains, c'est, quand il craint qu'ils ne portent la queue d'un seul côté, de l'attacher à la selle au côté opposé à celui où elle se porte trop fréquemment, jusqu'à ce que ce défaut ait disparu entièrement. Soyez encore bien circonspect, quand vous voulez faire tourner le poulain ou le ramener sur ses derrières, pour éviter qu'il ne survienne au jarret une grosseur *malach*. Le cheval peut contracter des vices ou des défauts par la faute de celui qui le dresse et par celle de celui qui le monte, quand il est inexpérimenté et qu'il ne connaît pas bien son *caractère*. Nous reviendrons ultérieurement sur ce sujet, Dieu aidant de sa volonté. Nous donnerons plus loin aussi la manière de dresser les chevaux qu'on regarde comme vicieux.

Article XIV.

Manière de connaître, dans la disposition et l'état des dents d'un cheval et dans ce qui leur survient, les indices à l'aide desquels on peut déterminer son âge (1).

Sachez bien que tous les chevaux (ou bêtes de somme) sont pourvus de quatre (dents antérieures les) *pinces*, quatre (dents) *mitoyennes* (2), quatre *coins* et quatre *crochets* (ou *canines*), puis des molaires. Les premières dents qui poussent chez le poulain, ce sont les pinces. Elles commencent à se montrer depuis

(1) Cf. Géop., XVI, pag. 418, 419 ; Pallad. *Mart.*, 13, 9 ; Veget., IV, 5, 1; Varr., II, 7, 2; Colum., VI, 29, 4.

(2) رباعيات les *mitoyennes*, au singulier *rabahia* (*allégé du hamza*) الواحدة رباعية مخفّفة. Banqueri a laissé cette phrase sans la traduire, avouant ne la pas comprendre. Voir *Grammaire* de Sacy, t. I, p. 100, 198, 2ᵉ édit.

le cinquième jour à partir de la naissance jusqu'au neuvième; ensuite les mitoyennes au bout de deux mois. De huit à neuf mois, on voit paraître les coins. Au moment de sa naissance, le jeune cheval est appelé *poulain* الفلو ou المهر, *al-foulou* ou *al-mouhr*; pendant le cours de la première année jusqu'à ce qu'elle soit accomplie, il est dit poulain de l'année الحولي; ensuite il prend le nom de جذع, *djadsha* au pluriel, *djilsàh* جذاع au féminin, *djadsah* جذعة sing., جذعات *djadshat* au pluriel, nom qu'il garde jusqu'à ce que la seconde année soit révolue. Quand les dents antérieures, les pinces, ont noirci et que, chassées dehors (de l'alvéole), elles tombent, on dit qu'il a *jeté ses dents* (de lait). Après la chute de ces dents, la seconde année révolue, jusqu'à la fin de la troisième, on l'appelle *tsani* ثنى plur. *tsaniân;* ثنيان féminin ثنية *tsaniah*; si les quatre autres, les mitoyennes, sont précoces, elles poussent dans la même année; souvent aussi le poulain pousse les coins dans la même année, surtout s'il est issu d'animaux âgés ou si seulement l'un des deux l'est. Quand le cheval a renouvelé ses mitoyennes, on le dit *rabàhi* رباعى, ce qui a lieu vers la quatrième année révolue, et alors les mâles sont appelés *ribah* ربع, et les femelles *ribahiah* رباعية. Quand les coins sont remplacés, ce qui a lieu dans la cinquième année (la cinquième année venue) (1), il est alors *qàrih* قارح plur. *qourrah* قرح féminin aussi *qàrih* ou *qouarih* قوارح. Aucune dent, autre que celles que nous avons indiquées, n'est remplacée (si elle tombe). Le nom de *cheval* فرس *fars* n'est donné à l'animal que quand il a remplacé toutes ses dents. Ainsi, cette dénomination ne lui vient point de l'âge. De même qu'il recevrait le nom de *qarih*, s'il arrivait qu'il jetât ses pinces, ses mitoyennes et ses coins dans la même année, mais on ne peut donner à l'animal ce nom qu'après que ce changement dentaire est accompli.

(1) Car les coins pour l'ordinaire poussent de quatre ans et demi à cinq ans.

Voici le moyen de reconnaître si le cheval a mis bas ses dents et de distinguer le poulain qui a posé ses pinces de celui qui a posé ses mitoyennes et de celui qui a posé ses coins. On examine les dents du cheval; si quelques-unes ont été remplacées, la couleur n'est plus la même, elle tire sur le jaune, ce qui donne à la dent une teinte qui ressemble à celle du (1)..., qu'il conserve pendant toute sa vie. Chaque fois qu'un cheval perd une dent, celle qui la remplace est plus grande que celle dont elle prend la place. Quand un cheval a pris huit ans, après avoir remplacé ses coins, ses dents s'allongent, ses crochets se déchaussent; telle est l'organisation du cheval. Cependant, il arrive que la maigreur chez l'animal amène le déchaussement des dents; mais c'est à leur longueur que se distingue le vieux cheval du jeune (2).

Suivant Kastos, on peut distinguer un animal jeune d'avec celui qui est vieux, et surtout le mulet, en lui faisant ouvrir la bouche et examinant ses dents. Quand le poulain a atteint trente mois, les pinces des mâchoires inférieure et supérieure tombent. Quand il arrive à quatre ans, ce sont les moyennes de chaque mâchoire qui tombent, — alors poussent les *crochets* ou *canines* أنياب. Quand le cheval approche de cinq ans, les mitoyennes poussent; à six ans (la dentition est complète), l'animal a toutes ses dents égales; à sept ans, elles ont atteint la limite de leur accroissement, et le cheval (sera de ce côté) garanti de toute maladie autant qu'il se puisse (Cf. Géop., XVI, ɪ, p. 418).

Suivant Aristote, quand le cheval a atteint (a passé) huit ans, après avoir pris ses coins, il perd de la vigueur pour la course

(1) Nous lisons ici dans le texte pour terme de comparaison الصفيحة. Banqueri, d'après Giggeius, traduit par *oripeau* ou *laiton de Barbarie*. Nous ne trouvons pas ce mot, que nous laissons en blanc. Aristote dit que les dents du cheval *blanchissent en vieillissant*, *Hist. anim.*, II, 2.

(2) Voir des explications détaillées dans Végèce, IV, 5; Varron, II, 7, 2; Columelle, VI, 29, 4 et 22; Pallad., *Mart.*, XIII, 9; Aristote, *Hist. anim.*, VI, 22.

et le travail. Suivant un autre, l'indice de la vieillesse dans un cheval, ce sont les dents (antérieures) et les molaires longues et déchaussées. En devenant vieux, sa physionomie change, son œil devient terne, il baisse la tête (1), on voit aussi tomber les dents molaires, et des excoriations se multiplient dans la bouche ; tels sont les signes indicateurs de la vieillesse. Il y a encore cet indice de la vieillesse d'un cheval, c'est que, si on pince, avec l'index et le pouce, la peau de la face, qu'on l'attire à soi, et que, la laissant ensuite revenir sur elle-même rapidement, elle reprenne bien vite sa surface plane et unie comme avant, l'animal n'est pas vieux ; si au contraire elle tarde à revenir à cette disposition, alors le cheval est vieux et âgé. Nous avons précédemment indiqué ce procédé en parlant des qualités de l'étalon. On dit qu'il ne faut point monter un poulain pour le voyage, ni le jeune cheval *tsani* qui n'a encore que ses *pinces*.

ARTICLE XV.

De l'alimentation des chevaux (bêtes de somme) avec l'orge, la paille, le fourrage en vert, le *phiçaphaçah* ou luzerne ; de l'abreuvement avec de l'eau ; quantité des rations ; quand doit-on les donner ?

Ibn-Abou-Hazem dit que, pour l'alimentation des chevaux, on doit se borner à la luzerne, à l'orge et au fourrage en vert. Il est des personnes qui habituent les chevaux à manger du pain. Certaines populations du désert (bédouins) les abreuvent avec du lait de chamelle. C'est, à mon avis, un procédé très-bon, car ce lait est léger et peu chargé de crème. Il en est qui ajoutent à l'orge du fenu grec. Ce système de nourriture leur

____

(1) سقط وجهه ; litt., *son visage, sa face tombe*. Nous avons pensé que l'auteur voulait parler du cheval qui laisse tomber sa tête à cause du relâchement des muscles et qui s'encapuchonne.

donne une couleur vive et brillante ; mais, à cause de l'acidité qu'il renferme, il peut aussi déterminer des affections dartreuses, et selon moi l'usage n'en est pas bon. Il y a des maquignons qui nourrissent les chevaux avec de l'orge cuite qu'on donne toute chaude à l'animal ; c'est une espèce de bouillie. Ils pensent que l'animal nourri de la sorte s'engraisse promptement, mais ils n'usent de ce mode d'alimentation que quand le fourrage frais leur manque, et qu'ils ne peuvent trouver autre chose (que de l'orge). Il en est qui donnent de l'orge concassée aux animaux maigres pour les faire engraisser. Nous reviendrons sur ce qui peut engraisser les animaux, Dieu aidant.

On doit donner aux animaux les quantités d'orge qu'ils peuvent supporter. La nourriture (pour la quantité) ne saurait être la même pour tous les chevaux, sans distinction, car il y en a qui mangent beaucoup et d'autres qui mangent peu. La quantité d'orge à donner à une bête de trait, c'est depuis un makouk comble ou treize rotls (4 lit. 131) jusqu'à quinze (4 lit. 765 ; s'il se trouve de la poussière, c'est très-mauvais pour les chevaux ; il faut donc nécessairement passer le grain au crible, et le rendre bien propre en le nettoyant ; qu'il n'y ait point non plus de pierraille, les dents molaires de l'animal en seraient affectées douloureusement. J'ai vu, dit Ibn-Abou-Hazem, souvent l'*asthme* déterminé par le mauvais emploi de l'orge, faites-y bien attention (1). Elle doit être nouvelle, de bonne qualité, n'ayant souffert ni de l'humidité ni des charançons, bien saine et sans mélange de graines étrangères. Il ne faut point que, dans l'orge qu'on donne à un cheval, se trouve mêlé le reste de celle d'un autre, car un cheval de race n'acceptera jamais le reste d'un autre cheval ; il montre toujours du dégoût, si on le lui présente.

(1) Suivant le général Daumas, le cheval fourbu est appelé مضروب بالشعير, *frappé par l'orge*, ce qui a lieu quand on a l'imprudence de faire boire un cheval qui a mangé beaucoup d'orge (*Chev. du Sahara*, 163). (V. p. 61, not. 1, الربو, ar-ribou, *asthme, pousse dans le cheval*).

La quantité de luzerne, quand on la donne seule, doit être depuis vingt rotls (7 kil. 330) jusqu'à vingt-cinq (9 kil. 161) ; elle doit former la majeure partie de l'alimentation. L'usage de la luzerne ne peut nuire à un animal, mais il faut la lui donner après l'avoir hachée aussi menue que possible et débarrassée de ses feuilles (quand elle est sèche).

Ibn-Hazem dit que la meilleure nourriture qu'on puisse donner à un cheval, c'est la luzerne sèche seule. Il n'est rien qui lui soit comparable ou qui la vaille, pas même l'orge ni aucune autre espèce d'aliment (1). On nourrit aussi les chevaux de *fourrage* (2), c'est-à-dire d'un mélange composé d'un *makouk* (4 lit. 131) d'orge, dix rotls (3 kil. 664) de luzerne, ou vingt rotls (7 kil. 329) de paille ; la composition est la même pour les mulets de charge et les ânes porte-bât. Si on augmente la quantité d'orge, le bon effet de la luzerne n'en est point amoindri. Le moins qu'on puisse donner d'orge à un cheval, c'est dix rotls (3 kil. 664) et de luzerne huit rotls (2 kil. 532). Une ration moindre serait nuisible en voyage, mais elle ne le serait point à l'état de repos. Le fourrage le moins bon est composé de luzerne et de paille, chacune pour moitié. L'alimentation pour les ânes est d'un demi-makouk (2 lit. 061) d'orge. Si pourtant l'âne est d'une grande taille, il supportera trois rotls (1 kil. 200) d'orge, cinq rotls (1 kil. 832) de luzerne ou vingt-cinq (9 kil. 161) de paille. Si l'animal est d'une forte

(1) Columelle nomme aussi la luzerne la première parmi ce qu'il y a de meilleur pour l'alimentation des chevaux, II, 7, 2.

(2) الخليط, *al-khalith*; litt., *chose mêlée, mélange*, nous paraît avoir grande analogie avec le *farrago* des latins, qui était un mélange de plantes fourragères, mais qu'on semait et récoltait ensemble, et qu'on donnait aux animaux pendant les froids, quand les autres choses manquaient. Le *farrago* était aussi composé de déchets de froment et de vesces, *ex recrementis tritici et viciæ*, semés ensemble. Il y avait un fourrage analogue dit *ocymum*. Ainsi chez les Latins le mélange se faisait par le semis, et chez les Arabes ce sont les plantes, graines ou pailles qu'on mêle. *Vid.* Colum., II, 11, 8; Plin., XVIII, 10 et not. 7; Hard., XVII, 35, 21, not. 169.

— 61 —

corpulence qui lui permette de supporter une plus forte ration
d'orge, vous lui en donnerez un makouk et demi (6 lit. 20) ras
et non comble. Prenez garde à l'emploi de l'orge en excès et
donnée à mesure comble, c'est une chose nuisible qui a des
conséquences fâcheuses sur l'économie animale (*litt.* le corps)
et qui produit des relâchements, des sueurs, la difficulté dans
la respiration, attaque le jarret, et cause des lésions au sabot.
Il faut donc en voyage prendre bien garde de donner l'orge en
trop grande quantité au cheval, et de lui faire boire de l'eau,
surtout quand l'animal abandonné à lui-même n'a pas été déjà
dressé. Cet excès causerait le *taschbik* تشبيك, mal qui ressemble
au *hamar* الحمر (1). La meilleure méthode pour dresser un
cheval, c'est de le tenir en selle pendant une heure, de mettre
souvent pied à terre légèrement, de laisser une heure de repos, puis de reprendre l'exercice ; ce système est très-avantageux.

Il en est qui disent que le meilleur mode d'alimentation pour
le cheval c'est de l'orge nouvelle en hiver et de l'orge vieille
pendant les chaleurs. Ibn-Abou-Hazem dit qu'il faut donner
la nourriture par petites rations successives (*litt.* peu à peu),
sans jamais en donner une trop forte quantité en une seule
fois, parce que l'animal souffle dessus et ne la mange point. Il
est nécessaire que la nourriture donnée soit pesée ou mesurée,
afin de se rendre compte de ce que mangera le cheval, et que,
s'il se trouve du moins dans la quantité, on la complète (2).
Quand la ration n'est point faible (qu'elle est ce qu'elle doit
être), vous pouvez alors ajouter un petit supplément à l'orge.
Il n'y a aucun inconvénient à ce qu'un animal reçoive une
nourriture complète et abondante. On donne l'orge mêlée à
deux autres substances fourragères (3), et si cette nourriture

(1) Cette affection est l'*hordeatio* κριθίασις des Grecs, *orgée* ou *fourbure. Vid. Medic. veterin.* L. I, c. vii. *Vid. sup.,* p. 59, not.

(2) Sage conseil, dit M. Goubaux.

(3) Nous différons notablement de Banqueri dans la traduction du
mot قصبين qu'il traduit par *dents antérieures.* Nous y voyons un duel

présente de la résistance, et que les molaires en souffrent, il faut alors la concasser en la frappant un peu avec un morceau de bois (un maillet). Quand on nourrit un animal de cette façon, il ne faut pas qu'il soit privé d'eau. Il doit au moins en ressentir la fraîcheur par la racine de la queue qui est la partie extrême du corps sur laquelle on verse de l'eau ; de cette façon il ressent la fraîcheur et l'humidité.

En parlant de l'alimentation du bétail avec de la luzerne verte, du *qaçil* et du *ghamir*, on entend par là les plantes vertes qu'on associe avec des plantes sèches, au moment où on les coupe (1). Ibn-Abou-Hazem dit que, quand on alimente des chevaux avec du qaçil, il faut leur laisser la liberté de se rouler à volonté (*litt.* à toute heure). Avant de les mettre à ce régime, il faut pratiquer une saignée au cou. Si on ne le fait point (immédiatement), on laisse les animaux se reposer pendant trois ou quatre jours ; puis on saigne et on donne du fourrage vert autant qu'on peut le faire ; ce mode d'alimentation engraisse les animaux. Le lieu où on nourrit les animaux au vert doit être spacieux. Si on met des chevaux au vert, le mieux est que ce soit dans les plaines ; mais il faut se hâter de les y mettre avant que les plantes aient durci, car, dans cet état, elles ne sont plus que des pailles sèches dépourvues de qualité. Si on met le bétail au vert, c'est pour le purger et débarrasser l'intérieur du corps. Or, si les plantes sont sèches, elles ne sont plus qu'une paille dont on ne peut attendre aucun bon effet. Gardez-vous donc de laisser manger aux chevaux des plantes montées en épis (ou à graine), car elles provoquent la toux et elles

de قصيبة, *res sicca quæ comeditur, stramina concisa pro jumento.* L'auteur a donc pu avoir en vue la luzerne et la paille.

(1) رطبة c'est la luzerne verte, القصيل l'orge fauchée en vert pour le bétail, v. sup., p. 43. *Al-ghamir* الغمير, foin, herbe des prés, comme dans le chaldéen עָמִיר, *granum, fœnum.* Qaçil est pris aussi dans le sens général de fourrage vert, répondant au persan جزر et à l'expression talmudique, שחת, *herba quæ metitur et datur bestiis adhuc virens* (*Peah,* VI, X).

sont sans utilité. Le fourrage vert, le *qaçil,* doit être présenté à
l'animal dans toute sa fraîcheur et dans sa longueur; rien
n'équivaut à cet état de fraîcheur. Il faut le couper avant le lever du soleil, pendant qu'il est couvert de rosée ; c'est alors
qu'il est le plus frais possible. On le dépose dans un lieu où il
est garanti de la chaleur du soleil et du vent. On en donne à
l'animal autant qu'il est possible; car, s'il ne l'engraisse point,
il le purge et nettoie l'intérieur du corps de toutes ses impuretés. Ce fourrage doit être administré dans un endroit spacieux,
chaud, à une bonne exposition pour le vent. Le régime du
qaçil doit durer deux ou trois semaines; on peut le prolonger
jusqu'à quarante jours. On le présente aux animaux par petites
quantités successives, après avoir battu le pied jusqu'à ce qu'il
soit attendri et que le suc devienne visible. Donner aux animaux une quantité trop forte de fourrage, c'est un mode d'alimentation mauvais et nuisible, à moins qu'il ne soit bien vert
et non desséché ni dur, car le fourrage consommé frais n'est
jamais nuisible.

Ibn-Abou-Hazem, parlant de l'abreuvement des chevaux, recommande de ne point leur laisser un accès libre à l'abreuvoir,
mais de leur donner de l'eau fréquemment (*litt.* à toute heure),
car l'animal qui est nourri de qaçil éprouve le besoin de
boire (1); or on ne sait point quand ce besoin se fait sentir. Il
est donc très-salutaire de donner aux chevaux beaucoup d'eau;
par ce moyen on rafraîchit le corps et on atténue l'effet de la
grande chaleur. L'eau (ainsi donnée) ajoute aux bons effets de
l'alimentation, distend la peau, fortifie les chairs; faites donc en
sorte que l'animal désire l'eau autant que possible (en mélant
du sel au fourrage, *et donnez-la-lui*), sans pourtant la prodi-

(1) Il est peu naturel que le fourrage vert cause de l'altération à l'a-
nimal, mais le texte est tellement précis qu'on ne peut l'interpréter autrement. Peut-être cette soif ardente serait-elle la suite du sel qu'on
mélait aux plantes fourragères, comme il est si instamment prescrit au
dernier paragraphe de l'art. XVII, pag. 70 ; c'est cette prescription qui a
motivé notre parenthèse.

guer sans raison, mais donnez-la très-fréquemment (*litt.* à toute heure des heures), sinon le fourrage ne profitera point. *Donnez de l'eau en abondance*, mais gardez-vous bien de jamais faire boire un cheval quand il est très-fatigué, ou bien à la suite d'une longue course ; il en est de même pour l'orge ; gardez-vous d'en présenter au cheval dans les mêmes cas, car il serait attaqué de la maladie du *hamar* ou fourbure dont il a été parlé plus haut (p. 61).

On lit dans Aristote (*H. an.*, viii, 8, 11) : les chevaux, les mulets et les ânes se nourrissent de graine et d'herbe verte; mais ce qui les engraisse et leur fait acquérir de l'embonpoint, c'est de boire beaucoup, parce que c'est en raison de ce qu'ils absorbent d'eau, que la nourriture leur profite. Quand l'eau est peu abondante, la nutrition l'est aussi. Le cheval se plaît à boire de l'eau trouble. Un autre a dit que c'est une des choses les plus merveilleuses que, si l'eau est courante, pure et limpide, l'animal la rend trouble avec son pied. La raison, c'est que le cheval a peur de son ombre et de celle de tout autre corps. Il en est qui disent que, quand on augmente la ration d'eau pure pour un cheval, on augmente son appétit et son embonpoint. Il faut faire boire un cheval trois fois par jour. Ibn-Abou-Hazem dit que souvent, quand l'animal a souffert de la soif, il lui survient des douleurs de poumon ; faites-y donc bien attention. Si dans l'hiver vous pouvez abreuver le cheval avec de l'eau blanchie ou battue avec de la farine de froment et dans l'été avec de la farine d'orge, c'est une excellente chose, et, s'il existait dans le poumon quelque lésion, ce régime la ferait disparaître, la volonté divine aidant.

ARTICLE XVI.

Manière d'établir les crèches ou mangeoires ; emplacements convenables.

Il faut, dit Ibn-Abou-Hazem, disposer pour les chevaux,

dans l'écurie, une *crèche* ﺍﺭﻯ *irî* arrondie, commode, élevée à
la hauteur de la pointe du poitrail de l'animal. La construction
sera en planches; c'est la meilleure, et, si au fond de la mangeoire on dispose une planche percée de trous, il ne restera
jamais de poussière, car toutes les fois que le cheval remuera
le fourrage (elle tombera). Le devant de la crèche sera disposé
de telle façon que les genoux du cheval ne puissent l'atteindre,
quand l'animal frappe le sol de ses pieds de devant, ce qui arrive
souvent quand les mouches se portent en grand nombre vers
les épaules et les flancs (1); dans ce cas, le cheval frappe la
crèche du genou. On peut encore, si on le veut, donner à manger au cheval dans un vase de terre ou bien étendre au fond
de la mangeoire quelque chose sur quoi on dépose l'orge (ou
toute autre graine) (2). On peut aussi faire manger le cheval
dans une *musette*, ﻣﺨﻼﺓ. Cependant, quand on le fait manger
de toute autre manière, l'animal a plus d'air, car on peut
craindre que sa respiration n'y soit gênée. Il faut que sous les
pieds du cheval, là où il est attaché (3), il y ait un pavage en
pierre ou en brique, constamment entretenu pour le garantir
des émanations du sol et de la fraîcheur, deux causes qui
accélèrent la destruction de la corne du pied. Il faut aussi que la
place sur laquelle se repose le cheval soit couverte d'une couche
suffisante de crottin (sec en poudre) renouvelé tous les matins
et tous les soirs; aussitôt qu'on voit qu'un cheval urine ou fait
du crottin, il faut l'enlever, de même que tout ce que (l'humidité de) l'urine a pu atteindre, car ces deux matières sont causes d'altération pour les sabots; de plus, l'animal se dégoûte

(1) ﻓﺮﻳﺼﺔ, c'est la partie charnue qui va des flancs à l'épaule ou
des mamelles à l'épaule et qui tremble quand l'animal a peur; c'est
effectivement sur cette partie du corps que les mouches se portent particulièrement. *Hariri*, pag. 317 (٣١٧) comm. 1re édit.

(2) On voit qu'ici l'auteur a en vue la nourriture en grain donnée
au cheval, qui pourrait s'échapper par les trous de la planche percée.

(3) Les Orientaux attachent leurs chevaux par le pied, avec des
entraves.

de sa nourriture quand ces ordures sont sous lui. Si, d'un autre côté, vous pouvez faire qu'il y ait du sable non mêlé de terre (1), ce sera très-bon, car le fumier finit par faire pourrir la corne du pied. Ne laissez jamais ni fumier ni boue se sécher sur la peau de l'animal, car au milieu de ces ordures la nourriture ne lui profiterait pas.

Si par hasard un cheval se trouve attaqué d'affections dartreuses ou de démangeaisons causées par la sécheresse, il faut les frotter avec de l'urine et du crottin (délayés), que vous enlèverez ensuite en râclant sans laisser ces substances sécher sur la peau. L'animal sain n'a jamais besoin de ces frictions.

Article XVII.

Comment on engraisse un cheval maigre et comment on le prépare ainsi aux courses de l'hippodrome (comment on l'entraine).

Ibn-Abou-Hazem dit qu'il ne faut pas forcer un cheval maigre en nourriture tellement abondante qu'il en remplisse son estomac. Souvent les animaux maigres ou très-maigres absorbent quarante rotls (14 kil. 660) de nourriture. Un moyen d'engraisser les animaux et d'activer en eux la production de la chair (musculaire), c'est de leur donner de la luzerne hachée aussi menue que possible et de faire moudre de l'orge grossièrement ; cela fait, on a un vase de terre vide qu'on pose sur la crèche ; on en a aussi à côté un autre contenant de l'eau douce. On prend alors une certaine quantité de cette luzerne hachée, on la lave, puis on la retire de l'eau dans la crainte qu'en y séjournant elle ne contracte quelque acidité ; on la laisse alors le temps qui s'écoule depuis l'aurore jusqu'à ce que le soleil soit

_____
(1) Sans doute pour remplacer le fumier qui fait litière.

élevé au-dessus de l'horizon, c'est-à-dire deux heures, et même moins. On prend ensuite une ou deux jointées pleines de cette luzerne mouillée, on la met dans le vase de terre resté vide, puis, prenant de l'orge concassée, on la répand sur la luzerne, on opère alors un mélange complet, dans le vase qu'on place devant le cheval. Quand l'animal a mangé cette première ration, on recommence à lui en présenter une autre, continuant ainsi jour et nuit, laissant à l'animal une heure de repos entre chaque ration. L'orge concassée est moins pénible (à digérer) que l'orge intacte. Ainsi, il faut donner au cheval faible cette orge concassée de préférence à l'orge entière, car il n'en ressentira aucun mal, mais on ne doit jamais la lui donner autrement qu'avec de la luzerne mouillée. Il faut user de ce mode d'alimentation pour le poulain, pendant le jour et pendant la nuit. Elle est très-bonne en hiver et quand on ne peut se procurer de la luzerne verte ni du qaçil. Il ne faut rien donner à la suite de ces deux substances, surtout de la luzerne fraîche, quand on veut engraisser les animaux, car le fourrage vert est pour les purger et les raviver. On emploie aussi ce mode d'alimentation pour les chevaux communs, quand le fourrage vert manque et avant que la chaleur prenne de l'intensité. Cette alimentation est mauvaise pendant la saison des chaleurs. *A cette époque de l'année*, il ne faut point donner à un animal plus de vingt rotls (7 kilog. 328 gr.) d'orge; si du reste la ration ne dépasse point celle de la luzerne sèche, elle ne peut être nuisible.

Suivant un autre, il est établi par l'expérience qu'on ne peut engraisser un animal qui, par excès de maigreur, a perdu l'appétit, qu'en le tenant constamment pendant quarante jours au régime suivant. On prépare tous les jours une pâte avec un rotl (366 gr. 43) de farine de froment; quand on peut croire que la fermentation s'est établie, on fait cuire, on coupe en morceaux dans deux onces (61 gr.) de graisse et de miel, et on les fait avaler par l'animal qui, en même temps est (comme il a été dit) nourri d'orge dans l'écurie, où on le tient dans une partie obscure, depuis le commencement du régime jusqu'à la fin des quarante jours, et l'animal s'engraisse d'une manière merveilleuse.

Autre procédé.

On prend du lait qui vient d'être tiré, la quantité de deux rotls (7 kil. 329); du suc de fenouil, pareille quantité; autant de vin vieux; on mêle le tout ensemble; on en fait avaler à l'animal une gorgée tous les sept jours; c'est le meilleur de tous les régimes. On lit dans un exemplaire grec, qu'on ajoute à ce qui précède du raisin sec doux pilé, en quantité égale *à chacune des substances indiquées*. On en fait avaler tous les jours une gorgée à l'animal qui s'engraisse et prend de l'embonpoint.

Autre.

Quand on veut engraisser soit un cheval, soit un mulet ou un âne, on prend la moitié d'une jarre de lait de brebis, doux (non aigre), cinq *écuelles* (1) d'huile d'olive, un qadah (8 lit. 26) de suc de fenouil, pareille quantité de vin vieux. Mêlez le tout et faites-en avaler une certaine quantité pendant sept jours; l'animal s'engraissera d'une façon admirable, Dieu aidant.

Autre.

On trouve dans l'Agriculture nabathéenne que, si vous voulez donner de la force à votre cheval amaigri, vous devez le

---

(1) سكرجات, plur., de سكرجة persan سكرّة, mot par lequel la version arabe rend le mot קערה, S. Matthieu, XXIII, 26; le grec le rend par παροψίς et la Vulgate par *paropsis*. L'hébreu serait l'équivalent de l'arabe قرح, vase creux, *scutella*, écuelle, qui est bien le sens voulu dans ce passage. V. Gesenius, *Thes. philol.*, et Freytag. *Lexic.*

nourrir avec du froment grillé et de l'orge mondée (écorcée) en
quantité double (du froment). Vous lui donnez à boire trois
fois par jour. Si vous voyez la maigreur persister, vous mêlez
du son au froment, vous faites tremper dans l'eau, et mêlez
cette préparation à la nourriture habituelle de l'animal. Il est
des personnes qui, après avoir mouillé d'eau l'orge et le (blé)
grillé, les donnent à l'animal. La luzerne sèche, des concombres,
chacun dans leur temps, le raisin noir et l'orge sont ce qu'il
peut y avoir de meilleur. Si l'animal ne revient point à une
bonne condition par ce mode d'alimentation et d'abreuvement,
il faut prendre de la mauve, en exprimer le suc à la quantité
de deux rotls (0,732,9); on ajoute de l'eau douce en quantité
suffisante pour adoucir ou diminuer la viscosité de la mauve;
on fait ensuite avaler à l'animal cette préparation, à la volonté
de Dieu (cf. Géop., XVI, 3).

Autre.

Au nombre des procédés expérimentés par les anciens pour
engraisser un cheval était celui de prendre de la peau de serpent, de la réduire en poudre très-fine et de mêler cette poudre
à l'orge; c'est une recette éprouvée (1).

Autre.

Prenez de la graisse de lézard vert (*lacerta œgyptiaca*), qui
ressemble au stallion (*lacerta stellio*) (2). On la fait bouillir

---

(1) سلخ حية, *dépouille de serpent*, c'est ce qui était connu dans l'ancienne pharmacopée sous le nom de *anguium senecta*, et chez les Grecs
sous celui de ὄφεως γῆρας, *Diosc.*, II, 19. Avicenne en indique l'emploi,
I, 584, 11.

(2) ضب particulièrement *lézard vert*, حردون sorte de lézard noir
aux yeux saillants ; *lacerta œgyptiaca* suiv. M. Bargès, et *crocodile ter-
restre* suiv. Damiri.

avec du froment, on fait avaler cette préparation à l'animal par gorgées, et bientôt il se remplit de graisse. On obtient le même résultat par des lavements. On prend (pour les préparer) les fanages d'un ou deux pieds de concombre vert, on les fait bouillir dans l'eau dans laquelle ils doivent plonger entièrement, jusqu'à réduction de moitié. On prend ensuite trois rotls et demi (1 kil. 100), on y ajoute un demi-rotl (183, 218) d'huile de sésame et on administre à l'animal ce mélange en lavement.

Autre.

L'Agriculture nabathéenne dit de faire macérer du lupin dans l'eau jusqu'à ce qu'il ait perdu, ou à peu près, son âcreté; on le fait ensuite sécher, on le mêle à la paille; en donnant ce fourrage aux chevaux et aux vaches ils prennent de la graisse.

Emploi du sel pour la nourriture des animaux. Il faut, dit Ibn-Abou-Hazem, donner aux animaux qui mangent de la luzerne verte une certaine dose de sel en poudre; on s'arrête pendant deux jours, car il n'est pas nécessaire d'en donner plus souvent que tous les trois jours. Si la nourriture de l'animal n'est point réglée de la sorte, il faut toujours qu'on donne le sel un jour ou deux par semaine, et n'en laisser jamais passer une sans en donner, surtout quand l'animal ne travaille point. S'il refuse de manger volontiers du sel, on lui ouvre la bouche de force pour l'y introduire et on lui tient la tête relevée pour qu'il ne puisse le laisser échapper de sa bouche; quand il y a résistance, il faut ouvrir de force la bouche avec un bâton, puis introduire le sel. Mais il faut agir avec douceur, pour ne pas *causer un mal* qu'il faille ensuite traiter.

Article XVIII.

Du vautrement du cheval تمريغ et de la manière
de lui couvrir (la tête) كسوة.

Ibn-Abou-Hazem dit que le lieu préparé pour que le cheval
se vautre doit être assez spacieux pour que l'animal ne frappe
point les murailles de ses pieds de derrière. Le sol de ce
préau (1) où se vautre le cheval devra être poudreux, jamais
humide, car *une terre boueuse* adhérerait à la peau de l'animal. Quand ce préau est établi et ouvert, il ne faut point que
l'animal s'y vautre immédiatement, s'il est échauffé, car sa
peau pourrait en être gâtée. Le crottin des animaux qui ne
mangent que de la paille n'est point convenable pour garnir
le préau, aussi on le rejette. Il ne faut point que le cheval se
vautre quand le préau est mouillé par la pluie, ni en hiver, quand
on y voit briller le givre, car c'est nuisible à l'animal. Les chevaux ont souvent l'habitude de se retourner en se roulant sur
le dos; *cet exercice* leur distend (et assouplit) la peau. Ne laissez
pas un cheval jouer trop longtemps sur le préau, parce que
souvent en se renversant sur le dos il arrive dans l'intérieur
des déplacements d'intestins qui déterminent des hernies pour
lesquelles on ne connaît point de remèdes, et il se produit

(1) تمريغ l'action de se vautrer, ce que les Grecs appelaient
ἀλινδεῖσθαι, se rouler, et le lieu où le fait s'accomplissait était dit ἀλινδήθρα,
volutabrum, que Xénophon nomme καλίσθρα (*Equit.*, V.) P.-L. Courier
traduit lieu où *se poudre* le cheval, ce qui est une traduction littérale,
car le *Dictionn.* cite ce passage explicatif d'Aristophane, τόπος ἐν ᾧ ἵπποι
κονίονται; مراغة *maraghah* est le nom arabe du *volutabrum* que nous
avons traduit par *préau*. Les anciens, suiv. Courier, avaient l'habitude
de laisser leurs chevaux se rouler sur la poussière pour rafraîchir la
peau et absorber la sueur.

aussi parfois une habitude de mordre. Prenez bien garde encore
qu'il ne se trouve dans le préau ni pierre, ni fragment de bri-
ques, ce qui cause des lésions à la peau ou autres accidents
analogues qui constituent des défauts. Un moyen de sécurité,
c'est de couvrir le préau de terre meuble (ou sable) qu'on
passe au crible, pour éviter qu'il s'y rencontre rien de nuisible. On devra veiller de même sur les lieux où les animaux se
couchent ou se reposent, pour qu'il ne s'y trouve rien de nuisible.

Le *capuchon* البراقع doit avoir les ouvertures pour les yeux
larges, afin que les bords de l'étoffe n'entrent point dans l'œil
de l'animal. La couverture doit être ample ; elle doit avoir sur
le devant des prolongements qui enveloppent le poitrail du
cheval et le protégent contre la poussière et les corps nuisibles. Quand vient le soir, on enlève la couverture de dessus
le cheval. Il doit y avoir sur les œillères du capuchon des franges (1) qui protégent l'animal contre les mouches.

ARTICLE XIX.

Préparation des chevaux pour les disposer à courir dans l'hippodrome (2).

Ibn-Abou-Hazem dit que ce qui enlève à un cheval la possibilité de fournir une longue course et d'atteindre un but éloi-
gné, c'est le repos prolongé et un excès d'embonpoint, ce qui
fait qu'il est essoufflé et qu'il se fatigue (promptement). On remédie à cet inconvénient par un traitement spécial. Si l'animal

____

(1) السيور والخيوط, *al-soutour* ou *al-khouiouth*, litt. des voiles et des
fils ou cordons ; ce sont nécessairement des *franges. flueco*, ainsi que
traduit Banqueri.

(2) تضمير *tadhmir*, c'est ce qu'aujourd'hui en langage hippique on
appelle *entraîner*, mettre en train.

est trop gras, il faut faire fondre la graisse par les sueurs et
lui rendre ainsi son agilité pour la course, sans le fatiguer
trop. Au contraire même, on nourrit bien le cheval, mais on
le fait suer, jusqu'à ce que sa chair soit raffermie, et qu'il ait
perdu sa mollesse ou sa graisse. Ce n'est point par la priva-
tion de nourriture ou d'eau qu'on prépare un cheval, ce serait
un mauvais régime, mais on suit la prescription que nous
avons indiquée. On ne doit commencer la préparation d'un
cheval maigre qu'après l'avoir engraissé. Quand le cheval est
gras, on le traite comme nous avons dit plus haut, c'est-à-dire
qu'au commencement de la journée on donne de la luzerne sèche
en quantité suffisante, puis on donne de l'orge sèche ; quand
il a fini de manger, on le laisse se vautrer sur le préau, rendu
propre et nettoyé de pierres ou autres corps durs, ce dont on
s'assure en l'examinant avec soin. Ensuite on étrille vigoureusement l'animal. On rapporte sur lui la couverture. Cela fait,
on lui donne une nouvelle ration de fourrage sec, قتّ *qatt*,
selon qu'il peut en manger. Quand vient le soir, on donne le
reste de l'orge et, dans les intervalles, de la luzerne sèche autant aussi que l'animal peut en manger. On multipliera les pro-
menades à la longe. Quand, la nuit étant venue, le palefrenier
veut que l'animal puisse dormir, il lui donne à boire de l'eau
et tient la longe plus lâche. Ensuite on fait (de nouveau) marcher le cheval à la longe l'espace de deux à trois milles
(on le ramène), on lui met un caveçon (كمّة *kammah*), ou
quelque chose de pareil dont on tient la corde lâche ; on garnit son écurie de litière et on le laisse dormir (tranquille). Le
matin venu, on étrille le cheval et on le frotte avec un linge.
On le fait sortir après avoir adapté sur lui la couverture. Pendant plusieurs jours on le conduit par la bride, une heure
chaque fois ; on peut aussi le monter, mais en le ménageant
beaucoup; (la promenade faite), on ramène l'animal à l'écurie
(*litt.* la mangeoire). C'est ainsi qu'on débute dans le régime
de l'entraînement, qui se continue jusqu'à ce que l'animal ait
atteint la moyenne de l'embonpoint et de la graisse. On le dis-

pose ensuite pour faire fondre cette graisse et la lui faire perdre par les sueurs et par la course, sans pourtant jamais fatiguer l'animal, ainsi qu'il a été dit antérieurement.

Ibn-Abou-Hazem dit que le moins qu'on puisse employer de temps pour préparer un cheval aux courses, c'est un jour pour chaque *galwah*, غلوة, ou jet de flèche ; or le galwah arabe est de cent coudées (46 mèt. 20). Un propriétaire de chevaux arabes coureurs ayant été interrogé sur cette question : quand la préparation ou entraînement est-il arrivé à son terme ? il répondit : quand la partie moyenne du dos est amaigrie (*litt.* affaiblie), que la veine qui s'étend sur le côté de l'abdomen est apparente, et que la région hypocondriaque est contractée, on peut dire alors que la préparation (ou entraînement) est complète.

Il faut, dit Ibn-Abou-Hazem, que le maître du cheval (*litt.* l'homme) ait l'œil sur son cheval le jour et la nuit, qu'il examine par lui même ce qui lui arrive, qu'il visite ses pieds, sa ferrure, enfin toutes ses parties, sans jamais confier ce soin à un autre ; car le cheval ne peut se plaindre de ce qui lui arrive, lui (esclave) garrotté, condamné à une obéissance passive.

ARTICLE XX.

Manière de dresser les chevaux de selle et autres chez lesquels se trouvent des vices ou des défauts naturels, ou qui ont contracté de mauvaises habitudes, comme d'être rétifs, de se jeter de côté, d'avoir la bouche dure, d'être peureux, de mordre le frein, porter au vent, être indociles, inquiets, d'un abord difficile, disposés à mordre, à ruer, ou à frapper du devant et autres défauts qui sont contraires à la nature d'un bon cheval.

D'après la description qui va suivre, on dit qu'un cheval est حرون *haroun* lorsque, étant au repos et qu'on le met en mouvement pour partir, il s'y refuse, et. qu'au lieu de détaler, il rue (*litt.* il frappe des pieds de derrière), si on le frappe. Quand ce défaut n'est point trop enraciné, on peut le guérir en exerçant

l'animal au galop. Quand ce défaut est invétéré et arrivé à son
extrême limite, il n'y a plus de remède. On dit ce vice contagieux (par imitation), c'est pourquoi le cheval qui en est atteint
doit être séparé des autres. Ibn-Abou-Hazem dit que ce défaut d'être rétif n'est point essentiel, mais qu'il vient de ce que
le cheval a été monté par des cavaliers maladroits ou qui ont
l'habitude de descendre trop souvent de *selle* dans l'écurie
entre les chevaux de monture ou autres chevaux de service,
ou dans les endroits dans lesquels se trouvent agglomérés les
chevaux de travail, ou autres cas analogues. Suivant un autre,
ce défaut peut venir de ce que l'animal aura été monté par des
enfants ou quelqu'un qui aura abusé du fouet et frappé le cheval à chaque instant. Ce défaut peut encore provenir de ce que,
pendant un temps d'arrêt, le cavalier aura maltraité outre mesure l'animal qui devient alors récalcitrant, s'inquiète et s'agite,
parce que son énergie est surexcitée au point qu'étant comme
frappé de stupeur il ne peut avancer. Cet état passe en habitude, quand le mauvais traitement est souvent répété. Ce même
mauvais résultat se présente aussi quand le palefrenier fait sortir le cheval brusquement du milieu des autres, et qu'il le fait
arrêter (subitement) pour en descendre ; cette mauvaise pratique souvent répétée fait contracter au cheval une habitude
vicieuse. Gardez-vous donc bien de ces mauvais procédés
qu'on croit capables de rendre le cheval rétif. Il ne faut point
assimiler à ce défaut ce qui arrive quand le cheval au moment
de le monter est saisi d'un tremblement subit, si on lui a
serré trop fortement la sangle ; quelquefois même l'animal dans
ce cas tombe à terre (1).

Ibn-Abou-Hazem dit, en parlant du cheval rétif et de celui
qui se porte de côté, qu'il a vu pour dompter un cheval rétif
employer l'usage du feu et le continuer jusqu'à ce que l'ani-

______

(1) Le texte est positif; il porte الحزام, *la sangle*. Peut-être faudrait-il
lire اللجام, *la bride*, et traduire : le cheval pendant l'équitation est
saisi d'une frayeur subite, si on lui serre la bride en excès, etc.

mal fût amené à rester en place et sans bouger. Toutefois c'est là un de ces défauts que rien ne peut corriger, quand il est fortement enraciné (et invétéré). Quelquefois le cheval est d'une vivacité folâtre (1), qu'on peut corriger et faire cesser par la douceur. Quand le cheval a l'habitude de mordre, il n'y a pas de remède. (En somme), il faut beaucoup de persévérance avant de renoncer à ramener un cheval rétif par la douceur et l'art du manége.

Il en est qui disent qu'un des moyens confirmés par l'expérience, pour dompter un cheval rétif à l'excès, c'est de prendre ses testicules avec une corde au moyen d'une ligature qui ne soit pas trop serrée, de façon pourtant que la corde ne puisse quitter les testicules; ainsi, la ligature sera lâche, mais solidement nouée. On fait passer l'autre extrémité de la corde entre la sangle et le ventre; elle va de là jusqu'au poitrail pour se rattacher à la courroie qui l'environne sans que la corde soit trop tendue (c'est-à-dire qu'elle soit un peu lâche), et alors, quand l'animal veut se montrer rétif et se jeter en arrière, les testicules tirés en avant par la corde lui causeront une douleur et une gêne qui finiront par le corriger.

Autre manière de corriger un cheval rétif et indocile (2), d'après Mousa-Ibn-Naçr. Après avoir posé la selle sur le dos du cheval, on prend les rênes dans la main, on le mène à la longe en l'excitant et le faisant aller jusqu'à ce que le dos soit échauffé. Le dresseur se met alors en selle, et pousse le cheval soit au trot, soit au galop (3). Il le rend ensuite au repos,

---

(1) Le texte porte خبث, *ahbatsa*, pour lequel on trouve dans Castel (*Lex. hapt.*) *lusit* (lusu addictus fecit) ; on doit dans ce cas traduire par *si c'est parce que l'animal a une vivacité folâtre*, etc. Banqueri lit عبش *ahbascha, incuria laboravit*. Il faut alors traduire : *si l'animal est d'une nature indolente*. Nous inclinons pour la lecture du texte.

(2) مبرّق, *Mabarreq*, de برّق *nimis difficilis fuit*. Banqueri traduit *assombrodizo*, ombrageux.

(3) Nous lisons ici, comme plus loin, page 546, l. 9, text. بالخبّ والتقريب, au trot et au galop. Banqueri traduit autrement.

où il le tient longtemps, jusqu'à ce qu'il donne des signes d'impatience et d'indocilité ; enfin le dresseur le laisse stationnaire jusqu'à ce que l'animal se montre très-ennuyé de rester en cet état, et qu'il désire courir. Chaque fois que le cheval manifestera ce désir, le dresseur le comprimera ; et ainsi l'animal s'adoucira et perdra ses défauts. Si on n'obtient pas ce résultat, on prend un nerf avec lequel on bat le coton, on l'attache au tronçon de la queue, sous le crin, faisant revenir l'autre extrémité du nerf entre les jambes de devant, pendant que le cavalier le tient à la main, et quand le cheval refuse de marcher, l'homme tirant le nerf à lui, rend la progression forcée.

Autre moyen.

Mousa-Ibn-Naçr dit : quand votre cheval se montre récalcitrant, prenez une poignée de roseaux secs, brisez-en l'extrémité, et, quand le cavalier est bien posé sur l'animal, mettez le feu à cette extrémité de la poignée de roseaux, puis approchez-la ainsi enflammée des testicules.

Autre.

Mousa continuant dit : si ce procédé n'a point réussi, on pratique dans les deux cuisses un trou dans chacun desquels on passe un anneau, et à chacun d'eux on attache une corde dont le cavalier tient le bout; quand le cheval veut se montrer rétif, le cavalier tire à lui la corde des anneaux et alors le cheval est bien forcé de marcher, la volonté divine aidant.

Autre moyen fourni par Ibn-Bagdadi (de Bagdad).

On introduit dans le rectum du cheval rétif un scarabée vivant, après l'avoir enlacé de quelques crins pris dans la queue. Aussitôt que le cheval fait preuve d'indocilité, les mouvements auxquels le scarabée est sollicité déterminent le cheval à se porter en avant et à marcher, parce que le scarabée introduit dans le rectum ne cesse point de se remuer jusqu'à ce que le cheval se mette en marche.

On emploie (encore le procédé suivant) contre un cheval qui est rétif : (on façonne) une boulette de poix grosse comme un grain de raisin, ou même plus petite. On la fixe au bout d'un fil, et on l'introduit dans l'une des deux oreilles. L'autre bout du fil est attaché au frein, le tout disposé de telle façon qu'on voie la boulette qui n'est pas entièrement plongée dans la cavité de l'oreille. Or cette boulette s'agitant dans cette cavité détourne l'animal de (ses tendances à) faire le rétif. Ibn-Abou-Hazem dit : quand ce vice est profondément enraciné, il n'y a aucun moyen de le faire cesser. Voici à quel signe on le reconnaît : quand on veut faire aller le cheval en le frappant avec le fouet, il rue, il recule, revient sur lui-même et frappe les murailles, sans qu'on puisse en approcher ; dans ce cas, le mal est sans remède. L'auteur ajoute : mais, quand la résistance est le résultat de l'obstination seule, ou de la peur, on corrige le cheval en le tenant au repos, pendant que les valets le montent successivement ; ainsi, l'un descend et l'autre monte, l'animal étant toujours retenu immobile au même lieu sans qu'on cherche à le faire marcher ni à l'exciter en le frappant du fouet, ni en agitant le mors. Le cavalier, si cela lui plaît, peut se mettre à manger ce qui lui convient, jusqu'à ce qu'il ait fini, sans quitter le dos du cheval qu'on force à attendre patiemment. Quand on a plusieurs fois répété cet exercice, le jour et la nuit, l'animal manifestant des désirs de liberté, et sa fougue étant calmée, on le met en marche et il prend une allure régulière et égale. L'auteur ajoute : par ce procédé, nous avons pu corriger bon nombre d'animaux vicieux qui sont devenus bons. Ibn-Abou-Hazem dit : quand l'animal est revenu au calme, il faut le monter plusieurs fois pendant la nuit, le forçant à marcher doucement sans courir, jusqu'à ce qu'il se soit défait entièrement de son obstination et de son caractère inquiet.

La frayeur زَهِق *zahiq* ressemble beaucoup au caractère rétif. L'animal s'arrête tout à coup, sans vouloir avancer, et
quand on l'incite il tourne sur lui-même. Ibn-Abou-Hazem
dit : quand on a affaire à un cheval de beaucoup de cœur et
qu'on le fatigue par la course (ou qu'on l'ennuie) en le frappant
sans raison ou en le bridant trop serré, alors il (s'impatiente et)
devient récalcitrant, il s'arrête et tourne sur lui-même. Il en
est qui disent que la manifestation de la crainte dénote un
cheval de grande énergie. Il s'inquiète sans s'arrêter court,
mais il tourne sur lui-même et prend une marche d'une allure
inégale. Il ne manque point, toutes les fois qu'on le met en
marche, de se tourner et de manifester de l'inquiétude, voilà
le caractère de la *peur*. Une cause peut produire ce défaut,
c'est quand le cavalier vient à la proximité du palais des
grands, ou des écoles, et dans les places où se trouve agglo-
mérée une grande quantité de chevaux (et bêtes de somme)
qui y sont très-resserrés, le valet monte sur le cheval engagé
dans la foule pour le ramener à son maître, il veut brusquer
le dégagement et la sortie du cheval, mais celui-ci se rejette
sur les autres animaux; alors le valet met pied à terre pour
presser l'arrivée du cheval vers son maître (en le tenant par la
bride); quand le fait s'est répété plusieurs fois, la frayeur *qu'a
ressentie l'animal* passe dans ses habitudes.

La *déflexion*, الرَّوَغَان, *ar-rawaghân*. On dit qu'un cheval est
ravagh رَوَاغ quand, dans sa marche, il ne suit point la ligne
droite, et qu'il se porte tantôt à droite et tantôt à gauche. Ce vice
provient chez le cheval de ce qu'il a été monté par un homme
qui n'était point cavalier, lequel tantôt l'a tiraillé pour le faire
courir, et tantôt l'a laissé aller à sa volonté; d'autres fois il l'a
poussé vers le but désiré en le fatiguant à coups de fouet appliqués d'un seul côté sans jamais maintenir la tête avec les
rênes. Ibn-Abou-Hazem dit la même chose (1). Il a vu des

(1) Ici est un membre de phrase inintelligible rejeté par Banqueri.

chevaux qui se jetaient de côté, s'obstinaient dans leur opi-
niâtreté, et ne pouvaient être ramenés à la docilité, même en
usant du feu contre eux. Ainsi faites bien attention à ce défaut
avant qu'il ne soit passé en habitude. Souvent il arrive que
l'animal se porte de côté, ou s'inquiète et s'arrête étonné (par
un motif quelconque), puis le fait (répété) finit par devenir une
habitude. *Pour corriger* l'animal qui se jette de côté, on lui
couvre la tête, on lui attache la verge par derrière, puis on le
force de courir. On adapte à la bride un appareil particulier
en cuivre armé de pointes (un caveçon), et on frappe l'animal à
la face avec un fouet enduit de poix. Mais ces procédés ont peu
de succès sur un cheval qui se porte de côté, et quand il y met
de l'obstination, on ne parvient jamais à le faire marcher.
Prenez donc garde de gâter votre cheval (par ces procédés violents), car, quand une fois il a été gâté de cette manière, il n'y a
plus à espérer d'en pouvoir tirer parti, surtout si c'est un cheval de race. Quand chez ces animaux le naturel est vicieux, il
ne se refait pas facilement.

Mousa-Ibn-Naçr conseille de brider le cheval sous un
porche, de le monter et de le mettre en présence de l'a-
breuvoir (de l'eau), le ramenant tantôt à droite, tantôt à
gauche (au petit pas), avec douceur. Le cavalier qui montera
le cheval sera comme endormi, laissant la bride lâche, afin
que l'animal puisse porter sa tête basse et marcher à sa volonté. Ensuite on ramène les rênes peu à peu pour qu'il prenne
une allure plus assurée. On revient ensuite vers l'eau ; on
met le cheval en marche, tenant le fouet du côté sur lequel il
a l'habitude de se jeter. S'il fait un mouvement désordonné,
on le rappelle avec la bride du côté opposé, et on lui fait sentir
l'éperon sur le côté où se produit le mouvement vicieux,
en même temps qu'on frappe du fouet du même côté. En
continuant à user de ce procédé, le cheval sera corrigé, Dieu
aidant.

La *dureté de tête* الجماح, *ad-djamâh* ; un cheval entaché de
ce défaut est appelé جموح *djamouh* ; il a la tête très-dure, et

par cette dureté (1), il résiste à son cavalier, le maîtrise et s'emporte où bon lui semble.

Ce vice vient quelquefois de ce que la bouche du cheval a été blessée jusqu'au sang ; prenez-y bien garde. Mousa-Ibn-Naçr dit que, lorsqu'un cheval est d'une forte encolure, qu'il est dur de tête et doué d'une grande énergie, il faut le brider sous le porche, en faisant faire au cou un mouvement oblique pour forcer le cheval à se porter en arrière et à reculer. Pendant tout cela le cavalier se tient en selle avec les rênes peu serrées. Si l'animal est au contraire d'une encolure grêle, avec de mauvais pieds de devant, et qu'il se montre indocile contre le cavalier quand celui-ci veut le faire marcher, en faisant une résistance qui va toujours en augmentant, il faut, pour le corriger, commencer par appliquer le feu aux jambes de l'animal (2) et passer dans la lèvre un anneau. Quand la plaie est guérie, le cavalier le monte, et le met en marche en le dirigeant vers l'eau, qu'il lui a fait désirer; en répétant cet exercice plusieurs fois, le cheval perd son défaut.

L'obstiné, المنازع, *al-menâzih* : c'est le cheval qui, mordant le frein avec ses dents molaires, jette sa tête de côté et d'autre, se livrant à des mouvements brusques et désordonnés(3). Au nombre des causes qui peuvent rendre un cheval obstiné, rétif et peureux, surtout quand c'est un animal de grand cœur, c'est

---

(1) Les dictionnaires portent cheval récalcitrant, indocile, qui emporte son cavalier. Ici le texte explique que cette indocilité vient de la *dureté de la tête*, mais M. Goubaux dit qu'il faut entendre par là *dureté de bouche*.

(2) يشيط يديه بالنار. *Litt.*, il brûlera ses deux pieds de devant avec le feu. De quelle manière se fera cette opération ? L'auteur n'en dit rien. Elle a lieu peut-être avec des roseaux enflammés ?

(3) Ce vice de l'obstination ou de l'entêtement, pour lequel le cheval est dit *prendre le mors avec ses dents molaires*, est étranger, suivant M. Goubaux, à ce que le vulgaire entend par cette locution *prendre le mors aux dents*, qui semble plutôt devoir se rattacher à la dureté de bouche.

lorsque dans la course il est fatigué par la bride et les rênes.

Manière de corriger ce vice. — Ibn-Abou-Hazem dit que, quand on a fait l'expérience du cheval et qu'on a reconnu la nécessité de recourir au dressage, il faut traiter l'animal avec beaucoup de douceur. On le fait pénétrer au milieu des groupes d'hommes, le forçant de s'arrêter auprès de toutes les connaissances qu'on peut rencontrer ; il y demeurera au repos et sans bouger. Ce procédé est tout à fait contraire à celui qu'on emploie pour dresser un poulain. En effet l'habitude, qu'il faut faire prendre au cheval pour le corriger de son obstination en le faisant passer par les places publiques et s'arrêter auprès des diverses personnes qu'on veut saluer (cette habitude, dis-je), gâterait le poulain, tandis que le cheval entêté perd par cette pratique de son énergie et de sa vigueur, de telle sorte qu'il ne s'écoulera pas un laps de temps bien long, avant que vous croyiez que votre cheval a désappris de courir ; ce qui l'indique, c'est que, si vous le montez, vous ne lui trouvez plus d'entrain. Quand vous avez vu qu'il en était ainsi, vous placez à côté de lui un autre cheval (1) pendant plusieurs jours (pour le stimuler), faisant faire de longues courses au galop jusqu'à ce que l'animal soit corrigé (de sa mauvaise habitude factice). On devra aussi porter la bride de tous les côtés. Quand on monte un cheval entêté et qu'on veut le faire courir, il faut mettre de l'adresse jusqu'à ce qu'il ait lâché le mors, tout en continuant de marcher. Tenez l'animal mollement, de sorte qu'il en arrive à vous croire endormi sur son dos ; il prend alors une allure dégagée ; donnez-lui de loin en loin de l'impulsion et de l'abandon tout à la fois en laissant sur le cou les rênes très-flottantes. Provoquez un temps de course sans vous donner aucun mouvement sur l'animal. Enfin vous faites sentir que la course tire à sa fin,

(1) الزم الجنب. Nous traduisons *adjunge illi equum à latere*, suivant le sens spécial donné par le *Dict.* de Castel au mot جنب *djanab*. Nous pensons que cette interprétation est justifiée par la recommandation de prolonger l'exercice au galop, التقريب

vous lâchez les rênes longues, et, quand vous voulez le faire
arrêter et le mettre au repos, vous agitez le mors dans la
bouche de l'animal, d'un mouvement qui participe à la fois de
la cession et de la rétraction, afin que paraissant céder vous
teniez cependant la main ferme, sinon l'animal montrerait une
recrudescence d'obstination. La tenue des rênes doit participer
de ces deux conditions (*litt.* ressembler à la) rétraction et
cession; alors l'animal sera contenu; mais si on laissait la bride
lâche (à volonté), toutes les forces du cheval seraient surexci-
tées dans la course. Pour contenir le cheval, agissez de cette
manière et n'allez point serrer le mors trop vivement, c'est
contraire aux principes du manége et de la science hippique, à
moins qu'on n'ait reconnu l'obstination du cheval, dans lequel
cas on peut employer ces moyens de compression. Si l'animal a
été monté par un autre que vous, il n'y a pas d'espoir de le maîtriser. Cependant, gardez-vous bien de recourir à ces procédés
dont vous pourriez regretter l'emploi et qui sont contraires à ce
que demande l'art de dresser un cheval. Ce sont de ces moyens
extrêmes, usés et dangereux, qu'il faut repousser lors même
qu'ils pourraient adoucir le cheval et le rendre docile et obéissant à de pareilles pratiques. Quand on veut corriger un cheval
vicieux, c'est sous le cavalier que le travail doit se faire, sans
jamais employer ni arme (ni bâton). Lorsque l'animal (bien
monté) entend les cris et le bruit du piétinement, soit dans le
combat, soit dans l'hippodrome, (qu'il voit) le mouvement et
l'agitation, il s'anime et reprend sa bonne nature primitive. Si
au contraire le cheval est monté par un cavalier inhabile, son
indocilité lui revient dans sa course et son mauvais caractère
se produit de nouveau.

Le *khatràn*, الخطران. C'est, dit Ibn-Abou-Hazem, une dureté
de bouche (*litt.* de tête) sans remède. Il en est qui disent que
ce qu'on puisse faire de mieux pour un animal atteint de ce
vice (1), c'est de faire la section de la veine blanche. On la

(1) Le texte rappelle ici le mot منازع, *défaut*, qui fait l'objet de l'ar-

trouve à la réunion ou commissure des deux mandibules, trois doigts au-dessus du point où frappe l'extrémité de la lame du mors (1). Voici comme on la reconnaît quand on veut la trouver : on tire à soi la langue de l'animal, comme si on voulait l'arracher, on la laisse ensuite revenir sur elle-même dans la bouche; or, pendant le temps qui se passe entre l'extraction de la langue et son retour dans la bouche, cette veine devient visible; elle est située sous la partie qu'on a attirée à soi. On pratique au lieu même la section de la peau; on attire avec un petit crochet de fer la veine blanche (mise à découvert) qui ne contient point de sang (2). On guérit ensuite la plaie en humectant avec du vinaigre et de la cendre; on laisse en même temps l'animal en repos jusqu'à guérison complète.

Le *tamouh*, اَلطَّمُوح. On donne ce nom au cheval qui lève la tête (*porte au vent*) sans regarder où il pose les pieds de devant quand il marche ou quand il court; on emploie encore le nom de *çahid*, صَاعِد. Mousa-Ibn-Naçr dit que parfois le cheval frappe le cavalier de sa tête (3). Si le piqueur cherche à corriger le cheval en tenant la bride serrée pour lui faire baisser le cou ou les mâchoires, il aggrave le mal. Si le défaut vient de ce que le cheval a la gorge resserrée, la respiration gênée et la partie supérieure du cou amincie, la science hippique ni personne ne possède aucun moyen de guérison, parce qu'on n'a point la possibilité d'ajouter ce qui (dans l'organisation) manque à la respiration, ni de faire cesser le rétrécissement de la gorge. Le moyen de correction, dit Mousa-Ibn-Naçr, c'est de

ticle qui précède; c'est sans doute qu'il s'agit d'un défaut de même nature, mais plus fortement enraciné.

(1) مِنْشَار اللِّجَام, *minschar al-lidjâm*, litt.. *la scie du frein*. Banqueri traduit les *dents*, *dientes*. Nous pensons que c'est l'extrémité de la lame, à laquelle est fixée l'*anneau gourmette*.

(2) M. Goubaux dit que c'est à tort que l'auteur arabe parle de *veine blanche*, car il croit qu'il s'agit du tendon d'un muscle.

(3) En terme de manège, *bat la main*.

rattacher le frein à la sangle entre les deux jambes de devant,
et l'animal renoncera à sa mauvaise habitude. S'il en arrive
autrement, on bride le cheval avec un *mors* pesant (1) en laissant la tétière lâche, afin que la pesanteur du mors vienne porter sur les dents, et alors, toutes les fois que l'animal veut lever
la tête, il sent l'effet du mors, qui le force de la baisser, et il
finit par se corriger.

Le *mounakkis*, المنكس. C'est le cheval qui ne porte pas la tête
relevée, en courant ou en marchant, quoiqu'il n'y ait chez lui aucune infirmité. Le moyen de corriger ce défaut, dit Mousa-Ibn-
Naçr, c'est d'employer un mors pesant, de faire tourner le cou
du cheval et le forcer de se porter sur ses pieds de derrière.
L'animal se trouve ainsi forcé de lever la tête d'une manière
convenable quand il marche. On laisse la bride un peu lâche
pour que la tête puisse se relever plus facilement; on exerce le
cheval au galop et au trot, faisant mouvoir la bride d'un seul
côté et doucement, jusqu'à ce que le cheval ait repris une bonne
allure et l'habitude de tenir sa tête relevée.

Le *qalouq*, القلوق. Le cheval *inquiet* est celui qui par inquiétude ne peut se tenir au repos quand il est sous le cavalier. Le
moyen de corriger cet animal, quand il manifeste ces inquié-
tudes, c'est de le forcer à marcher le long des murailles, ou des
pentes des montagnes (escarpées), de lui faire prendre un long
détour pour le ramener à l'écurie; alors le calme revient chez
l'animal qui se corrige de son défaut, Dieu aidant de sa volonté.
Un procédé éprouvé pour corriger le cheval inquiet, c'est de
lui mettre un bât de voyage avec lequel on le fera marcher

(1) Banqueri lit ici الأثوار, et page 546, le texte porte ايوان ثقيل
qu'il remplace par l'expression précédente. Nous, au contraire, nous
lisons dans les deux passages ايوان ثقيل, parce que nous la voyons
dans Castel et dans Freytag traduite par *frœnum*. Banqueri attribue au
mot الثوار le sens de *morailles*, *aciales*, qu'on ne voit nulle part; d'ailleurs elles ne peuvent ici être employées. V. pag. 560 text., not. 2.

pendant huit jours; il apprendra alors ce que c'est que la marche (et le voyage), et il perdra son caractère inquiet.

Suivant un autre, on guérit un cheval de son caractère inquiet en le faisant monter successivement par deux cavaliers
qui alternent dans cet exercice, le cheval pendant ce temps
étant retenu au repos et sans bouger. Ainsi un cavalier descend, un autre monte, sans donner à l'animal la moindre impulsion, de telle sorte que toujours il y en ait un des deux sur
le dos de l'animal. Quand on a répété cette manœuvre pendant
un jour et une nuit, la fougue du cheval s'apaise, il désire sa
liberté, et il se met en marche avec une allure régulière.

Le *nafour*, نفور, le *fuyard* ou *ombrageux*; c'est le cheval
qui s'effraye de tout ce qu'il voit. Quelquefois il prend la fuite
par crainte et par frayeur, d'autres fois c'est faute d'énergie
(par lâcheté), et parce qu'il est frappé de stupeur, ou bien encore par suite d'une sauvagerie, qui est la conséquence d'un
caractère difficile dérivant du peu d'habitude de fréquenter
les marchés et les villes. La pire espèce de ce défaut, celui
qu'il est presque impossible de corriger, c'est quand le cheval
a frayeur du chameau (1). Le procédé curatif à employer
quand l'animal s'enfuit par crainte ou par peur, c'est d'user
avec lui d'une très-grande douceur, jusqu'à ce qu'il soit bien
apprivoisé.

Un autre moyen de corriger un cheval de la frayeur, c'est,
lorsqu'on veut le mettre en mouvement, d'agiter le fouet au-
dessus de sa tête avec précaution, évitant de le toucher,
sinon jamais il ne se corrigerait. Si pourtant il persiste
dans sa disposition à la frayeur, on le forcera, en usant
toutefois de douceur, à s'arrêter en présence de l'objet qui
cause son effroi jusqu'à ce qu'il l'ait regardé et bien considéré.

---

(1) النفار عن الجمال *litt.* Banqueri traduit *l'action de fuir de la
part des chameaux;* nous traduisons, nous, *l'action de fuir à cause (de
la crainte) des chameaux,* déterminé parce qu'il est parlé dans l'alinéa
suivant du moyen d'habituer le cheval avec ces animaux.

A la suite de cet examen, le cheval souffle avec tant de violence qu'il semble que son cœur doive se détacher; il est tenu stationnaire jusqu'à ce que l'émotion soit calmée; alors il considère (de nouveau) l'objet, s'en rend bien compte et le calme revient. Après ce temps d'arrêt et cette exploration, il faut faire arriver le cheval au contact immédiat avec cet objet, cause de la frayeur, toujours en agissant avec beaucoup de douceur. Si pourtant il s'y refuse, on ordonne à un homme de marcher devant dans la direction de l'objet, cause de sa crainte. Si l'animal alors se montre récalcitrant, après l'avoir vu, une première fois, usez du fouet d'une manière qu'il soit senti, en portant toujours le cheval vers l'objet (en question), mais sans lui laisser apercevoir le fouet, pour qu'il ne se doute pas de quel côté viennent les coups, pour éviter que toute l'attention ne se porte vers le point d'où il peut craindre que partent ces coups et que, dominé par cette inquiétude, il ne se porte de ce côté. Mousa-Ibn-Naçr dit : il faut monter un cheval peureux, pendant la nuit dans les plaines et pendant le jour dans les places publiques, et quand il veut fuir on le contient sur son mouvement de fuite pendant une longue heure, jusqu'à ce que le calme ait été ramené par le temps d'arrêt. L'écurie du cheval ombrageux doit être très-éclairée.

Ibn-Abou-Hazem dit que, pour corriger le cheval qui s'enfuit des chameaux, le moyen (le plus sûr), c'est de placer avec lui un de ces animaux à la mangeoire; la nourriture sera prise en commun jusqu'à ce que le cheval soit bien familiarisé avec son compagnon, et alors cette frayeur des chameaux disparaîtra, Dieu aidant. Suivant un autre, on dépose dans un sac ou musette de la fiente de chameau, et on l'attache à la tête du cheval, qui perdra sa frayeur; on a même conseillé de fixer du poil de chameau aux naseaux du cheval, et on obtient ce résultat (1).

(1) Ce qui donnerait à croire que cette *frayeur* est le résultat de l'odeur du chameau.

Ibn-Abou-Hazem dit : faites contracter au cheval l'habitude de lever les pieds et de marcher pour ainsi dire en sautant, toutes les fois qu'il rencontre dans son chemin des morceaux de bois, des pierres et des instruments de travail, et qu'il est obligé (par la nature de son service) de marcher à travers ces diverses choses. Cette précaution est nécessaire pour que l'animal n'en ait pas peur, car souvent la peur est causée par des choses de cette nature ; faites-y donc bien attention.

Le cheval *raboudh*, الربوض ; c'est celui qui, ayant son cavalier sur le dos, se couche à terre ou dans l'eau claire. Voici le procédé pour corriger ce défaut. Mousa-Ibn-Naçr dit que, le cavalier étant placé sur son cheval, il le fait aller au trot et au galop, et, quand l'animal se couche, le cavalier ne quitte point la selle, il y demeure et, quelque peu de temps après la prostration à terre, il fait sentir le fouet ; cet exercice doit se répéter plusieurs fois jusqu'à ce que l'animal ait renoncé à sa mauvaise habitude. Quand il a celle de se coucher dans l'eau, on agit de même ; le cavalier reste sur son cheval quelques instants (immobile) toujours sur le dos de l'animal, puis il lui fait sentir vivement le fouet jusqu'à ce qu'il soit relevé, et ainsi il se corrigera, Dieu aidant de sa volonté.

Autre procédé pour les ânes et les mulets qui se couchent.

On agit à leur égard de la manière indiquée plus haut pour corriger le cheval qui a le vice d'être très-rétif. On attache l'extrémité d'une corde aux testicules de l'animal, puis l'autre est fixée au trou pratiqué dans le bât ou la couverture qui le porte (1). Or, quand on voit que l'animal se met à flairer pour

(1) تثقوير, *in orbem perforatio*, trou rond ; برددة, étoffe de laine étendue sur le dos de l'animal et sur laquelle est posée la selle. On prend aussi ce mot pour le bât. اكاف, est le bât de l'âne et du mulet, mais non celui du chameau.

se coucher, on attire les testicules en arrière, ce qui lui cause
de la douleur, et l'animal relève sa tête et continue son chemin,
perdant ainsi l'envie de se coucher. Si l'animal est une femelle,
on pratique sur les oreilles une ligature avec une corde ou une
courroie, et alors l'animal ne se roule plus jamais. Ce procédé
a été expérimenté pour les deux cas contre le caractère rétif et
contre l'habitude de se coucher.

Si un cheval est sujet à tomber, ou s'il refuse de marcher
quand la sangle est fortement serrée, ou quand on le monte à
nu, au point qu'on puisse y voir de l'obstination, on le corrige
ainsi qu'il suit : on monte avec une selle et, quand on y est
installé, on reste à l'état de repos pendant une heure; l'animal alors s'impatiente et montre spontanément le désir de
marcher. Si pourtant l'animal reste toujours obstiné, placez
devant lui, vers sa tête, un groupe d'individus, auxquels vous
recommanderez de marcher en avant de l'animal, qui les suivra
(instinctivement) et continuera à marcher sans s'arrêter. *Quand
le cheval s'est décidé* à marcher, le groupe se retire. C'est un
procédé excellent dans l'espèce. Pour un animal tellement
vicieux ou gâté, qu'il a peine à se décider à courir, et qui
s'arrête quand on le monte à nu, on jette une couverture sur
son dos, et on le monte, et son défaut se corrige, Dieu aidant.

Le *manque d'énergie* (ou nonchalance) التبلد *al-taballad*;
c'est l'opposé de la vivacité de caractère et de l'énergie du
cœur ; on trouve dans ce qui précède les signes auxquels ce
défaut se reconnaît. Voici comme on peut le corriger suivant
Mousa-Ibn-Naçr : quand un cavalier a affaire à un cheval
nonchalant, il doit user envers lui de douceur, ne point le re-
buter, mais prendre de grands ménagements pour le mettre
soit au trot, soit au galop. Lorsqu'il voudra descendre de cheval, il fera placer devant lui une jument avec laquelle l'animal
voudra jouer, et à chaque gambade l'énergie et la vivacité se
développeront davantage. Si ce manque d'énergie est la suite
d'une maladie et non un vice de nature, on le guérira par les
moyens curatifs qui seront indiqués plus loin, Dieu aidant.

Le *cheval qui butte*, العثور, *al-ahtsour*, est celui auquel il arrive de faire souvent des faux pas quand il court. Ce défaut peut tenir à plusieurs causes. Ainsi il y a des chevaux qui buttent par suite d'une affection dans les yeux, non apparente, d'autres par faiblesse (des jambes) (1), d'autres enfin par manque de vigueur et d'énergie. On corrige ce défaut, dit Mousa-Ibn-Naçr, de ces diverses manières : quand le cheval butte à cause d'une affection peu apparente dans les yeux, on emploie des collyres spéciaux pour l'espèce d'affection ; si l'animal butte par défaut d'énergie et par stupidité et faiblesse, on force l'animal à relever la tête et regarder en l'air, puis on le lance en terrain plat et battu, et on ne le laisse en repos que quand les veines du ventre se sont gonflées et facilitent la sortie de l'humeur lymphathique ; la digestion de la nourriture se fait alors bien, l'animal prend de la force, sa faiblesse disparaît, et il cesse de butter, Dieu aidant de sa volonté.

Le défaut d'être inabordable, شماس, *schamâs*. Ibn-Abou-Hazem dit : quand un cheval se refuse à recevoir le cavalier sur son dos, qu'il ne veut pas se laisser mettre l'entrave ou le licou, qu'il repousse le bât et la musette, la bride, la selle, l'étrille et autres choses pareilles, on donne à ce cheval le nom de *récalcitrant*, شموس, *schamous*. Le plus souvent ce défaut est causé, chez un cheval, par des dartres (ou démangeaisons), produites par l'étrille, ou des excoriations à la place sur laquelle porte la croupière, ou celle de la sangle au nombril, et sur le dos par la selle. Quand on veut poser la selle sur le cheval (ainsi blessé), ou le monter avant cicatrisation complète, l'animal repousse la selle et le cavalier, il se montre récalcitrant à cause de la douleur qu'il ressent, et cette résistance finit par devenir une habitude.

(1) Le texte porte من قوّة par (excès de) force, ce qui est contraire à ce qui a lieu, car ce n'est jamais par excès de force, mais parce qu'elle manque que l'animal butte. Nous croyons devoir lire من ضعفه à cause de sa faiblesse, comme on le voit plus loin.

Moyen de corriger le cheval qui refuse de se laisser monter. — Mousa-Ibn-Naçr dit que, quand on veut seller un cheval qui a ce défaut, on doit commencer par lui passer les mains légèrement sur la face et sur tout le corps et poser les pieds plusieurs fois dans l'étrier sans monter. Pendant ce temps on continue toujours à frotter le cheval ; puis on applique avec la main, et successivement, plusieurs coups vigoureusement frappés, sans néanmoins cesser de flatter l'animal de la main. Enfin, après avoir longtemps prolongé l'exercice que je viens d'indiquer, on se met en selle, ayant eu soin de ne point la tenir trop serrée. Puis, quand on est bien installé, on fait sentir qu'on est monté par des indications douces et sans brusquerie. Cette manœuvre étant répétée plusieurs fois, l'animal se corrige de son défaut, Dieu aidant.

Cheval qui refuse de recevoir la selle. — Ibn-Abou-Hazem dit : si un cheval ne veut pas recevoir la selle, sa résistance vient le plus souvent de démangeaisons causées par l'étrille ou des blessures au dos, ou à la place de la sangle, ou à celle de la croupière, et parce qu'on veut appliquer la selle à l'animal et le monter avant que la cicatrisation des blessures soit complète, et alors le cheval se montre récalcitrant et indocile à cause de la douleur qu'il ressent, et cette résistance devient une habitude qui persiste après la guérison. On corrige le cheval de ce défaut comme on corrige celui qui refuse l'entrave, la couverture, la bride (*litt.* la têtière), la musette et autres (parties de harnais) analogues ; nous ferons connaître ces procédés, Dieu aidant de sa volonté.

Refus de se laisser brider. — Ce défaut vient, dit Ibn-Abou-Hazem, d'une rudesse, reste d'un caractère sauvage ou de blessures existantes à la nuque, ou causées aux lèvres par les morailles. Ces choses sont autant de causes de la répulsion du mors, qui passe en habitude après la guérison du mal. On corrige ce défaut, dit Mousa-Ibn-Naçr, en enveloppant l'embouchure du mors d'un linge trempé dans du miel et fixé par une ligature, et on le présente ainsi au cheval, qui ne le repousse point. S'il continue à le faire, on frotte de miel la base des oreilles ; les mouches s'y réunissent en grand nombre en été. On laisse les choses en cet état pendant plusieurs jours, jusqu'à ce que l'animal en soit fatigué. Le piqueur vient ensuite; il chasse les mouches, met la bride (le mors), lave le miel (de la base des oreilles), passe la selle légère (ou la couverture), et l'animal conserve la bride pendant le reste de la journée; on veille alors à ce que les mouches ne pénètrent plus dans l'écurie pendant toute cette journée où le cheval conserve la bride. Ensuite (il sera corrigé et) il ne repoussera plus le mors. Il en est qui disent de jeter du sel écrasé dans la bouche du cheval après qu'il est bridé, ou d'en faire un nouet qu'on fixe à la lame qui tient l'anneau gourmette, afin que l'animal, en le suçant, trouve le mors agréable dans sa bouche. On use du même procédé pour les poulains, la première fois qu'on leur embouche le mors.

Quand un cheval refuse de retenir le mors avec ses mâchoires, il faut, dit Ibn-Abou-Hazem, lui appliquer un mors... (1) étroit; on lui tient la tête relevée pendant deux heures et alors il finit par serrer le mors avec la mâchoire. S'il en est autrement, on adapte au mors du sucre *d'orge* (2) qui en tient toute la longueur, puis on l'introduit dans la bouche du cheval qui, sentant la saveur douce du sucre, ne refuse plus de retenir le mors avec ses mâchoires.

Moyen de corriger le cheval qui repousse l'entrave, le licou, le capuchon, la musette, l'étrille et la selle. — Il faut, dit Mousa-Ibn-Naçr, laisser l'animal dans l'écurie en pleine liberté pendant trois jours et sans lui donner ni à boire ni à manger. On va alors vers lui, on le trouve affaibli et énervé, on l'étrille, on

(1) بالنزكى بلجم, *on le bride avec le nârki ;* nous sommes disposé à lire النّاركى, ou mieux التّركى, et à traduire : *on le bride avec un mors turc.* M. C. de Perceval a vu نزكى ; il dit ne pas connaître ce mors.

(2) فانيدة, *fanidah, saccharum purissimum,* sucre plus raffiné, sucre candi, sucre d'orge, etc.

lui applique successivement l'entrave, le capuchon, la couverture et la selle par-dessus la couverture, et on lui suspend la musette contenant de l'orge de bonne qualité, nettoyée, criblée, *frottée aux extrémités* et décortiquée (1). A la suite de ce traitement, le cheval ne repoussera plus aucune de ces choses que nous avons énumérées.

Moyen de corriger le cheval qui ne veut point supporter le cavalier en croupe. — ردیف *redif.* Mousa-Ibn-Naçr dit : quand le cavalier est placé sur le cheval, on met (derrière lui), sur la croupe, une grosse couverture ; s'il ne veut pas la supporter, on applique sur son dos deux selles : l'une est sous le cavalier et l'autre à la place occupée par le cavalier en croupe, et l'animal perdra son défaut, Dieu aidant.

Correction du cheval qui mord. — On l'appelle, suivant Ibn-Abou-Hazem, عضوض, *ahdoudh.* Il ne se trouve jamais avec d'autres chevaux sans les mordre (2). Ce vice vient souvent de ce que le palefrenier aura trop frappé l'animal pendant qu'il était sur le préau (à se vautrer), ce qui est très-mauvais ; parfois aussi, c'est à la suite de vexations ; d'autres fois, c'est un effet de l'effervescence du sang ou de la bile en mouvement. Ce vice peut encore être héréditaire chez le cheval qui le tient de son père, quand il est particulier à la race. On peut le guérir, dit Ibn-Abou-Hazem, à l'aide de procédés efficaces, quand c'est le résultat d'un vice (accidentel). On lime quatre dents à la mâchoire supérieure et autant à la mâchoire inférieure jusqu'à ce qu'elles soient amincies suffisamment, puis on les perce et alors on voit s'apaiser la fougue de l'animal ; on peut encore couper les chevaux entiers et mettre une muselière aux juments (3). Quand la disposition à mordre vient du mouve-

---

(1) شعير محكوك الروس مقشر من قشورة, orge frottée aux extrémités et décortiquée ; c'est nécessairement l'orge perlée.

(2) Ici nous avons rapporté un passage supprimé par Banqueri.

(3) ردق. A la 2ᵉ forme, entre autres acceptions, on trouve : *caput capistro indidit,* adapter à la tête une muselière, ce qui est bien le sens voulu ici.

ment de la bile ou de l'agitation du sang, on emploie les traitements qui seront indiqués ultérieurement, Dieu aidant. Les
soins multipliés du piqueur peuvent suffire pour chasser le défaut de mordre et adoucir l'animal.

Le cheval qui rue et celui qui frappe du devant. — Le premier
est appelé *ramouh* et (le second) *khabouth*. Suivant Abou-Ali (1),
ramah et *rakadh*, c'est frapper des pieds de derrière. Le premier
se dit du cheval, du mulet et de l'âne, et *rakadh* du chameau.
Ibn-Abou-Hazem dit que le défaut de ruer est le fait d'un naturel
mauvais et sauvage, ou bien qu'il est la suite de grandes contra-
riétés. On doit en dire autant pour le vice de frapper des pieds de
devant. Il arrive parfois que le cheval, éprouvant des douleurs à
cause de l'application des morailles, frappe des pieds de devant
ou qu'il refuse de présenter les lèvres et qu'il repousse le mors.

Le moyen de corriger le cheval qui rue, dit Mousa-Ibn-Naçr,
c'est, tout en le tenant entravé, de passer souvent la main sur
la croupe, afin de se faire bien reconnaître par lui, en venant
souvent près de lui; il finira par ne plus ruer. S'il continue à le
faire, le piqueur le frappera vigoureusement tant qu'il s'obsti-
nera à ruer. Il en agira ainsi toutes les fois que le cheval voudra ruer et à la fin il se corrigera. On emploie encore le
moyen suivant : on enveloppe une pierre dans un linge et on la
fixe ainsi enveloppée à la sangle au moyen d'une petite corde
(*litt.* un fil), qui doit être longue. On fixe à la pierre une autre
corde longue aussi, dont l'extrémité aille sortir entre les
cuisses du cheval et s'arrêter au tronçon de la queue; or,
toutes les fois que l'animal veut ruer, il se sent frappé à la
fois par le piqueur et par la pierre qui vient battre sur la verge ;
on laisse les choses ainsi jusqu'à ce que le défaut soit entièrement passé.

(1) رمح ruer, رموح (le cheval) qui rue, *litt.*, qui frappe de derrière,
خبوط *khabouth* (le cheval) qui frappe des pieds de devant, ركض
rakadh signifie aussi *ruer* ; mais, comme on le voit, il s'applique au
chameau, et non au cheval.

Moyen de corriger un cheval qui refuse de reculer (1). — Mousa-Ibn-Naçr dit : on fait entrer le cheval dans un lieu étroit et sans issue. Le cavalier le monte ; un homme, placé en face, s'avance contre le cheval, tenant un fouet devant lui ; l'animal alors recule ; s'il ne le fait pas, on prend un des testicules avec une corde mince (*litt.* un fil), le cavalier contient le cheval en serrant la bride, un autre homme, pendant ce temps, attire à lui la ficelle. On répète cet exercice plusieurs fois, et alors forcément le cheval recule. Suivant un autre, le mouvement en arrière doit être régulier, sans que la partie postérieure du cheval se porte ni à droite ni à gauche ; après avoir fait le mouvement rétrograde, on le ramène sur lui-même d'un pas (soutenu et) égal. Si l'allure du cheval n'est pas régulière, mais tortueuse, on l'amène entre deux murailles, en arrière, jusqu'à ce que l'allure soit droite et sans déviation.

Manière de corriger le cheval qui en marchant ne regarde ni à droite ni à gauche, quoique les yeux ne soient affectés d'aucune maladie. — Dans ce cas, dit Mousa-Ibn-Naçr, l'écurie doit être sombre, le capuchon nullement percé d'œillères. On laisse l'animal dans cet état, puis on le sort à la lumière (on enlève le capuchon) ; son énergie alors se réveille, et il porte ses regards tant à droite qu'à gauche, ce qui se révèlera par le mouvement (instinctif) des oreilles. Si on n'obtient pas ce résultat, on frotte la base des oreilles avec du miel, afin que dans l'écurie les mouches viennent s'y reposer et tourmenter l'animal. Il y a dans cette contrariété, causée par les mouches, ce but plausible de déterminer le mouvement des oreilles (pour les assouplir) et de fortifier la peau et les pieds qui forcément s'agitent souvent.

Moyen de corriger un cheval qui a la langue pendante (2). — Mousa-Ibn-Naçr dit : on tient la bride serrée, et on frotte le

(1) Notre auteur ne prévoit point le cas où le cheval est affecté *d'immobilité*, maladie qui fait qu'il ne peut reculer, cas grave classé parmi les vices rédhibitoires.

(2) C'est ce qu'on appelle aujourd'hui *langue pendante, langue ser-*

fer de la bride qui entre dans la bouche (le mors) avec de l'a-
loès, ou bien on enveloppe l'embouchure du mors d'un linge
imbibé d'eau qui contient de l'aloès en dissolution, et on l'introduit dans la bouche du cheval qui ne laisse plus sortir sa
langue pendante.

*Manière de corriger le cheval qui a l'habitude de détacher sa
muselière,* رسن — Mousa-Ibn-Naçr dit : on fiche en terre, devant la mangeoire, un piquet assez profondément pour qu'il
n'en paraisse à la surface du sol rien qui puisse blesser le
corps ; on y attache l'animal avec des courroies très-solide-
ment fixées, et ainsi, quand il aura détaché la muselière, il
sera retenu sans pouvoir s'en aller, et alors il se corrigera de
son défaut.

Mousa-Ibn-Naçr dit qu'on corrige le cheval qui a l'habitude
de *ronger sa courroie,* en la frottant avec de l'aloès dissous
dans l'eau et que la mauvaise habitude disparaît. Un autre dit
qu'on se sert d'une courroie faite d'écorce de daphné (1), ou
bien on en garnit le lien, et l'animal renonce à l'habitude de
ronger.

Correction du cheval ahioouf, العيوف.—C'est celui qui ne veut
boire à aucune espèce de gué, ni dans aucun vase. Il faut, dit
Mousa-Ibn-Naçr, lui laisser désirer l'eau, et on met beaucoup
de sucre dans celle qu'on lui donne ; alors il finit par boire à
tous les gués et dans tous les vases. On met encore dans sa
nourriture des choses qui donnent de l'agitation aux humeurs
du corps, et qui provoquent la soif, comme la luzerne ou autres plantes de pareille nature.

Le cheval qui refuse d'entrer dans l'eau. — Mousa-Ibn-Naçr
dit qu'on fait un nœud avec les crins de la queue au moment
d'entrer dans l'eau. Il en est qui disent que certains chevaux

---

pentine. M. Goubaux fait remarquer que, si le cheval sort la langue de
la bouche, il la rentre aussi alternativement.

(1) مشنان, *matsnán, Daphne gnidium, le garou;* ce mot, qui se trouve
dans Ibn-Beïthar, n'est dans aucun dictionnaire.

refusent d'entrer dans l'eau jusqu'à ce que leurs crins aient été réunis en nœud. Si l'animal s'obstine (on emploie le moyen suivant :) on laisse le cheval pendant l'été plusieurs jours gisant sur du crottin sec passé au crible; on le mène ensuite près d'un courant d'eau, dans l'état où il se trouve; alors un valet prend une étrille et un autre valet prend un grand vase de terre contenant de l'eau du ruisseau devant lequel est placé l'animal. *Le premier* se met à étriller l'animal et à le nettoyer longuement, usant à la fois de l'étrille et de l'eau. Le vase est rempli plusieurs fois avec l'eau du ruisseau à la vue du cheval; alors on l'excite de la voix, et il entre dans l'eau sans faire de résistance.

Comment on rectifie une *lèvre trop courte* qui laisse les dents à découvert. — Mousa-Ibn-Naçr dit qu'on prive l'animal d'orge, et qu'on lui fait paître pendant trente jours de l'herbe verte sans lui donner d'eau. La lèvre alors s'allonge (pour saisir l'herbe) et finit par couvrir les dents.

Comment on corrige le cheval qui en marchant *laisse pendre sa verge*. — Mousa-Ibn-Naçr dit que dans ce cas, pendant que le cavalier monte le cheval (et qu'il est en marche), on fait aller par derrière un valet qui tient à la main une lanière de cuir mince (1), semblable à un fouet, qui a séjourné dans du vinaigre, pendant un jour et une nuit; le valet tient en même temps un vase contenant du vinaigre, et, toutes les fois que le cheval fait sortir sa verge, le valet plonge sa courroie dans le vinaigre, et il en frappe la verge (pendante); on répète cette opération pendant plusieurs jours sans se lasser, et le défaut se passe (2).

____

(1) شركة, *scharkah*. Tous les dictionnaires arabes portent *rets, filet;* mais nous le prenons dans le sens du mot hébreu שרוך qui est traduit par *corrigia, courroie, lanière* de cuir; c'est le sens qui convient ici.

(2) Ce vice provient soit de la faiblesse de l'animal, soit de paralysie ; or, dit M. Goubaux, ce procédé barbare est lui-même impuissant.

Pour le cheval dont le *rectum sort et reste apparent* quand il rend ses excréments.— Mousa-Ibn-Naçr dit que dans l'espèce, le cavalier ne permet point au cheval de se vider pendant qu'il le monte, et, quand il s'aperçoit qu'il veut le faire, il lui fait sentir l'éperon en même temps qu'il lance un coup de fouet qui cause de la douleur à l'animal; on répète l'expérience plusieurs fois et le défaut se passe.

Quand un cheval *avale son orge sans la mâcher*, et que sans aucun mal soit à la langue (1) soit aux dents molaires il en montre du dégoût, il faut, dit Mousa-Ibn-Naçr, faire concasser des fèves qu'on donne, mêlées avec des menues pailles, à manger à l'animal; cette nourriture lui apprendra à mâcher, et dorénavant il n'avalera aucun aliment sans le triturer. Le même dit encore : quand un cheval ou une jument ne broie pas l'orge, on prend du gingembre, de la cannelle, de la graine de persil, de l'anis, du cumin de Syrie, du castoréum, du sucre candi, en parties égales; on réduit toutes ces substances en poudre, on les mêle (en les délayant) dans de l'eau douce, on donne ce mélange en boisson, et l'animal (à l'avenir) broiera ses aliments.

Abou-Ibn-Hazem dit : quelquefois il arrive que le cheval avale l'orge sans mâcher à cause d'une coupure à la langue. Prenez-y bien garde, car c'est une des choses les plus fâcheuses qui puissent arriver dans la bouche d'un cheval. Quand le cas se présente, il faut commencer par le guérir, puis l'animal n'avalera plus l'orge sans mâcher (2).

Le cheval qui *refuse de se laisser ferrer*.—Ce défaut, dit Ibn-Abou-Hazem, est souvent le reste d'un naturel dur et sauvage.

______

(1) لغم *laghâm*, suiv. Castel, *venæ et nervi linguæ*, *les veines et les nerfs de la langue;* nous traduisons d'une manière générale *la langue.* On ne trouve point cette signification dans le *Dict.* de Freytag.

(2) Banqueri avait renvoyé en note et sans traduction ce passage fautif dans quelques-unes de ses parties; nous le donnons à sa place après avoir restitué le texte.

Quelquefois aussi l'animal a été blessé par un clou; il a éprouvé
de la douleur et, même après la guérison, il refuse (de se laisser prendre le pied). Le mieux qu'on puisse faire dans ce cas,
c'est de fixer solidement sur la lèvre supérieure la corde des
morailles (1), puis avec cette même corde on arrête la jambe
de devant du cheval, pliée comme on le pratique pour le chameau (en attachant le paturon à l'avant-bras). On saisit ensuite
un grand bâton avec lequel on frappe légèrement sur le pied
replié du cheval. Si néanmoins ce dernier se montre récalcitrant, on frappe avec le même bâton sur les flancs. On continue
à frapper ainsi sur le sabot du pied de devant replié, jusqu'à
ce que l'animal cesse de faire le récalcitrant et se soit habitué
à cette percussion, car à son effet se réunit l'ennui que cause
au cheval sa jambe repliée. Le maréchal-ferrant (الكلّاد) alors
piquera ses clous, ayant soin de rabattre sur le sabot tout ce
qui traverse la corne (et se montre au dehors) (2); le cheval,
pendant toute l'opération, reste avec la jambe repliée. On opère
sur l'autre jambe de la même manière que sur la première.
Les pieds de derrière se traitent de même. Le propriétaire d'un
cheval entaché de ce défaut doit, lorsqu'il le ramène fatigué
d'une longue route, employer ce mode de percussion sur la
corne du pied, soit avec un bâton, soit avec une pierre ou
même avec les doigts, jusqu'à ce que l'animal accoutumé à la
chose rende facile l'application des clous et s'habitue à supporter la corde (de l'entrave). Le refus de laisser piquer des
clous venant d'un naturel difficile à réduire, il faut donc appor-
ter une grande circonspection.

Nous venons d'exposer toutes les habitudes vicieuses qui
peuvent se rencontrer dans le caractère des chevaux, et les

----

(1) الزيار *al-ziár*, les morailles. Ce mot est ainsi écrit partout et
non الزبار, comme Banqueri propose de lire.

(2) الاقفال. Nous ne trouvons ce mot nulle part, mais il s'agit de la
corne traversée par le clou. Nous pensons qu'il faudrait peut-être lire
الاكليل; litt., la couronne, c'est-à-dire l'extrémité arrondie du sabot.

procédés pour les corriger par le dressage et les bons soins. Nous avons dit ce qui peut suffire (en général) ; on pourra se régler d'après cela pour les cas analogues qui peuvent se présenter (et dont il n'a pas été parlé), tels que les défauts qui se produisent chez les animaux (par exemple) lorsque les enfants montent des chevaux pleins de vigueur et qu'ils les maltraitent; et autres espèces de vices pareils (accidentels). Car quand le cheval est (comme dans les cas cités) frappé (violemment) et qu'il en ressent de la douleur, il en éprouve une inquiétude (et un sentiment de crainte) qui le rend rétif, indocile et obstiné. De même quand on a fortement ensanglanté sa bouche, il appuie sur le mors et il se jette de côté. Ce défaut se corrige par les procédés décrits plus haut pour les cas pareils. L'écuyer chargé de corriger les défauts d'un cheval doit être un cavalier habile et intelligent. Quand après avoir essayé un cheval il le trouve d'un naturel dur (et résistant), il n'attaque point de front ce caractère altier ; il sait très-bien que s'il voulait en agir ainsi il serait impuissant, et que, si l'animal se montre récalcitrant et difficile, c'est la conséquence de la nature de son caractère. Or, l'habitude d'un dresseur intelligent, c'est le calme et la douceur qui sont les qualités essentielles et dominantes dans toute cette affaire. Rien ne peut mener à de meilleurs résultats; elle porte le cheval à prendre de belles manières et lui fait perdre ses mauvais instincts. Vers la fin du chapitre XXXIII, nous dirons ce qu'il faut connaître pour se bien tenir à cheval (ce qu'il y a d'important) dans les pratiques de l'art hippique, Dieu aidant.

ARTICLE XXI.

Manière de ferrer un cheval, de donner de l'assiette au pied et de la solidité à la corne.

Ibn-Abou-Hazem traitant de cette opération, dit que ce qu'il voit de mieux à faire, c'est de ne pas trop restreindre l'assiette

du pied, ni de le creuser en dessous en enlevant trop de
corne; il faut plutôt au contraire en laisser trop. La mesure de
la concavité, c'est que le sabot s'adapte exactement au fer, et
que celui-ci protége la concavité. Ce qu'il y a de plus convenable pour le sabot, c'est qu'il ait plutôt excès de largeur, ce
qui préserve le cheval de buter. Quelquefois ausssi le fer peut
(se détacher), tomber, et la place occupée par les clous s'é-
chauffer (s'enflammer), puis, quand il y a nécessité de rapporter
un fer nouveau, il est impossible de le faire. On doit donc régler le ferrage de cette façon : quand le sabot du pied de devant
est concave, les clous devront être courts vers la partie postérieure et plus longs à la partie antérieure. Si ce pied antérieur
est plat, les clous de la partie antérieure seront plus courts et
ceux de la partie postérieure seront plus longs. Il faut toujours,
avant (de compléter) l'application du fer, piquer deux clous à
son extrémité. S'il y a, dans le paturon ou dans le sabot, déviation de la position normale les portant soit à l'extérieur
(dans le cheval *panard*), soit à l'intérieur (dans celui qui est
cagneux), ou si le pied ne pose pas d'aplomb, il faut examiner
avec soin de quel point dérive la déviation chez l'animal et ce
qu'est l'incurvation, pour qu'on y remédie par la manière d'appliquer les clous en les amincissant dans la partie qui tend à se
relever, de façon à forcer le pied à se porter en sens inverse,
soit en dehors, soit en dedans. Quand la corne est trop mince
et qu'il faut monter l'animal, on disposera un fer plein
qui couvre toute la surface du pied, sans ouverture, sinon une
légère vers l'extrémité de la fourchette. Quatre clous *de chaque
côté* du fer, c'est ce qu'il y a de meilleur, mais trois sont gracieux, et la solidité comme la régularité sont plus assurées
pour les pieds antérieurs. Plusieurs fois il arrive qu'on soit
obligé de couvrir la sole du sabot, qui est endolorie ou fatiguée
d'un excès de marche, ou souffrante, ou affectée de toute autre
cause. On prend un morceau d'une peau mince qu'on taille en
forme de semelle, de la dimension du sabot sur lequel on l'applique en contact immédiat. Le fer se pose sur cette semelle,

qui ainsi se trouve entre la sole du sabot et le fer. C'est là ce
qu'on peut faire de mieux dans la circonstance. Il est des personnes qui garnissent le pied du cheval d'un tissu de laine.
Pour moi, je n'approuve pas cela, par la raison que ce tissu
de laine devient adhérent. Apportez toujours beaucoup d'attention dans la ferrure du cheval, car parfois il arrive que le clou
atteint l'extrémité de l'os du pied. Ne vous servez jamais que
de fers forgés (1) ; ce sont ceux qui s'adaptent le mieux au sabot du cheval et qui sont plus légers pour son pied. Les clous
ne doivent point être trop gros, mais au contraire amincis
comme des aiguilles. C'est ce qu'il y a de plus léger et qui présente le plus de sécurité, parce que, quelque peu qu'il y ait de
fer, il s'en trouve toujours beaucoup (trop). Le fer doux est
toujours le meilleur et celui qui a le plus de durée. Les clous
doivent être piqués la pointe dirigée vers le côté (externe) du
sabot, de telle sorte qu'ils prennent une direction oblique. Car
si le clou était piqué tout droit, et qu'il n'eût point cette inclinaison, rien ne garantirait qu'il n'attaque pas l'extrémité de
l'os du pied. Quand par hasard la corne a été *lésée* et brisée
(vers la partie postérieure de la sole), il faut adapter entre le
fer et le sabot une peau non passée (2) qu'on laisse déborder
de quatre doigts par derrière et qu'on ramène sur la lésion.
On la fixe solidement au paturon avec une ficelle ; de cette manière l'animal ne peut heurter contre des pierres, ce qui aggra-
verait la douleur, accident que préviendra la peau. S'il arrivait

(1) مطرق لعل. Banqueri traduit *avec un fer doublé de cuir*, parce
qu'on trouve dans les dictionnaires مطرق *mouthrog, consitis coriis
constans* ; nous traduisons fer forgé parce qu'on trouve aussi مطرق,
moutriq, ductilis, extenuata lamina, et parce que le verbe *taraq* a aussi
le sens de *frapper au marteau.*

(2) جلد ادم, *djalad adum.* Banqueri a traduit par *cuero de cabra,*
cuir de chèvre, parce qu'il a trouvé ادم *qui coria vendit, peculiariter
caprina.* Mais nous trouvons aussi *corium crudum*, que nous préférons.

aussi que le cheval fût atteint d'une *crevasse* فقّة attaquant
la circonférence du sabot et le crin (couronne), on disposerait
une (espèce de) botte de cuir de vache dont on revêtirait le pied
malade. On fixe cette botte au paturon, et on la dispose avec
soin pour que ni la terre ni aucun autre corps étranger puisse
s'introduire.

ARTICLE XXII.

Comment on remédie à une corne de sabot trop délicate.

Ibn-Abou-Hazem dit : quand la corne du sabot est trop délicate ou faible, et qu'on veut en obtenir (*litt.* en faire pousser)
une bonne et solide, on dispose un fer qui ait la figure du
croissant de la lune et qu'on amincit, de façon qu'il ait la largeur d'un doigt (dans ses branches), la largeur des clous étant
un peu moindre que celle du fer. On l'applique de façon qu'il
protége bien l'extrémité du sabot pour que la corne ne se casse
ni ne se fende, le milieu restant à découvert. Ensuite, on pra-
tiquera sous les pieds antérieurs, devant la mangeoire, une
petite fosse dans laquelle on déposera du gravier qu'on étalera
en couche. Le pied du cheval posera sur le gravier, et on aura
soin d'appliquer la préparation destinée à donner de la consistance توقيح dont nous parlerons ultérieurement. Nos recommandations sur le mode de ferrage sont importantes parce que
c'est un moyen d'empêcher que le sabot du cheval n'éprouve
des lésions quand on le monte ou qu'il quitte la mangeoire. Si
on usait d'un autre système de ferrage, il lui serait impossible
de marcher sur la pierre. Sachez bien tout cela, qui est d'une
grande utilité, Dieu aidant.

Un des procédés confirmés par l'expérience et qui ont été
employés pour faire pousser la corne et lui faire acquérir de
la consistance et de la solidité, c'est celui-ci : on prend de la

racine de cornichon sauvage (*momordica elaterium*, Linn.) pris dans un terrain resté en friche et sans culture; on lave pour enlever la terre, on coupe en morceaux, on fait bouillir dans l'eau, en poussant la cuisson aussi loin que possible, on clarifie et on ajoute quantité égale d'huile d'olive, et on expose de nouveau au feu pour faire évaporer l'eau jusqu'à ce qu'il ne reste plus que l'huile d'olive. On graisse le sabot avec cette préparation, et on voit des résultats merveilleux. Si en été on ajoute de la graisse, c'est très-bon. D'après l'Agriculture (nabathéenne), ce qui contribue à faire pousser la corne du sabot et lui donner de la solidité, c'est de prendre de la graisse de porc, de la graisse de bouc, du soufre jaune de bonne qualité ; on fait avec ces substances un mélange dont on oint le sabot du cheval et ce qu'on appelle le talon du sabot (*litt.*, le derrière des sabots) de l'animal.

On dit qu'il y a des cavaliers qui, lorsqu'ils veulent se mettre en route, font chauffer un morceau de toile (une loque), qu'ils imbibent de vinaigre et l'appliquent sur le sabot du cheval. Rentrés de leur voyage, ils lavent le sabot avec de l'eau fraîche ; ils font tomber dessus, par gouttes, de la graisse de porc ou de bouc en fusion, et mêlée de soufre jaune. Au nombre des choses qui adoucissent la corne du pied, il y a le beurre et les graisses; usez-en quand vous irez en voyage. Un des meilleurs procédés qu'on puisse employer pour rétablir le pied d'un cheval affaibli par la marche et qui fait cesser toute altération du sabot, c'est d'enduire soigneusement, tous les mois une fois, le sabot du cheval avec la préparation qui précède ; on sera dispensé d'employer la ferrure, ce qui est bien plus beau (1). Un procédé pour fortifier et donner de la dureté au sabot du cheval, d'après Hippocrate le vétérinaire,

---

(1) Le texte dit تسمير بالحديد ; *litt.*, *clouer avec du fer;* Banqueri traduit par *ferrer* ou *ferrure;* il est difficile d'entendre autrement ce texte si précis. On sait que dans certaines localités établies sur des sols argileux on se dispense de ferrer les chevaux.

c'est de prendre de la poix, de la graisse, du vitriol blanc bien pilé, du soufre, en parties égales, de la myrrhe sèche, un dirhem (2 gr. 55), gomme clarifiée, quatre mitskals (15 gr. 26). On pile fortement toutes les substances qui doivent être pilées. On met le tout dans une chaudière de fer qu'on dispose sur un feu de charbon pour opérer la fusion et le mélange, on retire du feu, puis on verse dans un vase contenant de l'eau froide ; on recueille la partie figée, on met en réserve pour en user quand il y a besoin pour fortifier (le sabot du cheval) ; c'est un excellent procédé pour cet objet.

Autre système venant des Grecs pour fortifier et donner de la consistance au sabot des poulains et des jeunes chevaux (1) quand ils ont souffert de la marche ; extrait du livre (d'Ibn) de Bagdad *sur l'art vétérinaire.* — On prend de l'urine d'enfant, de la graisse de bouc. On triture la graisse avec l'urine jusqu'à mélange complet. On graisse avec ce mélange les sabots des jeunes poulains et des jeunes chevaux, ainsi que la fourchette ; c'est très-utile pour les lésions causées par la marche. Quand le sabot éprouve de l'affaiblissement, on prend de la coloquinte sèche, on la pile et on la réduit en poudre très-fine, on passe au tamis ; on prend de la graisse de chèvre exclusivement ; on la triture dans un mortier ; on fait ensuite un mélange des deux substances dont on forme des boules de la grosseur d'un œuf. Quand ensuite on veut fortifier le sabot fatigué, on relève le pied de devant du cheval, sur lequel on applique une des boulettes de la préparation (indiquée). On passe par-dessus un fourgon en fer (2) chauffé, avec lequel on étend cette préparation jusqu'à ce que la fusion soit complète et que le sabot soit imbibé de la substance liquéfiée ; on répète l'opération trois jours consécutifs ; les suites de la fatigue dis-

(1) *Litt.*, poulains de lait et poulains sevrés.

(2) اسطبل *Rutabulum*, un *rable*, un fourgon pour remuer le feu et les cendres dans le foyer.

paraissent alors, et la corne prend de la consistance ; le remède
est très-bon et éprouvé.

Autre composition confortative.

On prend de l'huile d'olive, de la poix et de l'ail ; on fait mélange complet de ces substances par la trituration ; cette composition est très-utile pour les lésions du sabot.

Autre.

On prend de la graisse de queue de mouton, du goudron,
puis de l'huile d'amande ; le tout employé très-chaud sera très-
profitable.

Autre procédé à peu près pareil.

On prend un linge de coton et on l'imbibe d'huile d'olive ou
de goudron, quelle que soit celle des deux substances qui se
trouve sous la main. On attache ce linge à un bâton (qui serve
de manche), on y met le feu, et on le passe tout enflammé sur
la partie du sabot en contact avec la terre (la sole). Ce procédé
est très-utile quand il y a fatigue ou lésion causée par la
marche. Ensuite on applique immédiatement ces *fers en planchette* (1), bien connus pour cet usage, Dieu aidant de sa volonté.

(1) صفائح plur. صفيحة sing. ; *litt., lamina, lame de fer*, ce qui
ne peut s'entendre autrement que du *fer en planchette*, qui représente
une lame plate.

CHAPITRE XXXIII.

Traitement de quelques-unes des maladies qui surviennent aux chevaux dans les diverses parties du corps, depuis la tête jusqu'au sabot, soit au moyen de remèdes faciles à trouver, soit par la pratique d'opérations chirurgicales (*litt.* par le fer) peu difficiles, comme les saignées à la jugulaire, au poitrail, au flanc, à l'œil, à la cuisse, la cautérisation (à chaud et à froid); quelques mots sur l'application du feu. Indication des symptômes qui servent de diagnostic pour ces maladies; remèdes usuels pour les divers cas. Cette partie de la science est connue sous le nom de *médecine vétérinaire.*

البيطرة *al-beitharah, mulomedicina,* Ἱππιατρία. Aristote a dit dans son livre sur *la nature des animaux,* que le cheval qu'on laisse paître en liberté n'en éprouve aucun mal. Il lui arrive parfois de perdre quelques-uns de ses sabots ; c'est pour lui une cause de maladie ; mais, quand le premier se détache, l'autre repousse immédiatement et rapidement, parce qu'il se montre quand tombe le précédent. Voici les symptômes qui accompagnent la chute des sabots (ou de la sole) : un tressaillement a lieu dans le testicule droit, une légère cavité se produit à la partie inférieure moyenne du museau (au-dessous des narines); elle se remplit d'impuretés. Les chevaux à l'écurie sont au contraire sujets à plusieurs maladies (1). Les hommes versés dans la connaissance du traitement des chevaux pensent

(1) Cette citation d'Aristote est très-inexacte. Le naturaliste grec dit : « Les chevaux qu'on laisse paître ne sont sujets qu'à une seule « maladie, *la goutte.* Quelquefois elle leur fait tomber la sole (ou le sa- « bot), τὰς ὁπλάς. Mais, quand la sole est tombée, il lui en revient une « autre et même, tandis que l'ancienne se détache, celle-ci se produit « au-dessous. On connaît qu'un cheval a la goutte, etc. » *Hist. anim.,* VIII, 24, 29.

que toutes les maladies qui attaquent les animaux ont la plus grande analogie avec celles qui attaquent l'espèce humaine. Un autre, qui a traité ce sujet, en dit autant. Les anciens ont laissé, sur les maladies des animaux et sur leur médication, des traités d'après lesquels sera dit ce qui suit, Dieu aidant.

ARTICLE I.

Traitement des maux et maladies qui attaquent les parties externes de la tête du cheval.

La *taie* (*litt.*, *l'étoile*, ou *la tache blanche* الكوكب والبياض) (1). Cette affection se manifeste aux deux yeux du cheval, ou bien à un seul. Les symptômes de diagnostic sont apparents. Quelquefois toute la pupille (*litt.* la partie voyante) est voilée ; quelquefois elle ne l'est qu'en partie, c'est *la taie*. Parfois le mal est un reste d'ulcération (mal) guérie. Cette affection se présente dans le principe comme un léger nuage qui voile (la pupille) et qui, prenant de l'intensité, passe au blanc obscur. Un remède ancien, indiqué par Mousa-Ibn-Naçr, consiste à prendre du carthame, du safran, à les piler ensemble, à les tamiser et à les employer comme collyre (2) plusieurs fois. Ce procédé est très-utile, Dieu aidant.

Autre remède du même.

On prend du sel en poudre, de la fumeterre qu'on emploie comme collyre.

Autre remède.

On prend quatre mitskals (15 gr. 26) de sarcocolle, du col-

(1) Voir *Chevaux du Sahara*, page 179.
(2) C'est-à-dire comme on emploie le *kohol*.

lyre (1) de pavot cornu (*Chelidonia glaucium*, Linn.), un mitskal (3 gr. 81), safran, deux daneks (0 gr. 424); on réduit le tout en poudre fine, on passe au tamis de crin, on emploie comme collyre, et l'animal guérit, Dieu aidant.

Autre remède tiré d'Hippocrate le vétérinaire pour les taies, l'onglet
et les nubécules qui attaquent les yeux des chevaux.

On pratique une saignée à la tête (2), on prend cinq grains (0 gr. 26) de poivre, on les pile pour les réduire en poudre très-fine, on passe à un tamis de soie très-fin ; on introduit dans un tube de roseau une certaine dose de cette préparation qu'on insuffle dans l'œil de l'animal, on répète l'opération plusieurs fois, et l'on obtient un bon résultat, Dieu aidant.

Autre remède pour les taches blanches qui se forment sur les yeux
des chevaux.

On prend (l'os) de la sèche (3) connue sous le nom de *langue* ou *d'écume de mer*, on la réduit en poudre très-fine, on tamise avec un linge fin, puis on insuffle cette poudre dans l'œil de l'animal, ce qui est fort efficace.

Autre.

On prend de la farine et du sel en petite quantité, on les mêle, puis on fait griller dans une poêle de fer, complétement;

(1) شياف, préparation pour les yeux; v. Avic., I, 559.

(2) Banqueri a supprimé cette prescription, dont le texte est fautif.

(3) Le texte porte زبد, que Banqueri traduit par *espuma de nitro*, écume de nitre. Nous lisons سبيا *sibiá*, qui est la transcription du grec Σηπία, *sepia*, sèche. La version arabe de Dioscorides, II, 24, porte comme synonyme du mot *sepia* لسان البحر qui se trouve dans Ibn-Beithar, et que M. Sontheimer traduit par *sepia officinalis*. Il s'agit ici de l'os, qui est la seule partie qu'on puisse triturer.

on pile ensuite les deux substances de manière à les amener à l'état de (poudre ténue comme le) kohol. A l'aide d'un tube creux, on insuffle de cette poudre dans l'œil affecté de tache blanche; on obtient un bon résultat, Dieu aidant.

Autre.

Prenez de la graine d'arroche, pilez bien; prenez cinq grains de (0 gr. 265) de poivre, mêlez, pilez de nouveau jusqu'à ce que la poudre soit fine comme celle du kohol, passez par un linge fin; insufflez cette poudre dans l'œil du cheval au moyen d'un tube creux, plusieurs fois; le résultat sera bon, Dieu aidant

Collyre pour la guérison des taches blanches qui sont fortement fixées sur les yeux des chevaux, par Ibn-Abou-Hazem.

Prenez du ferment de farine d'orge, faites-le sécher et griller; triturez-le bien, pétrissez avec du jus de fenouil, ajoutez du nitre en poudre fine et du miel; employez cette préparation comme collyre; le résultat sera bon, l'expérience en a été faite.

Al-koumnah, الكمنة, *vue obscurcie*, est une affection qui attaque l'œil des chevaux. Voici, d'après Ibn-Abou-Hazem, le caractère de cette maladie : l'animal voit bien devant lui, mais nullement de côté, ni à droite, ni à gauche. Le traitement consiste à prendre du borax, deux dirhems (5 gr. 10); du sel très-blanc (1), un dirhem (2 gr. 55); une quantité égale d'écume ou crème de mer (2); on pile le tout ensemble, on passe au tamis

(1) ملح اندراني; *litt.*, sel *d'Andrani*, sel tiré de la montagne de *Daran*, dans le Magreb, dans le Maroc, *sel gemme*. Cette montagne est citée par Aboulféda, *Géogr.*, 135, text., et par Edrisi, trad. Gaub., I, 210. V. Cast., *lex. hept.*, v° درن.

(2) زبد البحر lit., crème de mer : c'est une espèce d'alcyon.

de soie ; on emploie ce collyre avec succès, Dieu aidant. Ce remède, qui est bon pour les tachès blanches, l'est aussi pour la vue obscurcie.

Al-ghaschâwah الغشاوة, le *Dragon*, (*litt.*, *tegumentum*), maladie accidentelle de l'œil des animaux. Ibn-Abou-Hazem dit que c'est comme une excroissance qui s'établit sur la prunelle, qui la couvre et qu'on peut comparer à une perle, n'ayant cependant point le blanc de l'eau. Traitement : on prend un pigeonneau, on le saigne, on en fait couler le sang avec du blanc d'œuf sur l'œil de l'animal ; c'est très-bon dans l'espèce, Dieu aidant. Le sang qui est particulièrement efficace est celui qui vient des plumes des ailes.

Autre.

On prend du fiel d'hyène, de l'eau de poireau, du miel qu'on a fait écumer et on fait couler sur l'œil de l'animal cette préparation, qui est efficace.

Autre de Mousa-Ibn-Naçr.

On prend du fiel d'aigle tout frais, ou sec, si le premier manque ; on pile bien le fiel sec, on jette par-dessus une cuillerée de petit lait. On enferme la préparation dans un flacon de verre, on le suspend au soleil pendant un jour ou deux, et on emploie comme collyre.

Autre.

Prenez le suc exprimé de deux grenades, l'une douce et l'autre acide ; faites un mélange que vous emploierez comme collyre pour l'œil du cheval.

duction marine. Dioscorides en indique plusieurs espèces sous le nom d'alcyon, Ἀλκυόνιον, V. 136, que la version arabe rend par *Zebed-al-bahr*.

La *Chassie* الرمد *ar-ramad, Lippitudo*; c'est une maladie qui attaque l'œil du cheval et qui, chez l'homme, présente les symptômes suivants : rougeur et enflure des paupières, écoulement des larmes. On traite la chassie après une saignée préalable à la veine céphalique (1). Dans les bêtes de somme, les symptômes sont les mêmes. *Remède* contre la chassie et la lippitude, d'après Ibn-Abou-Hazem : on prend des feuilles de platane (le *çaphira*), on les pile, et (en les combinant) avec du vin vieux, on prépare un collyre utile dans l'espèce. Il est très-bon aussi de laver l'œil de l'animal avec de l'eau fraîche. Suivant un autre, on mêle un blanc d'œuf avec de l'huile de rose, on en bassine l'œil de l'animal. Un remède contre la lippitude c'est l'encens, le costus, le safran, de la farine de froment, le tout mêlé ensemble par une trituration très-fine. On emploie comme émollient de la cervelle de bélier, mêlée avec de l'huile de rose et du blanc d'œuf ; on use de la préparation comme collyre pour les yeux attaqués de la chassie ou lippitude. Les *coups* que l'animal a reçus dans l'œil sont visibles. Le traitement indiqué par Mousa-Ibn-Naçr, c'est de prendre sept grains d'orge, quelques grains de semence de coton, du sel gemme ; on mâche le tout fortement ; on met le résultat de la mastication dans un linge, on en exprime le jus sur l'œil du cheval blessé, on répète l'opération plusieurs fois et on obtient un bon résultat, Dieu aidant.

Le *Tharfati* الطرفة ophthalmie, qui consiste en une vive inflammation qui se manifeste dans l'œil à la suite d'un coup reçu ou de la rupture d'un vaisseau, par suite de quoi l'œil devient larmoyant. *Traitement* : quand un accident de ce genre arrive chez un homme, on fait couler sur l'œil du sang de pigeon tout chaud avec du blanc d'œuf. On répète l'opération plusieurs fois, et on obtient un bon résultat, Dieu aidant. Les symptômes du mal chez l'animal, dit Ibn-Abou-Hazem, sont un œil à demi fermé ; il s'en échappe un larmoiement très-

(1. قيفال, la veine céphalique. Avic., I, 32, 17. Vers. lat., I, 69, c. 4.

abondant, l'animal ne peut l'ouvrir. Le traitement consiste à prendre du sel gemme, qu'on délaye dans la bouche avec la salive (*litt.* qu'on mâche) et qu'on fait tomber sur l'œil ; c'est très-utile. Si l'œil est complétement fermé (par l'humeur), on prend du sang sous l'aile d'un petit pigeonneau ; on le mêle avec de l'eau de poireau qu'on fait tomber par gouttes sur l'œil malade (1). Quand l'inflammation est causée par la fatigue du voyage et la chaleur de la route, on prend des feuilles d'indigo, on les écrase, on délaye dans l'eau fraîche et l'on en bassine l'œil malade; c'est très-utile.

Autre.

On prend des feuilles (pétales) de roses fraîches, on les jette dans l'eau pure, on les soumet à une pression, et avec le liquide obtenu on bassine plusieurs fois de suite l'œil de l'animal ; c'est profitable, Dieu aidant.

La *pustule* 2, c'est une affection accidentelle qui est le signe d'une ulcération ; on l'appelle *la maladie du clou ;* on lui donne ce nom, parce que, si on relève la paupière, on trouve sur le blanc de l'œil une tache rouge, ou bien sur le noir une place blanche; l'œil dans ce cas est attaqué du *bâtsar* ou de la pustule. Ibn-Abou-Hazem dit que l'ulcération القروح *al-qarouh* dans l'œil du cheval ne peut se dissimuler. En effet, en ouvrant l'œil de l'animal on la distingue clairement sur la prunelle et sur la paupière. S'il y a un suintement d'humeur épaisse, l'œil est arrivé à la dernière période de l'écoulement et de la dissolution.

<hr>

(1) Le texte présente ici une inexactitude qui rend la traduction difficile. Banqueri admet une correction que nous croyons avoir complétée en suivant le sens logique.

(2) البثور, *al-batsour*, la condition d'avoir des pustules, ou une seule, comme ici. Cette pustule cacherait une ulcération, ou elle en serait une forme.

II*

Mousa-Ibn-Naçr dit que ce mal s'annonce parce que l'œil de
l'animal est rouge (et enflammé) avec gonflement. Le traitement consiste à ouvrir la veine, prendre ensuite du sandal
et du costus; on broie fortement ces deux substances, on les
passe au tamis, on les mêle avec de la graisse de mouton
fraîche, et on introduit le mélange dans l'oreille correspon-
dant à l'œil malade. On agite cette oreille pour faire pénétrer
le remède dans la profondeur. On prend alors de la myrrhe,
du safran, de la grande chélidoine (1), du costus, on pile la
totalité, on passe au crible, et on souffle la poudre dans les narines de l'animal, pendant trois jours de suite, et alors l'inflammation cesse. S'il en est autrement, on pratique trois cau-
térisations, l'une à l'angle de l'œil souffrant, une autre
au-dessus du sourcil et la troisième au-dessous de l'œil.

La *lusciocité* (2), affection qui attaque les yeux. Elle est indiquée par les symptômes suivants, d'après Ibn-Abou-Hazem :
l'animal ne voit rien pendant la nuit, c'est-à-dire à partir du
moment où le soleil se couche. Dans sa marche (incertaine), il
appuie sur les pieds antérieurs comme le fait un aveugle. Le
remède pour ce mal, c'est de prendre deux rognons de bouc;
on les fait griller, on en recueille le jus ; on y mêle du sang de
pigeon, et on bassine l'œil, l'employant comme collyre.

Autre remède indiqué par Mousa-Ibn-Naçr.

On prend des feuilles (pétales) de roses sèches, du cresson
(sec), parties égales ; on pile complétement, on passe au tamis,

----

(1) مامران *mâmirán*, c'est la grande chélidoine, *Chelidonium ma-
jus*, Linn., comme on le voit dans tous les dictionnaires. Banqueri a dé-
composé à tort le mot, et il a lu ما *de l'eau* فرزان *du frêne ;* ce dernier
nom se trouve, dans la version arabe de Dioscorides, comme la traduction de Mélia, *fraxinus*, I, 108 ; mais il est écrit مرزان.

(2) الاحشى, *al-ahschaï*, appelée en persan شبكور, *schabkour*. Banqueri traduit *nyctalopie*, suivant l'indication des dictionnaires ; mais la

on mêle du jus de viande, et on fait avaler cette préparation à l'animal; ce sera fort utile, Dieu aidant. Il en obtiendra guérison et recouvrera la faculté de voir pendant les ténèbres. S'il n'en est pas ainsi, on prend du *struthion* (1), on fait brûler, on pulvérise bien, on exprime dessus du jus de cresson vert, on mêle exactement le tout ensemble, et on l'emploie comme collyre sur l'œil malade.

Autre d'Ibn-Abou-Hazem.

Une des choses les plus efficaces contre la lusciosité, c'est l'emploi comme collyre du fiel d'animal, surtout le fiel d'oiseau, comme celui des faucons, des grues ou des perdrix.

Autre.

On prend un foie de bouc, on le fend, on le saupoudre de poivre, de piment, de gingembre, le tout réduit en poudre fine, passée au tamis. On expose le foie ainsi préparé sur des charbons, et le jus qui se montre à la surface s'emploie comme collyre pour les yeux de l'animal.

Traitement de la *nyctalopie* et de l'*héméralopie* (2), d'après Hippocrate le vétérinaire.

Prenez le foie d'un bouc noir, faites-le griller sur des char-

b description est ici celle d'une affection toute contraire, c'est-à-dire *l'héméralopie*; elle est décrite plus haut, pag. 44.

(1) كندس, *koundous*. Ce nom de plante est fort problématique. Castel indique ce nom comme synonyme du στρούθιον de Diosc., II, 193, qui, suivant Sprengel, serait le *gypsophila struthion*, Linn., *gypsophile frutiqueuse*. M. Sontheimer admet cette traduction; Freytag voit la racine de l'*hellébore*, *veratrum*. Nous reviendrons sur cette question; en attendant nous traduisons *struthion*,

(2) الحجير *al-djhar* et معشا *al-ahscha*. On lit dans Avicenne, I, 350 : العشا ان يتعطل البصر ليلا ويبصر نهارا le *ahscha*, l'héméralopie, si la vue

bons, exprimez-en le jus, et faites-en tomber trois gouttes dans chacun des deux yeux de l'animal souffrant.

Autre remède venant d'un autre.

On prend le foie d'un bouc, on le met dans une chaudière, on projette par-dessus du poivre et du gingembre réduits en poudre, on y ajoute de l'eau et on fait bouillir jusqu'à cuisson complète. On couvre alors la tête de l'animal avec une pièce d'étoffe, on approche ensuite l'ouverture de la chaudière bien chaude des yeux de l'animal, afin que la vapeur monte vers eux. On hache ensuite ce foie en petits morceaux qu'on mêle avec de l'orge, et on donne cette préparation à manger à l'animal. Il en est qui disent de découper le foie cru et de le faire manger ainsi au cheval.

Affaiblissement de la vue (1), affection causée aux yeux des animaux par le soleil et par la (réverbération de la) neige. Suivant Ibn-Abou-Hazem, quand un animal a l'œil blanchâtre ou vairon, et que son regard reste longtemps fixé sur une couleur blanche, et quand ensuite il a eu à souffrir de la chaleur du soleil pendant sa route, son œil devient rouge ainsi que les alentours qui se gercent de même que les paupières ; l'œil devient larmoyant par l'effet de cette chaleur solaire (excessive). La neige produit les mêmes effets. — *Traitement.* On prend le liquide exprimé de jeunes pousses vertes de la vigne, ou du jus de grenade acide, ou de menthe cultivée qu'on fait tomber par gouttes dans l'œil malade.

se perd la nuit et qu'il voie dans le jour. الخجران لا يبصر بالنهار. le djahr, c'est s'il (l'animal) ne voit pas pendant le jour.

(1) قمر *gamr, affaiblissement de la vue à cause de la neige, etc.* Ainsi traduisent les dictionnaires. Avicenne traite de cette maladie sous le même nom, 1, 354. Nous avons vu plus haut la description de cette affection, p. 45. Nous ne lisons point ici comme Bauqueri قمر, nous appuyant sur le passage cité d'Avicenne et sur la manière de lire de Bauqueri lui-même, pag. 306, l. 7, texte.

La *perte des cils* (1) est une maladie qui attaque les yeux. Le moyen de la guérir, suivant Ibn-Abou-Hazem, c'est de prendre de la sarcocolle (colle de poisson, au poids d'un dirhem (2 gr. 54), du fiel de perdrix, deux dirhems (5 gr. 08), du poivre blanc, de la grande chélidoine, du piment, du camphre et de chacune de ces substances un danek (0 gr. 424). On pile séparément, on passe au tamis de soie et on fait usage en collyre.

Les *pustules blanches* (2) qui se montrent autour de l'œil des animaux. On les traite de la manière suivante, d'après Mousa-Ibn-Naçr : on prend du cresson sauvage, du *struthion*, de l'arsenic, deux mitskals (7 gr. 63). On pile séparément chaque substance ; on passe au tamis, puis on réunit le tout pour le mettre dans un petit vase de fer, on verse de l'eau, on fait bouillir, et aussitôt on en bassine la partie malade, et les pustules disparaissent, Dieu aidant.

L'humeur blanche الماء الأبيض *litt.* l'eau blanche, affection qui attaque les yeux. Ibn-Abou-Hazem dit que cette humeur blanche, qui se manifeste dans les deux yeuxou dans un seul, ressemble à des rayons diffus, brillants, d'une nuance qui diffère de la couleur blanche habituelle. Le mal est sans remède quand il y a ulcération. Le remède (quand il n'y a point d'ulcère) se compose, dit Ibn-Abou-Mousa, de miel pur, une partie, fiel de renard, pareille quantité, ou deux fois autant, poivre en poudre fine passé au tamis. demi-partie. On fait du tout un mélange avec le miel dans un vase de verre. On use de la préparation comme collyre, plusieurs fois par jour. — *Autre remède* : on insuffle dans l'œil du safran en poudre très-fine. — *Autre* : on prend du sucre candi et une amande, on pulvérise et on passe au tamis de soie blanche ; on mêle avec de l'eau

(1) سلاق *silâq* ou *anboussimâ* انبوسيما, suivant les Grecs, d'après Avicenne, qui décrit cette maladie avec détail. I, 345.

(2) البرص *al-baraç, albicantes maculæ quæ in jumento apparent.* Cast. Freyt.

douce, et on use de la composition pour en bassiner l'œil, tant à l'intérieur qu'à l'extérieur, et la guérison vient, Dieu aidant.

L'*humeur noire* الماء الأسود qui tombe dans la partie noire de l'œil se présente comme une nuance brillante qui passe au noir. *Mode de traitement* indiqué par Mousa-Ibn-Naçr : on prend du costus en poudre fine, du sucre candi, de l'huile de sésame; on réunit le tout ensemble dans un vase neuf; on expose à un feu doux jusqu'à ébullition. On prend de cette préparation plein une coquille de noix, qu'on introduit un jour dans l'oreille de l'animal, et le lendemain dans ses narines, et la guérison viendra, Dieu aidant.

L'*ictéritie* ou *jaunisse* الزرقة qui se montre dans l'œil du cheval. Les symptômes de cette affection, dit Ibn-Abou-Naçr, sont une teinte jaune intense qui colore le globe de l'œil et la vue qui s'obscurcit. Si on néglige d'appliquer le remède, on peut craindre la perte totale de la vue. Il faut faire tomber sur l'œil du jus de fenouil; c'est un procédé utile; on peut encore user pour bassiner l'œil de préparations rafraîchissantes.

L'*onglet* (1), c'est une membrane qui se montre sur l'œil comme une peau qui part du coin le plus voisin du nez et qui ne cesse de s'étendre jusqu'à ce qu'enfin elle couvre toute la prunelle (*litt.* la partie voyante de l'œil), ou seulement une partie (2). Le traitement, suivant Ibn-Abou-Hazem, consiste *à opérer l'ablation* de la taie de la manière suivante : on saisit l'œil des deux côtés, aux deux angles par une légère pression, on tient l'onglet soulevé et en suspension, et, quand il est dé-

____

(1) الظفرة *al-dhafarah*, *ungulah*, Avicenne, text., I, 342, et trad., 548, décrit cette maladie, et il donne une description fort détaillée de l'opération.

(2) Banqueri a rejeté en note, sans le traduire, le passage suivant : *Al-mouq* الموق singulier, et *al-maqi* المقي, c'est la partie de l'œil d'où sortent les larmes. Chaque œil a deux موقان *mouqâni*, deux angles.

venu proéminent, au-dessus de l'œil, on le coupe avec un in·
strument en fer pointu qui a la forme d'une lancette à pointe
courte. Voici la figure :

Quand la section (et l'ablation) est terminée, on lave la plaie
avec de l'eau vinaigrée, et on la tient bandée pendant trois
jours. D'après Mousa-Ibn-Naçr, s'il arrive que l'onglet s'étende
et envahisse le globe de l'œil, on l'ouvre avec l'instrument, on
le soulève en prenant bien garde d'atteindre l'organe (1) par imprudence et d'y causer quelque lésion; ce préliminaire accompli,
on opère la section (et l'ablation). On lave alors la plaie avec du
vinaigre ou de l'eau tiède, et on la tient couverte d'une bande
d'étoffe légère pendant trois jours. Ensuite on use de la préparation suivante : on prend de la litharge d'or, une once (30 gr. 52),
de la litharge d'argent et de la racine de lis, une once de chaque,
pareille quantité de miel de bonne qualité : on réduit en poudre
fine les *substances sèches*, on les passe au tamis et on les mêle
avec le miel. On frotte avec cette composition la partie malade
plusieurs fois.

La *mûre*, al-*toutah*, الثُؤْلُة, affection qui attaque l'œil. Ibn-
Abou-Hazem dit que la mûre ressemble à une *verrue* (2) qui

___

(1) المُقْلَة al-*mouqlah*, suiv. Castel : *circulus adiposus nigrum ab albo
dirimens*, que nous traduisons par globe de l'œil, parce que nous lisons
dans Avicenue أمّا العَضَل المُحَرِّكَة للمُقْلَة فَهِيَ سِتّ. Quant
aux muscles moteurs du *moqlah*, il y en a six. Or, ce mot ne peut s'expli·
quer que par globe de l'œil qui, pour se mouvoir, a six muscles à son
service. Avic., lib. I, fen. ı, pag. 40 text., et 49 trad.

(2) Avicenne décrit cette maladie sous le nom de ثُؤْبِتْ ; mais nous
pensons que c'est une faute et qu'on doit lire comme ici ثُؤْلَة *toutah* ;
en effet, dans la traduction, on lit en marge : *id est de moro*. On ne

pousse entre la paupière et la prunelle ; il en suinte une matière
purulente en abondance. Cette verrue grossit, s'étend, et elle
en arrive à envahir et à couvrir l'œil tout entier, qui parfois finit
par disparaître. Le moyen curatif est de partager cette excroissance en petits segments, puis de pratiquer la cautérisation
bien délicatement. Ensuite on applique sur la plaie les cataplasmes employés pour le traitement des plaies. Si le mal a son
siége ailleurs que sur la pupille, on prend des cendres de sa-
licorne et de la chaux en poudre fine ; on les pétrit avec de
l'eau de savon ; faisant alors à la mûre une incision (*litt.* une
blessure) qui cause un écoulement de sang, on y applique la
préparation enveloppée dans un linge. O la laisse la moitié
d'un jour ou la moitié d'une nuit.

Al-djarab, الجرب *démangeaison,* affection dartreuse qui se
porte sur les paupières des animaux (1). *Al-Açamy* dit : Le
djarab est un mal qui attaque la paupièr des animaux ; il
ressemble à une espèce de rouille qui occupe l'intérieur de la
paupière ; on le voit parfois affecter la totalité et parfois une
partie seulement. Suivant un autre, c'est une granulation rude
au toucher, qui survient à la partie intérieure de la paupière.
Elle cause du trouble dans l'œil par le frottement répété qu'elle
exerce. Quand on retourne la paupière, on la trouve rouge
(enflammée) et rude au toucher; tel est le *djarab.* On traite
cette maladie, le larmoiement et les taches blanches des yeux
par le remède suivant : on prend de la tuthie des Indes, du
myrobolan jaune, deux mitskals (7 gr. 63) de chaque; poivre
blanc, gomme arabique, de chaque un demi-mitskal 1 gr. 90 .
On pile à part chacune de ces substances, on réduit en poudre

voit point dans Avicenne ce mot قَلْب, qui n'est dans aucun dictionnaire. Nous pensons devoir lire ثَالُول *tsouloul,* verrue; or, la mûre a la
la forme d'une verrue. Avicenne dit que l'excroissance est une *chair
molle.* Lib. III, fen. III, tom. I, pag. 347.

(1) Peut-être, dit M. Goulaux, *la conjonctice granuleuse,* récemment
décrite.

fine, on passe au tamis de soie. On mêle bien toutes ces substances; on les pétrit avec de l'eau douce, et l'on obtient ainsi
une préparation bonne pour les yeux; on fait sécher à l'ombre et
ou pulvérise, pour l'employer comme collyre quand le besoin
s'en fait sentir ; l'effet en est avantageux.

Autre remède.

On prend de la pâte d'orge qu'on fait sécher ; on prend encore de la lie d'huile de sésame, du nitre. On fait ensuite bouillir le tout dans l'eau douce ; on en frotte l'œil de l'animal;
l'efficacité du résultat est confirmée par l'expérience.

Autre.

On gratte le *djarab* avec un instrument en fer de l'Inde,
propre à gratter, ayant la forme d'un petit crochet à fermer
les portes, مغلقة *miglaqah ;* après avoir retourné la paupière
selon qu'il convient, on en gratte la surface avec l'instrument.

L'*orgelet* ou *grain d'orge* الشعير في (1), affection qui attaque
la paupière de l'animal. On la traite, suivant Ibn-Abou-Hazem,
en faisant sur la paupière des fomentations avec de la cire
blanche fondue ; ensuite on prend une mouche, dont on enlève la tête, puis avec le corps on frotte l'orgelet.

Le *kalbah* (2), maladie des yeux que, suivant Ibn-Abou-Hazem, on traite ainsi : on frotte le siége du mal avec de l'huile
contenant du colcothar en poudre.

Le *rih-as-sebel* (3), maladie qui attaque les yeux et dont les

<hr>

(1) Cette maladie ne peut être confondue avec celle appelée par Aristote κριθή, qui attaque le palais du cheval. *Hist. an.*, VIII, 29.

(2) الكلبة On ne trouve nulle part ni ce mot, ni la description de la
maladie.

(3) ريح السبل *rih-as-sebel*. On trouve dans Avicenne, I, 342, et
trad., 347, la description très-détaillée du *sebel ;* Freytag en parle aussi

symptômes sont, suivant Ibn-Abou-Hazem, ceux-ci : l'animal tient un œil fermé quand l'autre reste ouvert. Souvent il y a enflure à la paupière. *Traitement :* on prend de la cadmie d'argent, du poivre noir, de la litharge, du safran, de toutes ces substances parties égales ; on les pile séparément ; on ajoute du vert-de-gris de bonne qualité ; on triture ensuite le tout ensemble jusqu'à ce qu'on ait obtenu une extrême ténuité (*litt.* qu'on ait l'état du kohol). On passe au tamis et on use de la préparation comme collyre. Si, avant d'en user ainsi, on pétrit avec du miel, le résultat sera parfait.

ARTICLE II.

Maladies qui affectent les naseaux, les lèvres, la bouche et les dents
du cheval.

L'hémorrhagie الرّحاف *ar-rouhâf ;* c'est un écoulement de sang par les narines. Ce mal est assez visible et apparent sans qu'il soit besoin d'autre diagnostic. Voici, dit Mousa-Ibn-Naçr, le remède à employer quand l'hémorrhagie se déclare dans le nez d'un animal : on prend de l'huile de sésame, de l'urine d'un enfant de dix ans, environ un rotl (366 gr. 42), on introduit ce mélange dans les naseaux du cheval ; on laisse passer la nuit sans rien lui donner ni à boire, ni à manger, et l'on obtient guérison. Le jus de la renouée (1), exprimé goutte à goutte dans le nez, est fort bon aussi.

Ibn-Abou-Hazem dit que, quand une hémorrhagie se manifeste soit par les deux narines, soit par une seule, on doit verser sur la tête de l'eau fraîche mêlée d'une certaine partie de sel.

Autre, venant des Grecs, contre l'hémorrhagie et l'épuisement

d'après la Kamous ; les symptômes généraux décrits par Avicenne se rattachent à la maladie décrite ici ; nulle part on ne voit *rih-as-sebel.*

(1) صحاح الرّاعي *ahçá-ar-ráhi.* Πολύγονον ἄρρεν, Diosc., IV. — *Polygonum sanguinaria.* Plin., XXVII, 91. — *Polygonum aviculare,* Linn.

de sang. On fait avaler à l'animal du lait de brebis et de l'huile
d'olive. — *Autre.* On prend de la farine de pois noirs, de la
graisse de cerf et du vin blanc ; on mêle le tout, et on en fait
avaler à l'animal pendant trois jours ; c'est fort utile. Quand le
sang s'échappe des parois du nez (1), affection bien manifeste
et facile à reconnaître à la simple vue, on use du remède suivant : on prend une grenouille, on la fait brûler, on en pétrit
les cendres avec de la poix liquide, et on en frotte la partie affectée.

Les écoulements purulents الفيح par les narines ; maux apparents et visibles à l'œil. On les traite, suivant les Grecs, en prenant de l'ammoniaque, du safran, parties égales ; on les triture
bien (on mêle), et on introduit dans le nez du cheval, à la dose
d'un dirhem (2 gr. 54). On continue l'emploi du procédé pendant quatre jours.

L'*humeur* ou *mucosité* الرطوبة *ar-routhoubah* qui s'écoule du
nez de l'animal, affection bien visible (morve). *Remède :* On
prend de l'ammoniaque, du safran, un dirhem (2 gr. 54) de
chaque ; on réduit en poudre ; on mêle les substances ; on en
introduit tous les jours une certaine quantité dans les narines,
après avoir fait chauffer dans l'eau tiède. On continue pendant
quatre jours.

Autre remède contre les hémorrhagies.

Quand l'hémorrhagie a lieu pendant l'hiver, on pratique une
saignée à la tempe ; mais on commence par faire des fomentations avec de l'huile d'olive chaude ; on introduit dans les narines du marc de costus mêlé de vin rouge foncé. Quelquefois
le sang s'écoule des deux narines à la fois, du rectum et des

______

(1) خيشوم et au pluriel خياشيم. Les cartilages du nez, particulièrement ceux qui séparent les narines du cerveau ; par extension, les parois
du nez.

organes sexuels (1). Le remède indiqué dans ce cas par Ibn-Abou-Hazem est de faire avaler à l'animal de la racine de guimauve en poudre, après y avoir ajouté un rotl et demi (549 gr. 65) de vin blanc doux. Si on répand du nitre sur l'eau que boit l'animal et sur l'orge qu'il mange, (on verra cesser les hémorrhagies). Celle des narines cessera (2), aussi si on verse sur la tête de l'animal de l'eau froide contenant une certaine dose de sel.

Les *dartres* ou démangeaisons الكِكَّة *al-kikkah*, qui attaquent les narines de l'animal se reconnaissent parce qu'il se gratte (souvent) la partie souffrante. Le traitement, suivant Ibn-Abou-Hazem, consiste à prendre du soufre blanc, de la moutarde, du sel, partie égale de chaque chose. On pulvérise, on passe au tamis, on mouille avec du vinaigre fort et de l'huile de bonne qualité. On frotte avec cette préparation la partie dartreuse.

Autre remède pour les dartres qui attaquent les narines, la crinière et la queue
du cheval.

On frotte avec de l'huile d'olive pendant trois jours de suite, puis on prend du soufre blanc, de la moutarde, du myrobolan jaune, en parties égales ; on réduit le tout en poudre fine : on passe au tamis, puis on délaye cette poudre dans de l'eau douce. Avec cette composition on lave la partie dartreuse des narines, de la crinière ou de la queue.

Mal qui ressemble à une *araignée* العنكبوت et qui attaque les

(1) سال ne se trouve point dans les dictionnaires avec un sens satisfaisant ; comme Banqueri, nous le traduisons par *organes sexuels*, le considérant comme emprunté au chaldéen, שׁוּרל plur. שׁוּרלים. *Verenda*, Castel, *Lex. hept.*, et alors il nous faudrait lire سُحل.

(2) Nous vons rectifié le texte qui porte يزداد *augmente*, pour lire يزال *cesse, disparaît*, en nous appuyant sur une pareille prescription, indiquée page 122, pour faire cesser l'hémorrhagie.

narines des animaux. Les symptômes consistent en une excroissance qui sort des narines et ressemble à une mûre. Elle
attaque quelquefois une narine seule, d'autres fois aussi elle
les attaque toutes deux. Il s'écoule une matière muqueuse qui
exhale une odeur fétide. L'animal maigrit, son haleine est
constamment mauvaise, il ne peut hennir. Le remède, quand
l'excroissance est visible en totalité ou en partie, est de faire
la section de la partie apparente avec un instrument bien
tranchant et de frotter la plaie avec du colcothar en poudre
et du vinaigre, plusieurs fois ; on aura bon résultat, Dieu
aidant.

Autre remède.

On prend de l'aristoloche en poudre, on la fait bouillir dans
de la lie d'huile d'olive et on frotte la plaie avec cette préparation.
Un autre *remède* consiste à racler la plaie avec une lame d'é-
tain, puis à faire usage des médicaments échauffants que nous
avons indiqués. S'il arrivait que l'araignée fût entièrement dans
la cavité du nez, il n'y aurait aucun remède.

Les *polypes* ou excroissances البواسير qui se produisent dans
les narines se présentent de la même manière que l'araignée
que nous venons de décrire; le traitement est le même.

Ulcérations ou *excoriations* السلاق *as-soulâq*. qui se manifestent dans l'intérieur de la bouche de l'animal. Suivant Ibn-
Abou-Hazem, ce mal est la conséquence d'un grand âge ; il se
présente sous deux formes. Les symptômes de la première
sont une grande chaleur circonscrite dans la bouche, de laquelle
s'exhale une odeur fétide et dont il sort de l'écume. La seconde
présente des ulcérations dans la bouche, sans mauvaise odeur
ni écume. Quelquefois l'ulcération est causée chez les animaux
par l'usage des fourrages verts (1). *Traitement* pour les ulcéra-

---

(1) Sans doute par des herbes à bords tranchants, ou par des plantes
épineuses.

tions accompagnées de chaleur et de mauvaise odeur : on prend des écorces de grenades sèches, on les pile fortement, on fait sortir la langue de l'animal ; puis, avec cette poudre et à l'aide d'un morceau de laine rude, on frictionne la langue et le palais et tout l'intérieur de la bouche. On tient la tête élevée pendant une heure, puis on rince (avec de l'eau). On continue le traitement pendant six jours, et le résultat est bon. *Traitement* des autres espèces d'ulcérations, qui sont noires : on prend des feuilles d'olivier vertes, qu'on emploie de la manière indiquée pour l'écorce de grenade.

Tumeurs الورم ou *abcès* qui attaquent les gencives des animaux. Ce mal est apparent et visible. Traitement : on prend du jus de coings une partie, miel, pareille quantité ; on mêle et on en frotte la gencive avec le mélange.

Autre.

Prenez des grenades qui ne soient pas complétement mûres ; pilez-les sans enlever l'écorce ; extrayez-en une once (30 gr. 53) de jus ; mêlez avec du verjus, deux onces (61 gr. 06), et avec ce mélange frottez plusieurs fois la gencive.

Autre.

Prenez des nœuds de bois de pin, de la graine de jusquiame et d'adiante ou cheveux de Vénus (1) avec sa partie frisée, des feuilles de platane ; on fait bouillir le tout dans du vinaigre, puis, avec le liquide obtenu, on frotte les gencives de l'animal.

(1) برسياوشان *adiantum capillus Veneris*, Linn. Ἀδίαντον, Diosc., IV, 136 et شعر الحيار ou كز برة البير, en marge de la version arabe de Dioscorides. Le premier nom est persan ; Avicenne le cite plusieurs fois. Forskahl cite l'*adiantum capillus Veneris*, Flora Arab. Ægypt., CXXV.

Douleur ou *affection douloureuse* وجع الفــم , qui se produit dans la bouche de l'animal ; elle se manifeste par les
symptômes suivants : on remarque sur la langue et dans l'intérieur de la bouche comme une substance pulvérulente. Le
traitement indiqué par Mousa-Ibn-Naçr consiste à frotter la
langue et la bouche jusqu'à ce que cette forme pulvérulente
ait disparu, puis on lave avec du vinaigre et on fait des frictions
avec du millet concassé et du sel.

Autre.

On prend de la graine de pourpier, du sandal rouge, du sucre
de canne (thebaschir), *des pétales* de roses, de chacune de ces
choses deux parties, du balaustrier une partie et demie ; on
pile fortement, on passe au tamis, on délaye dans l'eau, et
avec cette eau on lave la bouche de l'animal soir et matin.

لوقـة (1) *louqah*, mal qui se porte sur la bouche du cheval.
Le symptôme est, suivant Hippocrate le Vétérinaire, une des
deux lèvres qui se porte d'un autre côté (qui est divergente).
Le remède consiste en une cautérisation qu'on pratique sur
cette lèvre, du côté où elle se porte, afin de la faire revenir à
sa place normale. Cette cautérisation doit être légère et pratiquée avec prudence. On met ensuite en saillie la veine
blanche (2), qui est située dans la lèvre supérieure. On la soulève avec un poinçon ou quelque chose qui puisse la maintenir
et on en fait la section. Cette opération aide au retour de la
bouche à l'état normal. On traite ensuite la plaie avec les remèdes employés contre la brûlure par cautérisation, dont plus
loin nous donnerons la formule.

---

(1) لوقـة. Ce nom se trouve, dans les dictionnaires, interprété par
cremor, butyrum recens. Banqueri traduit par *espuma manteca, écume
crémeuse*. Aucun des symptômes ne fait allusion à cette écume. Cette
maladie paraît être la paralysie de la lèvre, suivant M. Goubaux.

(2) Ou tendon d'un muscle de la bouche, comme nous l'avons vu.

Les *dents* des chevaux viennent quelquefois à s'ébranler ; on y remédie en prenant de l'assa-fœtida réduite en poudre avec de l'huile ; on mêle avec du vinaigre fort. On fait ensuite tomber, par gouttes, ce mélange sur la racine des dents ; c'est profitable. On peut aussi prendre des feuilles de câprier, qu'on triture, et qu'on mêle avec du vinaigre avant d'en faire usage.

Autre.

Prenez de la graine de nigelle cultivée (*litt.* graine noire), faites bouillir dans du vinaigre et triturez jusqu'à ce que vous ayez une poudre très-fine que vous employez pour le traitement des dents.

Autre.

Prenez une noix de cyprès ; faites bouillir dans du vinaigre, réduisez en poudre, puis employez comme remède odontalgique.

As-schaghà الشغا, désordre qui survient dans la dentition. Quelquefois il arrive que les dents sont inégales, les unes étant plus longues que les autres. Le moyen rectificatif indiqué par Mousa-Ibn-Naçr, c'est de renverser l'animal sur du fumier sec, puis avec une lime on raccourcit les dents trop longues pour les ramener au niveau des autres en apportant dans l'opération beaucoup de prudence et de circonspection.

Surdent (1), c'est, dit Assemahi, une excroissance (dentaire) qui pousse à la racine de la dent, soit à la partie interne, soit à la partie externe. On remédie à ce mal, dit Mousa-Ibn-Naçr,

---

(1) رِوال *roûwal*, sing. ; رواويل *rouwaïl*, plur., *dens redundans*, Castel. Surdent qui croît soit en-dessus, soit en-dessous, c'est-à-dire à la partie interne ou à la partie externe. Banqueri traduit par *carnosita-tes*, qui ne concorde point avec ce qui suit. *Vid. sup.*, pour ces irrégularités des dents, p. 44, et not. 2, citation de Hariri.

en renversant l'animal sur du fumier sec et doux ; on saisit la
surdent et on la brise (l'arrache). A la suite, l'animal sera
nourri de son et de bouillie de pois jusqu'à ce que la plaie soit
cicatrisée.

ARTICLE III.

Maladies qui attaquent la tête ou le cou du cheval.

Parmi ces maladies est la *céphalalgie*, la *migraine* الصداع et
الشقيقة. Les symptômes qui décèlent le mal de tête, c'est qu'on
voit l'animal la tenir baissée sans qu'il puisse la relever. Les
yeux sont ternes et larmoyants ; l'animal ne peut les tenir ouverts. Il ne mange point, il se couche avec peine. Les veines
des yeux se voient injectées de sang dans la partie apparente.
Suivant un autre, quand la douleur tient toute la tête, c'est la
céphalalgie ; quand une partie seulement en est affectée, c'est
la *migraine.* On traite le mal de tête de la manière suivante,
d'après Ibn-Abou-Hazem : on fait marcher l'animal, puis on
prend un roll (366 gr. 43) (1), huit onces (244 gr. 22) de graine
de berle. poireau de Perse une botte. On fait bouillir le tout
dans l'eau, fortement. On exprime le jus, on y ajoute deux
rotls (733 gr.) d'eau claire, un rotl et demi (550 gr.) de vin et
d'huile. On fait avaler la préparation à petites gorgées.

Autre.

On prend de la céruse 12 statères (2), qu'on laisse séjourner
dans l'eau, dans un vase neuf, pendant un jour et une nuit. On

____

(1) Le nom de la plante manque.

(2) استار *istâr* ou *statère*, poids de quatre mitskals et demi, ce qui
fait ici 17 grammes 172. V. Freytag, *Lexic.*, et Casiri, I, 365.

9

décante l'eau, on écrase la céruse sur un corps solide jusqu'à ce qu'elle soit aussi douce que possible au toucher, on y mêle de la cire fondue et on triture ensemble les deux substances d'un mouvement *régulier* (1). La trituration ainsi terminée, on y mêle du miel en quantité suffisante et on effectue de nouveau le mélange. On prend ensuite avec la main même une certaine quantité d'huile d'olive dont on frotte la partie souffrante de l'animal. On use encore de cette préparation après y avoir ajouté deux rotls (738 gr.) d'eau et un roll et demi (550 gr.) d'huile d'olive; on fait bouillir et on exprime le suc (2).

Autre remède pour le mal de tête.

On prend de la graine de lin un rotl (366 gr. 43), de la graine de persil de montagne 8 onces (244 gr. 20), eau de poireau bouillie 5 onces (152 gr. 44), suc et huile d'olive 8 onces et demie (259 gr. 46). On fait avaler à l'animal cette préparation par gorgées, on lui fait prendre un peu d'exercice, on le laisse prendre un petit repos; on le fait baigner dans l'eau froide; l'animal s'en trouve rafraîchi et le mal se calme. Quelquefois la céphalalgie amène des taies sur les yeux; dans ce cas on fait tomber par goutte un mélange de miel et d'eau de fenouil; la guérison ne se fait pas attendre. (*Veter. grecs*, ch. 104, et Mss. 1038, f° 10.)

Traitement de la migraine, d'après Mousa-Ibn-Naçr.

On prend du sésame, de la fleur d'amandier à fruits doux, du girofle ; on pile le tout fortement; on introduit ce mélange trois jours de suite dans les narines de l'animal et en même temps on lui introduit dans les deux oreilles de la graisse de vache.

(1) Le texte dit un jour, ce que nous croyons être une faute.
(2) Cette fin a été signalée par Banqueri comme très-fautive ; aussi nous ne pouvons point garantir l'exactitude de notre traduction.

Autre.

On prend du gingembre, on le torréfie ; on pile, on passe au tamis de soie, on mêle avec du miel, et on emploie la préparation comme collyre.

Glandes scrofuleuses (1). Elles prennent naissance dans la région maxillaire et entre les deux ganaches (2) de l'animal. On en reconnaît l'existence par l'enflure de cette partie, à ce point que l'animal ne peut se nourrir. Les glandes, dit Ibn-Abou-Hazem, attaquent très-souvent les jeunes poulains ; elles attaquent aussi les chevaux âgés. Ce sont alors des glandes (3) consistantes et dures qui se forment entre les deux ganaches. C'est une vilaine maladie. Quelquefois il y a suppuration et écoulement de mucosité par les naseaux (4). Quelquefois elles se portent sur la gorge et alors la maladie est mortelle. si on ne s'empresse d'y porter promptement remède ; quelquefois le mal est contagieux. Le traitement indiqué par Mousa-Ibn-Naçr, c'est de prendre du fiel de bœuf, de le délayer dans de l'huile d'olive et d'en frotter plusieurs fois les ganaches de l'animal souffrant.

Cataplasme pour la même maladie.

On prend de la bouse de vache sèche, au printemps ; on la

(1) خنازير *khanazir*, *strumœ*, *scrofulœ colli*, *glandularum genus.* V. Avicenne, Text. II, 73, et Trad. II, 127. *Colli glandularum genus*, Cast.

2) خد *khad*, *gena*, *maxilla*, par suite, région maxillaire. لحى *lahy*, barbe, lieu où elle pousse, mâchoire inférieure, *ganache*. M. Caussin de Perceval, dans son Dictionn. français-arabe, traduit ganache par فكّ اسغل الفرس, mâchoire inférieure du cheval. بين لحيى entre les deux *ganaches*, l'auge.

(3) غدد *ghoudad*, au sing. غدّة *ghouddah*.

(4) C'est la morve.

brûle ; on verse sur les cendres de l'huile d'olive de bonne qualité, et on fait le mélange jusqu'à ce qu'on ait obtenu la consistance d'emplâtre ; on en garnit les ganaches et on couvre d'un linge. Plus la composition est vieille, et meilleure elle est.

Autre indiqué par Hippocrate le vétérinaire.

Prenez du pourpier avec sa racine : écrasez-le ; prenez aussi quantité égale de poireau, qu'on écrase également. Mêlez les deux choses ; appliquez le mélange sur les scrofules et elles disparaîtront, la volonté divine aidant. Il sera parlé ultérieurement du traitement des glandes scrofuleuses par incision et par extraction.

L'angine الذُّبَحَة al-dsoubahah, maladie qui attaque la gorge 1. Ibn-Abou-Hazem dit dans son livre que les symptômes de ce mal, c'est un gonflement des muscles temporaux qui les rend saillants ; la tête et les yeux sont dans un état de surexcitation. Les canaux du larynx et de l'œsophage sont crispés. La déglutition devient impossible pour les boissons et les aliments. Le traitement consiste, suivant notre auteur, à faire des frictions avec de l'eau chaude et à faire avaler à l'animal du vin et de l'huile vieille.

Autre.

On fait bouillir une pomme dans de l'eau pure, on clarifie ; après la clarification on ajoute du nitre, puis on fait avaler par l'animal ce mélange. Quand la douleur est calmée, que l'appétit est revenu, on donne pour nourriture des herbes, et, si l'animal peut aller en pâture, c'est encore plus favorable. Si la

____

(1) الذُّبَحَة *dolor ..., ..turis, angina*, angine. Cast. الخُنَاق *morbus intercipiens spiritus viam, squinantia, συνάγχη*. Avicenne les réunit en un seul article, I, 580. Cf. *Vétér. grecs*, ch. XIX, et mss. 1033, f. 57, v°.

saison ne le permet pas, on ramollit l'herbe en la mouillant
avec de l'eau douce; on projette du nitre par-dessus, puis on
donne à l'animal cette herbe ainsi préparée. Il faut user aussi
de cette préparation avec l'orge (quand on en donnera).

Autre.

Il est utile (pour combattre l'angine) de tirer du sang vers
l'origine de la mâchoire inférieure seulement. Le lendemain
(du jour où on a pratiqué la saignée), on donne pour laxatif à
l'animal de l'eau dans laquelle on a fait bouillir du concombre
d'âne (*momordica eluterium*, Linn.), qu'on lui ingurgite encore
chaude.

L'*esquinancie* (خوانيق plur., خناق sing.), affection qui attaque
la gorge de l'animal. Les symptômes de ce mal, dit Ibn-Abou-
Hazem, sont une enflure vers les ganaches ou un abcès
vers l'origine du larynx. Souvent l'esquinancie détermine
dans le cheval un écoulement par les naseaux, et souvent l'abcès s'ouvre au dehors. Cette affection attaque le plus souvent
les poulains, alors même qu'ils sont bien sains ; l'animal, après
la guérison, prend de l'embonpoint. *Traitement* : on applique
sur le siége du mal la queue *d'un mouton d'Abyssinie*, et on
frotte avec du beurre tiède. Quand l'abcès ne s'ouvre pas, on
applique alors l'emplâtre dont nous avons donné la composition, pour amener la suppuration. Quand l'abcès s'ouvre au
dehors, on emploie les dessiccatifs recommandés pour opérer la
cicatrisation des plaies. Mais si l'abcès s'amollit sans s'ouvrir,
on fait une incision avec un instrument tranchant (c'est-à-dire
qu'on pratique la *trachéotomie*.

Quand il arrive que l'animal, buvant dans une eau contenant
des *sangsues* et qu'il en avale une qui s'attache à sa gorge, on
le reconnaît parce qu'il s'écoule du gosier un sang clair, et cet
écoulement persiste tant que la sangsue reste adhérente. S'il
arrive qu'elle se porte dans l'intérieur du corps et qu'elle n'y
meure pas, la chair devient flasque et l'animal succombe. Le

moyen curatif indiqué par Ibn-Abou-Hazem est de faire bâiller l'animal et faire ressortir la langue ; si on peut apercevoir la sangsue, on la détache (en la saisissant) avec des feuilles de figuier ou un linge rude, ou bien avec des pinces de fer ou tout autre instrument de préhension analogue. Quand on peut constater qu'il s'est introduit dans l'intérieur du corps une ou plusieurs sangsues, on fait avaler de l'huile seule à l'animal ; car, du moment que la sangsue se trouve en contact avec l'huile, elle est tuée et meurt sur-le-champ. Suivant un autre, on fait avaler à l'animal du jus de l'herbe à la sangsue (1), ou de l'eau dans laquelle on a fait bouillir de l'anagallis, sans faire usage de la plante. Un procédé prudent à employer, dit Ibn-Abou-Hazem, c'est que jamais un cheval ne puisse boire de l'eau contenant des sangsues sans qu'on lui ait à l'avance adapté une musette de laine vide ; la bouche étant ainsi prémunie, l'animal pourra boire en toute sécurité. Cette musette fera l'effet d'un filtre que les sangsues ne pourront traverser. (V. Mss. 1938, f° 36.)

Les *formes* اللوز (les amandes) (2) qui se produisent à la base de la langue et à la gorge. Ibn-Abou-Hazem prescrit de prendre de l'arsenic jaune, du soufre, du poivre et du papier brûlé, de toutes ces choses, parties égales. On réduit en poudre, on verse dessus une petite quantité de vinaigre de vin, et avec cette composition on frotte les formes ; c'est fort utile.

Autre.

On prend de l'alun de l'Yémen, de l'arsenic rouge, de l'alcyon (crème de mer), parties égales ; on applique le tout en poudre sur les glandes, et on obtient guérison.

Hémorrhagie qui se manifeste à la base du palais ou qui vient du nez (3). Ibn-Abou-Hazem dit : Quand on veut brider un che-

---

(1) حشيشة العلق nommé الأنغاليس, *anagallis arvensis*, Linn., Ἀναγαλλίς, Diosc., I, 209.

(2) Voir *Chevaux du Sahara*, 172.

(3) Id., sup., pag. 122.

val et que le sang s'écoule en abondance de la base du palais
et de ses narines, on emploie le traitement suivant : on prend
une mèche de chanvre avec laquelle on pratique à la queue de
l'animal une ligature très-serrée; l'hémorrhagie cesse, Dieu aidant. D'après le même, on peut encore recourir au remède
suivant : c'est d'appliquer sur le point d'où le sang s'échappe
de la fleur de farine avec de la graine de guimauve (ketmie)
réduite en poudre très-fine, et, quand on monte à cheval, de
n'employer qu'un mors léger et mince (1), ou d'user seulement
de l'anneau gourmette jusqu'à la guérison parfaite. On lit dans
Ibn-Abou-Hazem que souvent des hémorrhagies se déclarent à
cause des plaies qui existent à la gorge de l'animal. Il s'en
échappe quelquefois une telle quantité de sang que l'animal en
meurt. Le remède à employer en ce cas, c'est de prendre de
l'arsenic, de la chaux, du colcothar, de la couperose verte, en
parties égales, de pulvériser chaque chose séparément, de faire
le mélange, et de saupoudrer avec ce mélange le siége de l'hémorrhagie; ce procédé sera bon, Dieu aidant.

Al-Dsibah الذيبة (*litt.* la louve), enflure, abcès qui se manifeste à la gorge, dans les oreilles, ou bien vers la veine jugulaire externe, et au poitrail (2). Les signes auxquels on reconnaît l'existence du mal, dit Ibn-Abou-Hazem, c'est une grosseur
qu'on voit à la gorge ou bien au poitrail et qui empêche l'animal de manger. Quelquefois l'enflure se manifeste aussi à la
verge, au fourreau et aux testicules. On voit alors l'animal
marcher lentement et péniblement. La peau devient adhérente
aux os, les chairs ont un aspect de mort, les tempes sont ridées ;
la langue est pendante hors de la bouche, l'enflure se montre
aux oreilles et aux yeux, enfin le tube de l'œsophage obstrué
ne permet plus à l'animal de se nourrir, et il meurt. *Traitement*

(1) حَجَمة الفَوارس Castel, *Lex. hept.*, traduit simplement par *frenum*,
sans indiquer son autorité. حَلَقة الحَجم, c'est l'anneau qui, chez les
Arabes, tient lieu de *gourmette*.

(2) Ce serait le charbon, suivant M. Huzard.

de l'enflure au cou et au poitrail, avant que, trop développée, elle empêche la déglutition et la nutrition. On donne à la grosseur un vigoureux coup de lancette, de manière à percer la peau qui couvre le siége du mal et à l'atteindre; ou bien on pratique une cautérisation aux alentours de l'enflure; on la couvre d'une bande après l'avoir bien garnie de sel.

Remède pour ce même mal par le même.

On prend un rat extrait du ventre d'un serpent par lequel il aura été avalé, si on peut se le procurer dans son entier; on attache ce rat sur l'animal et il revient à la santé, la volonté divine aidant. On détache de ce rat un morceau du poids d'un karat (0 gr. 212); on en frotte la langue du cheval; c'est un procédé utile confirmé par l'expérience. L'animal doit être tenu dans une écurie obscure.

Autre.

On frotte la tête et les tempes de l'animal avec du fiel de taureau après y avoir introduit... (*lacune*. On introduit dans les narines un mélange d'huile d'olive ancienne et de vin. *Autre* qui sera efficace, par la volonté de Dieu : c'est de faire bouillir ensemble des figues et du nitre dans du vin et d'introduire cette préparation dans les narines de l'animal.

Autre.

Il est encore très-utile de frotter l'animal avec un mélange de vin et de lait d'une brebis pleine. Quand l'appétit se manifeste, on nourrit l'animal de fourrage vert : si on peut l'envoyer en pâture, c'est encore meilleur; si on ne peut se procurer du fourrage vert, on mouille avec de l'eau fraîche le foin sec.

Autre.

Après que le vétérinaire a donné son coup de bistouri et qu'il est sorti assez de liquide pour mouiller la crèche et la musette, on prend du crottin d'un cheval commun, encore tout chaud, et on l'applique sur l'ouverture de la plaie. Cette application arrête l'écoulement. Il ne faut point tirer de sang, sinon à la ganache, car, si on en tirait ailleurs, ce serait fort nuisible. Il faut ensuite, quand l'état s'améliore, donner des laxatifs avec du nitre et du concombre d'âne (*momordica elaterium*, Linn.); c'est fort avantageux. Quand l'enflure se manifeste à la base des oreilles ou dans une autre partie du corps, on pratique une incision, puis on use de l'eau et du miel. Quelquefois l'enflure forme un dépôt vers la veine jugulaire; quand dans ce cas on ne peut l'atteindre pour amener l'épanchement au dehors, et qu'on est forcé de la laisser, il faut fomenter l'enflure avec du vinaigre chaud à la manière accoutumée. Quand l'humeur se porte au dehors, c'est bien, l'animal est sauvé; mais, si elle s'épanche à l'intérieur, le cas devient difficile. L'écoulement au dehors ne s'établit point parce que l'animal tient toujours sa tête relevée; la diarrhée alors survient avec violence, l'animal refuse toute nourriture, l'enflure se déclare, la peau devient rude au toucher. Quand les choses en sont arrivées à ce point et que le mal est ancien, il n'y a plus de guérison possible. Mais, s'il est récent, on peut guérir par l'emploi du remède suivant : on prend de l'encens en grains un dirhem (2 gr. 54), on le réduit en poudre, on le mêle avec du vin aromatisé, à la dose de deux rotls (739 gr. 84), on introduit le mélange dans les narines de l'animal; on prend du radis nabathéen, on le découpe en petits morceaux, on le mêle à la nourriture habituelle du cheval, pour qu'il le mange; c'est très-bon. S'il arrivait que la section de la veine jugulaire amenât un épanchement liquide, Moussa-Ibn-Naçr indique dans ce cas le remède suivant : c'est d'appliquer sur la plaie une bouillie de farine de pois et de la chaux vive. Si l'enflure s'établit, on applique une grosse queue de mouton d'Abyssinie jusqu'à ce que l'enflure ait disparu. Si on a trop de difficulté pour faire partir l'humeur lymphatique par les sueurs, il faut appliquer de la sarcocolle en poudre très-fine. S'il est difficile de le faire, on cautérise avec de la graisse de chèvre (bouillante), et on fait tomber goutte à goutte de l'encens (en fusion); si ce procédé est encore impraticable, on effectue la cautérisation avec un fer chaud.

La *surdité* est un des maux qui attaquent l'oreille du cheval. Nous avons plus haut (page 45) fait connaître les symptômes qui révèlent son existence. *Traitement* suivant Mousa-Ibn-Naçr : on prend de la vieille graisse de vache, on la fait fondre au feu et on l'introduit tiède, goutte à goutte, dans l'oreille du cheval, pendant sept jours de suite ; on emploie aussi l'huile d'amandes douces ; c'est très-avantageux.

Autre remède.

On peut utilement encore introduire de l'huile de graine de lin dans les oreilles.

Autre remède indiqué par Ibn-Abou-Hazem.

On prend de l'ellébore noir, de l'huile de térébinthe, du castoréum ; on triture le tout avec du vinaigre fort ; on introduit ce mélange par goutte dans l'oreille de l'animal.

Autre du même.

On prend du vinaigre fort, de l'huile de rose, du cumin en poudre, une certaine dose de jus du concombre sauvage (*momordica elaterium*) et du fenouil ; on fait un mélange, puis on introduit par goutte dans les oreilles ; c'est utile, Dieu aidant.

Démangeaison ou *affection dartreuse* qui attaque les oreilles

حكة بأذن. Le symptôme indicateur, c'est que le cheval agite toujours ses oreilles l'une contre l'autre. Quand on a trouvé le moyen d'appliquer un remède, c'est de prendre une poignée de sésame, deux dirhems (732 gr. 84) en poids de poussière de tessons ; on mêle les deux substances, on les pile, on en extrait l'huile par les procédés usités pour extraire l'huile de sésame. On introduit par goutte cette huile dans l'oreille, plusieurs fois par jour.

Autre.

On fait un mélange de litharge d'Arménie réduite en poudre très-fine avec du vinaigre, puis on introduit par goutte ce mélange dans l'oreille du cheval.

Autre.

Quand le traitement devient difficile, prenez un dirhem (366 gr. 42) de cantharides ; mêlez avec de l'huile d'olive, frottez-en les alentours de l'oreille, et la démangeaison s'apaisera.

Autre remède indiqué par Ibn-Abou-Hazem.

On frotte la partie dartreuse avec de l'huile de sésame ; on fait une lotion ; on prend ensuite du soufre blanc, de la moutarde, du sel, de chacune de ces substances une partie ; on réduit le tout en poudre ; on passe au tamis ; on y ajoute du vinaigre fort, de l'huile d'olive ; puis, avec cette composition, on frotte la partie qui souffre.

Autre.

On frotte la partie malade avec un mélange de couperose verte et d'huile.

La *douleur d'oreilles*, وجع في اذن on la traite, dit Mousa-Ibn-Naçr, de la même manière que la surdité accidentelle.

Le *mal du myrobolan*, اهليلجة parotide *ililadj*, affection, dit Ibn-Abou-Hazem, qui se porte sur l'oreille du cheval sous forme d'un *myrobolan*. C'est une tumeur qui s'étend et qui finit par s'ouvrir; on l'appelle *la maladie du myrobolan*. Pour traitement, on prend de la farine d'orge ; on la fait bouillir dans du vinaigre très-piquant jusqu'à ce qu'on ait obtenu la consistance d'une bouillie épaisse ; on applique cette préparation comme cataplasme, tous les jours deux fois, sur la grosseur, pour la faire mûrir, et, quand elle est adoucie et ramollie, on fait l'amputation avec un instrument tranchant, de façon à enlever les racines ; on traite ensuite la plaie de la même manière qu'on traite toutes les plaies. (Cf. *Veter. grecs*, I, 16.)

Ulcération القروح, *al-qourouh*, *fistules* الناصور, *al-naçour*, maux qui attaquent les oreilles des chevaux. Le traitement, suivant Mousa-Ibn-Naçr, consiste à introduire par goutte, dans l'oreille de l'animal souffrant, du jus d'oignon comestible.

Autre indiqué par Ibn-Abou-Hazem.

Prenez de l'estragon (1) sec, des lentilles, de la chaux vive, parties égales ; pilez le tout ; passez au tamis ; faites-en une pâte avec de la vieille graisse de vache ; garnissez-en une mèche, que vous introduisez dans la fistule ; ce procédé est souvent utile. On obtient encore un bon résultat de la cautérisation par le feu.

La *calvitie* ou la *dépilation* القرع, *al-qarah*, affection qui se porte sur le toupet et qui en fait tomber les crins. On la traite par les procédés qui font pousser les cheveux, c'est-à-

(1) Le texte porte طرخشقون ; Banqueri veut qu'on lise طرخون, qui est l'*artemisia dracunculus*, Linn., l'estragon des jardins. Cette correction est bonne.

dire en mouillant avec de l'eau fraîche à plusieurs reprises, ou bien en frottant avec de la graisse de renard. Ces deux procédés font pousser les crins en abondance ; on l'emploie pour le même cas au toupet, à la crinière et à la queue.

Autre procédé pour faire grandir les crins dans les parties indiquées plus haut, d'après le livre d'Ibn-Abou-Hazem.

On lave la plaie avec de l'urine humaine ; on prend ensuite du jus obtenu par la pression de feuilles de mauve, ou de chou, ou de guimauve ; on le mêle avec de l'huile et du vin, puis on s'en sert pour frotter la queue (épilée).

Autre.

On prend de la graisse de renard ; on en frotte la crinière et la queue, après les avoir lavées avec de l'urine humaine.

Autre du même, éprouvé.

On prend de la pulpe de la noix de cyprès ; on la pile ; on en exprime le jus, avec lequel on lave la crinière et la queue. Le même (Ibn-Abou-Hazem) indique de prendre de la graine de pourpier, de la graine de lin, parties égales, de les piler, de les faire bouillir avec du vinaigre et, avec cette préparation, de laver la queue de l'animal ; le crin alors y poussera.

Autre procédé pour faire grandir le crin sur les endroits indiqués.

On fait bouillir de la bette blanche (poirée) dans de l'eau douce, et avec cette décoction on lave les parties indiquées. Ensuite on frotte avec de l'huile de sésame, on reprend la lotion avec la décoction de bette, on répète l'opération plusieurs fois et on obtient un bon résultat. Nous indiquerons vers la fin du chapitre les procédés pour faire pousser les crins sur les parties qui ont été brûlées, Dieu aidant.

Article IV.

Affections et maladies qui attaquent le corps du cheval (en général) et certains membres en particulier.

Écorchure ﺣﺮﻙ *harak* ou lésion, qui survient accidentellement au garrot, au dos, aux épaules ou à la région lombaire du cheval, par suite de blessure et de frottement causés par la selle ou par toute autre cause. Le mal est visible par lui-même et sans qu'il soit besoin d'autre diagnostic. On traite par l'application de cataplasmes et autres moyens de médication indiqués pour ces sortes de blessures, dont nous donnerons ultérieurement la formule vers la fin de ce chapitre. Les plaies de ce genre les plus dangereuses pour l'animal sont celles du garrot. Il arrive que les os, ou une partie seulement, sont brisés et qu'ils apparaissent à découvert. Il ne reste, dans ce cas, qu'une partie des os, raccourcie, d'où résulte une difformité, et l'animal a même de la peine à se remettre, à cause de l'ulcération ; car, si la chair se reforme, elle est gâtée et corrompue. On peut tenter de traiter l'animal en enlevant avec le scalpel la chair gâtée ; mais le garrot est tout déformé et si, par hasard, on obtient quelque guérison, l'animal reste contrefait sans que jamais un retour à un état parfait soit possible. Il n'y a, dit Ibn-Abou-Hazem, aucun remède pour ce cas, sinon de rendre la selle et le bât plus doux ou de faire quelque chose d'analogue. Mais, si le frottement continuel et la pression ont attaqué l'os, il n'y a aucun moyen de guérison. A ce genre de mauvais mal il faut rattacher la *mauvaise odeur*, la fracture de l'os du tronçon de la queue et la bouche toujours béante de l'animal, maux qui ne laissent aucun espoir de guérison.

La *louvette*, qui se manifeste au poitrail ; il a été parlé des signes symptomatiques et des moyens curatifs, plus haut (p. 135), où il est question de cette affection survenant à la gorge ou bien aux ganaches de l'animal.

La *maladie de foie*, وجع الكبد (*litt., douleur du foie*). Elle se reconnaît, dit Ibn-Abou-Hazem, aux symptômes suivants : on voit l'animal se flairer et se tourner du côté douloureux, c'est-à-dire du côté droit ; il devient brûlant, la bouche se gerce, la langue devient rude au toucher et l'enflure se manifeste. Quand l'animal se vautre, il se frotte sur le côté souffrant; l'hypocondre droit enfle parfois, et l'haleine est fétide. Ibn-Abou-Hazem indique le traitement suivant : on fait marcher au petit pas et doucement le cheval malade, pendant assez longtemps, sans le monter. On fait des frictions sur le corps avec un mélange d'huile et de vin. La boisson doit être de l'eau tiède mêlée d'une certaine dose de nitre. On lui ingurgite du vin dans lequel on a fait bouillir du pouillot (*Teucrium polium*, Linn.) ; on lui en fait aussi aspirer par les narines pendant sept jours. (*Vid.* Mss. 1038, f° 18 v°, 19 r°.)

Autre injection par les narines.

Prenez de la racine de réglisse que vous divisez en morceaux et que vous faites bouillir dans l'eau. Ajoutez pareille quantité de vin ; faites le mélange, puis faites-en aspirer par l'animal pendant sept jours de suite, à la dose d'un rotl, huit onces (460 gr. 66) par jour. La nourriture devra, jusqu'à guérison, consister en orge mouillée.

Autre injection par les narines.

On prend du miel, un rotl (366 gr. 43) ; du nitre, demi-rotl (183 gr. 21) ; du vin blanc, dix onces (320 gr. 54) ; on réunit le tout ensemble ; on introduit ce mélange dans les narines de l'animal pendant cinq jours de suite. Si la guérison ne s'ensuit point, on tirera du sang de la veine *saphène*. Si ce traitement reste sans effet, on appliquera le fer sur la troisième des côtes du flanc droit et la guérison viendra. La nourriture devra consister en herbe verte et la boisson sera de l'eau, dans laquelle on aura fait bouillir de l'absinthe.

Douleur du cœur, cardialgie القلب وجع. Quand un animal
en est atteint, on le reconnaît, dit Ibn-Abou-Hazem, parce que, les
pieds de devant s'entre-choquant, l'animal tombe sur son nez et
ses genoux ; s'il se relève, il se porte vers les murailles pour s'appuyer. Il entre en sueur, qui paraît surtout à l'aisselle droite.
Tantôt il laisse tomber sa tête et tantôt il la relève. En marchant, l'animal pose ses pieds sur le sol comme celui qui est
fatigué d'une longue route, ou bien comme le fait un âne. La
verge est flasque ; il étire ses pieds ; souvent il y a difficulté d'u-
riner, ou l'urine n'arrive que par gouttes. (Mss. 1038, f° 19, v°).

Suivant Aristote (*H. an.*, VIII, 24, 29), la cardialgie est mortelle chez le cheval. On la traite, suivant le philosophe grec,
en prenant une certaine dose d'absinthe en poudre et passée
au crible, des fèves, du miel, quatre onces (122 gr. 10) ; du
nitre, trois onces (91 gr. 60) ; on verse dessus de l'eau, trois
rotls (1 kil. 100) ; du vinaigre, un rotl et huit onces et demie
(545 gr. 92) ; on ingurgite ce breuvage à l'animal ; on le couvre
d'une couverture, on le fait promener tous les trois jours une
fois, et on lui donne pour nourriture du *batsel* frais (1). Le meilleur est celui qui est vert. Si on n'obtient pas de guérison avec
ce traitement, on tire du sang de la veine saphène, des deux
pieds de devant, de .... et de ceux de derrière, et la guérison
devra suivre, Dieu aidant.

Autre.

On prend des baies de laurier, de l'encens ; on pulvérise,
on fait aspirer par l'animal, après mélange, avec du vin aromatisé. On fait avaler la préparation suivante : on prend de
l'encens, six onces (182 gr. 17) ; du miel épais, cinq onces
(152 gr. 64) ; de la myrrhe, trois onces (151 gr. 58) ; on réduit
en poudre l'encens et la myrrhe ; on mêle avec le miel ; on fait
bouillir et on fait avaler tout chaud par l'animal, qu'on tient

____

(1) بطل, nom indéterminé. Le mss. loc. cit. lit نيل, *indigofera tinctoria*.

dans un endroit chaud, ayant sur lui une couverture. On étend
sous lui quelques plantes aromatiques. Il ne faut point tirer de
sang, car, si on le faisait, le ventre se refroidirait et l'animal
périrait. Quand on craint l'invasion de cette maladie, il faut
donner à l'animal une nourriture sèche et jamais d'aliments
verts. Si pendant l'hiver on allume à proximité un feu de bois,
clair et sans fumée, c'est fort utile (Mss. 1038, f° 20, r°).

La *douleur de la rate* وجع الطحال. Mousa-Ibn-Naçr dit que quand
un animal en est attaqué, on le reconnaît aux symptômes suivants : le ventre enfle, le plus habituellement du côté gauche ;
la respiration est pénible quand l'animal marche. Ibn-Abou-
Hazem dit précisément la même chose. Il en est qui disent que
la respiration et les mouvements sont faibles et lents, que l'a-
nimal marche ou non. Abou-Obéid veut que le cheval soit
privé de rate (Cf. mss. 1048, f° 20, r°.)

Traitement, d'après Mousa-Ibn-Naçr.

Prenez du jus d'aigremoine, une once (30 gr. 52) ; ajoutez
du vinaigre qui aura bouilli ; faites avaler à l'animal ce mélange.

Autre.

Prenez des branches de tamarisc ; pilez et faites bouillir dans
l'eau jusqu'à réduction de moitié ; décantez la partie limpide ;
ajoutez de l'huile d'olive, du vinaigre et du vin · faites avaler
au cheval ce mélange.

Autre formule d'après Ibn-Abou-Hazem.

Prenez du jus de noix de ben (1), dix onces (305 gr. 28) ;
mêlez du vinaigre et de l'eau à la dose d'un rotl et huit onces

____

(1) بان, *glans unguentaria, guilandina moringa*. Linn. Ben oléi-
fère. Le mss. 1038, f° 20, v°, donne pareille recette.

11

et demie (545 gr. 92) ; faites avaler par le cheval ce mélange. Si vous n'avez pas de noix de ben sous la main, prenez du bois de tamarisc ; faites bouillir dans l'eau jusqu'à réduction de moitié ; clarifiez ensuite, mêlez avec du vinaigre et faites avaler la préparation par l'animal. Faites aussi des frictions avec du vin et de l'huile sur le siége du mal, c'est très-utile.

Autre prescription pour la douleur de rate quand il y a de la gêne dans la respiration.

Prenez de la racine de câprier ; triturez jusqu'à réduction au tiers du volume, puis faites avaler par l'animal.

Douleur ou inflammation des reins وجع الكليتين. Quand un animal en est frappé, on le reconnaît, dit Ibn-Abou-Hazem, aux signes suivants : lorsqu'il marche, il traîne péniblement ses pieds de derrière ; il les pose en frappant la terre ; dans sa marche il cherche à s'appuyer contre les murailles. Il émet difficilement une urine de couleur de sang et épaisse. Suivant Mousa-Ibn-Naçr, quand le cavalier veut lancer le cheval, il fait entendre un bruit comme celui qui se produit dans le gargarisme. La marche est vacillante et incertaine ; l'urine est comme du sang. Le traitement indiqué par Mousa-Ibn-Naçr consiste à prendre de la berle (*siùm*) et du poivre en parties égales. On les pile ; on verse dessus de la lie de vin. On fait bouillir vivement, puis on fait avaler par l'animal cette préparation et la douleur se calme ; s'il en arrive autrement, il faut appliquer le feu sur le sommet des deux cuisses, douze pointes (*litt.* brûlures), puis on guérit les plaies de la cautérisation avec les remèdes qui seront ultérieurement indiqués, Dieu aidant. (Cf. mss. 1038, f° 20 et 21.)

Inflammation et délabrement de l'estomac. Quand ces cas se présentent, l'animal marche la tête baissée ; la verge et les testicules sont enflés ; il perd l'appétit (*litt.* il est empéché de manger) ; tels sont les symptômes indiqués par Ibn-Abou-Hazem.

Traitement d'un estomac délabré.

On prend du mastic (1), deux parties; jus de menthe, une partie; du jus de plantain, autant qu'il est nécessaire; on étend avec de l'eau et on fait avaler à l'animal cette préparation. Si on n'a point de résultat, on prend des graines de térébinthe, une partie; du poivre blanc, une partie; on réduit en poudre et on fait avaler à l'animal la préparation délayée dans l'eau. Il faut aussi examiner l'urine. Si celle rendue par l'animal est de la couleur du safran, il y a changement (avantageux) (2); si elle ne se montre pas à son état normal, il y a danger de mort. Le traitement doit durer trois à quatre jours.

Autre formule pour le même mal.

On prend des roses pilées, deux parties; amandes de pin, trois parties. On pile complétement; on ajoute du miel de bonne qualité; on introduit de l'eau douce, puis on fait avaler par l'animal, qui en éprouve du soulagement, Dieu aidant.

Le *poumon*, chez les animaux, est exposé à diverses maladies, comme la *déchirure* et la corruption purulente (3). Ibn-Abou-Hazem dit : les maladies qui attaquent le poumon des animaux dérivent de diverses causes. De ce nombre sont l'im-

(1) Résine du lentisque, *pistacia lentiscus*, Linn.

(2) Nous différons de Banqueri, car le mot اقلب, *vertere*, *convertere*, nous semble indiquer une modification à l'état fâcheux dont il va être parlé.

(3) البثل et الغسد sont appliqués par Avicenne à d'autres affections que celle du poumon; il les applique aux contusions et aux fractures; t. II, text., 85, lit. On les trouve, dans la traduction, rendus par *contusio* et *attritio*; trad., II, 149. Pour nous البثل, qui signifie pro-

puosité de la course (1), le saut d'une muraille ou d'un fossé.
Le plus souvent le mal est causé par une longue course faite
par contrainte et avec répugnance. Quelquefois il provient
d'une soif violente, ou de la poussière avalée dans le chemin,
et ces causes déterminent chez l'animal une maladie aiguë du
poumon (*litt.*, déchirure). Quand l'animal est souffrant et que
le mal est à son début, on l'appelle *hetaka du poumon, pneumonie aiguë*. Il faut alors se presser de recourir au traitement;
car, si on y apporte de la négligence, il y a accumulation des
matières et, par suite, le pus se forme (2). Le mode de traitement de la première période *hetaka* diffère du traitement de
la seconde à l'état purulent. Ces sortes de maladies ont bien
plus de gravité au printemps. Les signes indicateurs de la purulence en général (ou de la phthisie) sont l'affaiblissement de
l'animal, une toux si violente qu'on est porté à croire qu'il a
avalé un os. La mucosité des narines est froide; l'animal
cherche toujours à se flairer. Il absorbe beaucoup d'eau, mais
refuse toute nourriture; la respiration est faible; il cherche à
se mordre vers le côté. A la suite des expirations, on trouve
une eau qu'on pourrait croire la cause de la toux; il rend
fréquemment des matières abondantes, qui parfois sont semblables à ces caillots purulents qui se montrent à l'extérieur
des ulcères, et qui sont (aussi) le résultat de l'ulcération du

prement *lacération*, indique ici la *pneumonie aiguë*; c'est le λύσσημα des
Grecs, et النهش, *dissolution, corruption de la chair*, et que nous propo-
sons de remplacer par النضج, l'action de devenir purulent, passer à
l'état de قيح, qui est un de ceux qui se manifestent dans les maladies
du poumon. Avic., text., I, 405 et trad., I, 636, *Vétérin. grecs*, l. vi, 6
et 7. C'est à tort que Banqueri a lu النخس, qui ne donne aucun sens.

(1) خوف, nous prenons ici ce mot dans le sens d'*impetus*, comme
le mot syriaque ܪܗܛܐ. Cast. C'est en effet le seul sens logiquement
admissible.

(2) Comme dans le rhume, qui devient *pleurésie* et même *phthisie*.

poumon. Quand la bouche opère l'aspiration, les flancs se di-
latent (outre mesure). Le regard est languissant. Quelquefois
l'animal mâche (négligemment) la nourriture (placée devant lui);
il exhale une odeur fétide. La pneumonie aiguë (*hitak*) se reconnaît parce que la respiration est pénible et qu'elle s'échappe
péniblement de la poitrine.

Traitement de la pneumonie aiguë.

Ibn-Abou-Hazem dit que, quand on a bien constaté l'existence du mal, il faut tirer du sang des deux *saphènes*, dans
le voisinage du jarret; c'est un procédé profitable, Dieu aidant.

Breuvage pour la pneumonie aiguë, du même.

On fait un mélange de lait de chèvre et d'eau d'orge bouillie,
et on le fait avaler par l'animal. Si on prend de l'eau de lupin
pour la mêler au lait, il n'y a aucun inconvénient. On suit ce
régime pendant sept jours. En hiver, on fait boire à l'animal
de l'eau battue avec de la farine de froment; dans l'été, on la
mêle et on la bat avec de la farine d'orge. Par ce procédé, l'ulcération du poumon se cicatrise.

Autre traitement pour la pneumonie aiguë.

On prend une certaine quantité de gesse; on fait tremper
dans l'eau un jour et une nuit; on lave bien; on fait sécher et
réduire en farine, qu'on fait avaler à l'animal avec du vin foncé
en couleur, de bonne qualité, et de l'eau chaude, les deux liquides étant bien proportionnés. Au bout d'une longue heure, on
recommence à donner la boisson, mais en usant de douceur;
on tient l'animal dans un lieu aéré et avec une couverture sur
lui. Il faut donner pour boisson de l'eau tiède, dans laquelle
on aura fait bouillir des gesses. Il est encore utile d'user d'eau

blanche faite avec de la farine d'orge ou de millet, et sur laquelle on aura projeté une certaine quantité de nitre. On donne pour nourriture de l'orge en vert saupoudrée de nitre. On traite encore de la même manière l'animal attaqué d'inflammation dans le tube du poumon. Il est encore très-utile, pour ces deux maladies, de prendre du vin et de l'huile d'olive, d'en arroser l'animal en les projetant avec la bouche, puis de frictionner vigoureusement en sens inverse du poil (à rebrousse-poil). Il faut faire avaler à l'animal attaqué de pneumonie du vinaigre tiède, ou bien de l'urine d'enfant, mêlés de graisse de porc ; ce sera efficace, Dieu aidant.

Symptômes de l'*inflammation* du poumon, وجع الرية (*litt.*, douleur du poumon). Symptômes : on voit l'animal mâcher la nourriture qui est devant lui et la rejeter de sa bouche, qui exhale une odeur fétide ; le regard est fauve et égaré. *Traitement* : on prend des baies de laurier sèches, de la résine de térébinthe, volume égal à celui de deux fèves ; du miel, quatre rotls (1 kil. 465, 44) ; on délaye avec du vinaigre, puis on introduit cette préparation dans les narines. Si après cette opération on voit rendre une urine sanguinolente pareille à du pus, prenez un mitskal (3 gr. 81) d'alun ; nitre, pareille quantité ; eau miellée, quantité nécessaire ; faites avaler de cette boisson à l'animal pendant trois jours ; faites prendre ensuite de l'eau miellée seule, et donnez pour nourriture du foin sec.

Quand *le poumon est purulent* et que l'animal rejette par la bouche quelque chose qui ressemble à des caillots, par suite de l'ulcération du poumon, on use du breuvage suivant : on fait un mélange d'eau de pourpier avec de l'huile de rose ; on en fait avaler à l'animal pendant six ou sept jours de suite, puis on fait avaler de la gomme adragant (1) en poudre qu'on

---

(1) كثيراء, *gomme adragant*, τραγάχουθα, Diosc., III, 23. *Tragacontha*, Plin., XIII, 36, qui s'écoule, suivant les uns, de l'*astragalus creticus*, Linn., et suiv. La Billardière, de l'*astragale gummifère*. V. Avic., I, **191, rit.**

aura fait dissoudre dans du vin doux et du lait. Si ce dernier manque, on le remplace par de l'eau d'orge ou de l'eau de lupin. Si, en même temps qu'il y a ulcération du poumon, il s'exhale des naseaux de l'animal une odeur fétide, faites avaler pendant sept jours la préparation dont voici la composition : on prend du costus, deux onces (61 gr. 04) ; écorce de casse (1), quatre onces (122 gr. 08) ; on réduit en poudre fine; puis, après qu'on a passé au tamis fin, on fait avaler à l'animal avec du lait, ou bien après avoir mêlé avec une infusion de raisin sec. On laisse en repos l'animal, qui ne doit pas faire d'autres mouvements que pour prendre un exercice modéré ; il se trouvera bien de ce traitement.

Maladie de la vessie (*litt.* douleur de la vessie), وجع مثانة. Cette maladie se reconnaît, dit Aristote, parce que l'animal n'a plus la force d'uriner et que quand il marche il traîne le pied et (tire) la jambe (2). Suivant un autre, cette affection, qui est nommée difficulté d'uriner, *ischurie*, عسر البول, *ahsr-al-boul*, est une véritable rétention d'urine qui survient aux animaux. Il survient aussi au cheval une autre maladie connue sous le nom d'*ousr-al-boul*, اسر البول, *suppression d'urine*. Ibn-Abou-Hazem dit que ce mal se présente sous plusieurs formes ou espèces. L'animal urine avec difficulté ou seulement goutte à goutte. c'est ce qui constitue *ahsr-al-boul*. ou bien il ne peut pas uriner du tout, c'est *ousr-al-boul*. *Traitement :* prendre de l'huile d'olive, en frotter l'animal en commençant au-dessus des reins jusqu'à la naissance de la queue. On verse sur la partie de l'animal frottée d'huile de l'eau chaude, peu à peu. On doit tenir l'animal dans un lieu chaud, où le vent ni la lumière ne puissent pénétrer. Soyez en observation attentive

---

(1) سنابل, *casse*, *cassia fistula*, Linn., fruit du caneficier. *Laurus cassia*, suiv. Sprengel, Kazaïz, Diosc., L. 12.

(2) Aristote dit que le cheval est sujet à un *déplacement de vessie* qui se reconnaît à l'impossibilité d'uriner ; dans cet état, le cheval *traîne* la hanche et tire le pied. Arist., *Hist. anim.*, VIII, 24, 29.

jusqu'à ce que vous voyiez la verge se détendre pour émettre de l'urine. Quand les choses en sont là, on introduit dans les narines un roll et huit onces et demie (545 gr. 92) de vin doux, et incontinent l'urine s'épanche, la volonté divine aidant. Si la rétention d'urine continue toujours, prenez de la graine ou de la racine d'asperge, ou l'asperge même ; triturez, faites bouillir et faites avaler avec du vin doux et un peu d'huile d'olive ; faites-en aussi aspirer une petite quantité par les narines.

Autre remède du même.

Prenez opoponax (1), une partie ou un peu moins ; pilez avec du vin doux et un peu d'huile ; faites avaler cette préparation par l'animal.

Autre.

Prenez un quart de costus, du jus de chou ; ajoutez de l'huile d'olive, quatre parties ; du vin doux, une partie. Mêlez bien le tout ensemble ; faites aspirer par l'animal cette composition par la narine gauche ; c'est très-profitable.

Autre.

Faire manger à l'animal du concombre vert sans y ajouter de l'orge.

Traitement de l'animal dont l'urine ne peut s'échapper que par gouttes, تقطير البول d'après Mousa-Ibn-Naçr.

Prenez du galanga en poudre, un roll (366 gr. 43) : mettez

(1) الجاوشير, opoponax. *Pastinaca opoponax*, Linn. Ἡράκλειον ἐξ οὗ ὁ ὀπόπαναξ, *panaces heracleum ex quo opoponax colligitur*, Diosc., III, 33

cette poudre dans un vase propre ; versez dessus quantité suffisante de jus de raisin non mûr (verjus) ; faites bouillir jusqu'à réduction des deux tiers, de façon qu'il en reste un. Prenez une mine de *khadhrâ* (pin à pignon) (1) ; pilez vivement ;
mêlez avec ce qui précède et faites-en boire à l'animal pendant
trois jours.

Autre pour la *rétention* d'urine et la *constipation*, d'après un autre.

Prenez un roseau (2) ou un tube. dans lequel vous introduisez du sel fin en dissolution dans de l'huile douce ; introduisez
dans l'anus de l'animal ; répétez l'opération deux ou trois fois ;
il y aura relâchement dans les deux organes ; l'expérience a
démontré l'utilité du procédé.

Autre pour la rétention d'urine d'un animal.

Arrachez des poireaux avec les racines ; prenez-en une poignée ; écrasez-la bien ; exprimez-en le jus ; ajoutez-y un
qosth (3) de vin et faites aspirer la quantité d'une once (30 gr.
52) par l'animal par sa narine droite. Montez-le ; faites-le
marcher et puis courir beaucoup; c'est très-utile.

(1) الخضراء وهو قضم قريش. *Al-khadrâ* qui est le pin des *Qoreschites.*
V. t. I, p. 284, text., et 263, trad. منا μνᾶ, poids grec qui vaut
436 gr. 30.

(2) قصيبة. Les dictionnaires arabes traduisent ce mot par *caudela* ;
mais on trouve en chaldéen קנדיל, qui est aussi traduit par *calamus.*
Cast., *Lexic. hept.* Cette dernière interprétation est la seule qui concorde avec le sens logique.

(3) قسط, sorte de mesure qui, suivant Freytag, d'après Golius, et
suivant Castel, serait la moitié, *semissis*, du *sahah* صاع; or ce dernier
vaut, d'après M. Vasquez Queipo, 2 lit. 754; le *qosth* vaudrait
1 lit. 377, qui serait l'équivalent du كيلجة *kiladjah.* Banqueri traduit
par *ho'ella.*

Autre pour le même mal.

Prenez du vin de bonne qualité, un rotl (366 gr. 43), pareille quantité d'eau chaude ; mêlez et faites aspirer à l'animal par la narine gauche.

Autre pour la rétention d'urine.

Prenez de la graine de radis comestible ; pilez-la et versez dessus du vin, puis faites aspirer par l'animal.

Autre.

Prenez de la fiente de pigeon ; faites bouillir dans l'eau ; décantez la partie liquide, que vous administrerez à l'animal en lavement ; l'expérience a prouvé l'utilité du procédé. Il est même avantageux pour les hommes et. dans ce cas, la dose de la colombine doit être d'une once (30 gr. 52) environ.

Il arrive aussi que l'*émission* de l'urine est plus abondante que d'habitude ; on le reconnaît quand l'animal urine à chaque parasange (5 kilom. environ) une fois ou deux. On prend de l'alun qu'on pile fortement ; on délaye dans un mélange de vinaigre et de vin et on fait avaler le tout à l'animal. Si ce remède reste sans effet, ajoutez à la nourriture de la graine de persil, et la guérison viendra, Dieu aidant.

Constriction du ventre حصر البطن (constipation). C'est la difficulté, chez l'homme, de rendre ses excréments, et chez les animaux, leur crottin. Suivant Aristote, le symptôme de ce mal c'est que l'extrémité postérieure se contracte de telle façon que les deux côtés de cette partie postérieure semblent adhérer l'un à l'autre. Les *coliques* ou *tranchées* القولبي sont encore un mal qui attaque les chevaux. On les reconnaît aux signes suivants : il y a difficulté de rendre les excréments ; l'animal est aussi toujours en mouvement ; il frappe le sol des pieds de devant, et ceux de derrière s'entre-choquent ; l'animal se roule et il sue abondamment (Arist., *Hist. anim.*, VIII, 24, 29). *Traitement* des coliques et des tranchées, d'après Ibn-Abou-Hazem : boisson pour ces maladies : prendre du sagepène d'Ispahan, dix dirhems (25 gr. 45), qu'on met dans trois rotls (1 kil. 039, 3) d'eau chaude ; puis on fait avaler par l'animal ; c'est profitable, Dieu aidant (V. mss. 1038, ch. XIII, f° 49).

Lavement pour le même cas.

Prenez neuf statères (154 gr. 54) de myrobolans jaunes dégagés de leurs noyaux, raisin sec et racine de lis, trois statères (51 gr. 51) de chacune de ces deux choses ; mêlez ; faites bouillir dans quinze rotls (5 kil. 500) d'eau jusqu'à réduction à six rotls (2 kil. 198) ; on décante, puis on administre en lavement à l'animal, à l'aurore, au chant du coq. Ne donnez aucune nourriture qu'après qu'il s'est écoulé cinq heures de jour ; faites faire une promenade au petit pas et à la longe. Ce remède est employé avec succès pour les bêtes de somme et les animaux des espèces ovine et bovine. (V. *loc. cit.*)

Les chevaux sont, suivant les Grecs, exposés à des *tranchées* (ou *coliques violentes*) (1). L'animal laisse tomber sa tête ; les poils de la tête et du poitrail sont hérissés et rudes ; le ventre enfle ; les déjections alvines exhalent une odeur fétide. L'urine est trouble, épaisse, prenant une teinte blanche ; les pieds s'entre-croisent et l'animal ne peut marcher. Suivant Hippocrate le

---

(1) المغل, *al-maghal.* Ce mot est traduit dans tous les dictionnaires par « douleurs d'intestins causées parce que l'animal a mangé de la « terre avec les herbes. » Ce mot est constamment accompagné de والخام que supprime Banqueri, et qui, pris de la racine خم, est interprété par *chair putréfiée, crudum phlegma;* est-ce un spécificatif tiré de l'haleine fétide? Voir le manuscrit 1038, f. 49, chap. 13.

vétérinaire, cette douleur intestinale (maghal) est déterminée par des spasmes ou constrictions. Suivant un autre, les tranchées sont indiquées parce que l'animal ne peut manger, par un froid général du corps et par des matières qui s'écoulent des narines. *Traitement* : si, en examinant la partie interne de la langue, on remarque une veine gonflée d'un sang très-noir, il faut la percer avec une aiguille rude, faire une incision légère, puis, introduisant le doigt ou quelque chose d'analogue, faire sortir tout le sang noir contenu dans cette veine. L'effet est certain et confirmé par l'expérience.

D'après Ibn-Obeïd, les coliques et les tranchées sont des maux auxquels le cheval est sujet. Elles produisent des symptômes apparents sur la région ombilicale. Parmi les symptômes, on observe encore ceux-ci dans le cheval pris de tranchées : les hypocondres se contractent l'un vers l'autre (*litt.* s'attachent) ; l'animal éprouve une soif brûlante dont il souffre beaucoup ; on lui donne de l'eau fraîche en abondance jusqu'à satiété ; on le fait ensuite courir pour ramener la souplesse dans les pieds et faire reprendre aux lombes leur état normal.

Autre pour les tranchées.

Prenez sept grains de poivre, réduisez-les en poudre, que vous mettez dans l'eau, et administrez à l'animal en lavement.

Autre.

Prenez ellébore noir, trois dirhems (7 gr. 63) en hiver et deux (5 gr. 10) en été ; coupez-les en menus morceaux, que vous faites manger à l'animal avec son orge, et, si vous voulez un effet immédiat, faites boire de l'eau.

Autre.

Prenez quatre rotls (1 kil. 465, 74) de dattes, une poignée de fenugrec, un rotl (366 gr. 43) de beurre ; faites bouillir les dattes et le fenugrec dans l'eau, après les avoir écrasés ; introduisez-y le beurre et faites avaler par l'animal.

Autre remède contre les tranchées, d'après Hippocrate le vétérinaire.

Prenez un petit poulet, de l'eau chaude et du cumin ; coupez la gorge du poulet ; fendez-le immédiatement ; extrayez les intestins lestement pendant que l'oiseau est encore chaud ; réunissez-les au cumin et à l'eau chaude, ajoutant aussi une certaine quantité d'huile d'olive ; ouvrez la bouche de l'animal ; introduisez-y le tout jusque vers le gosier pour le forcer à l'avaler ; donnez à la suite une certaine quantité d'huile et l'animal guérira (1).

Autre pour les tranchées

Prenez les épices employées comme assaisonnement ; écrasez-les dans de l'eau chaude après les avoir bien lavées ; faites boire cette eau à l'animal ; il s'en trouvera bien. Si un homme attaqué du même mal en boit, il en éprouvera aussi du soulagement.

Autre pour le même mal, d'après le livre de Kastos.

Prenez dix dirhems (25 gr. 450) de myrrhe, sept dirhems (17, 810) de salpêtre ; pilez, passez au tamis, introduisez dans

(1) Nous avons, comme Banqueri, supprimé un passage où il est parlé de l'application du feu d'une façon qui est peu intelligible.

un *dourouq* (1) de vin qu'on administre en lavement. On détrempe de la terre avec de l'urine humaine, puis, avec cette terre molle, on enduit le ventre de l'animal. (V. mss., 1938, *loc. cit.*)

La maladie (dite) *al-maghaç* (2), est une de celles qui attaquent les animaux. Les symptômes révélateurs de ce mal sont, dit Ibn-Abou-Hazem, que l'animal laisse tomber son cou nonchalamment ; ses articulations se crispent ; il éprouve des frissons ; sa bouche est écumante. Ibn-Abou-Hazem indique le traitement suivant pour les douleurs du *maghaç*, pour la constipation, et pour le cas où l'animal, sans défectuosité apparente dans ses molaires, rend parmi ses crottins l'orge intacte et telle qu'il l'a avalée. Ce remède consiste à introduire dans le rectum de l'animal une boulette ovoïde composée d'une préparation au miel (3) et de scammonée, et alors le ventre ramolli (se détendra). On introduit dans la narine gauche un mélange de ju de chou, de vin, de miel et d'huile d'olive. Le vin sera à la dose d'un mitskal (3 gr. 81), et l'huile à celle d'un quart de rotl (31 gr. 10), et celle du jus de chou sera de cinq onces (132 gr. 64).

Quand l'animal est agité de *mouvements inquiets* القلق *al-qalaq*, à cause de douleurs internes et qu'il se roule souvent, il faut prendre une once (30 gr. 52) de graine de lin, pareille quantité d'opoponax, une petite portion de corne de cerf ; on mêle le tout avec du miel et de l'eau dans laquelle aura bouilli de la menthe et des sommités de branches de laurier ; on fait

---

(1) دورق, suivant Castel, *Lexic. heptag.*, *quatre livres de* Bagdad, poids babylonien, ou bien une amphore pourvue d'une anse.

(2) مغص, *maghaç*. *tormina, torsio et dolor intestinorum*, c'est-à-dire une colique accompagnée de douleurs des plus violentes ; c'est l'équivalent des *tormina* des Latins et στρόφοι des Grecs. Cf. Avic., I, 129, 42, et Diosc., I, 21. text. et trad., peut-être les *tranchées rouges* ?

(3) ناطف, *nâthif*. Avicenne en donne la composition. C'est un composé d'amandes douces, de miel, d'anis et de safran (carthame), I, 245, 21.

avaler à l'animal cette boisson. Cette maladie peut déterminer la difficulté d'uriner ; on fait alors avaler aussi de l'huile douce qui se prépare dans l'île de Crète ; puis on fait courir l'animal, qui s'en trouve bien.

L'enflure du ventre النفخ فى البطن, *le gonflement* والورم, *la météorisation* الريح, *la colique rouge,* الحمرة, *la suppression des déjections alvines et urinaires,* امتناع من الروث والبول *les tranchées aiguës* التقطيع, *la flatulence* زياحة, sont autant d'accidents qui attaquent les animaux. Diagnose d'après Ibn-Abou-Hazem : on voit l'animal tomber brusquement par terre, tourner sa tête et son cou vers les flancs. Les symptômes des tranchées et de la météorisation sont l'enflure de l'abdomen, une sueur abondante qui coule de toutes les parties du corps. L'animal se couche et se relève souvent; les déjections alvines et les urines ne se font pas. L'enflure du ventre est causée par la nourriture, qui n'est point assez humectée par la boisson. Les symptômes du gonflement du ventre sont que les crottins émis sont secs ou très-peu humides ; la vésicule du fiel se gonfle (1). *Traitement* pour ces cas : on prend du jus de concombre sauvage (*momordica elaterium*), dix onces (304 gr. 28) ; vin et huile, deux rotls et demi (916 gr. 10) ; on mêle les substances, qu'on administre à l'animal en lavement. Il faut aussi pratiquer une saignée sous la queue, à quatre doigts de l'anus. Un des moyens curatifs encore à employer contre l'enflure et le gonflement, c'est d'appliquer le feu depuis la naissance de la queue jusqu'à son extrémité, dans huit places différentes. On pratique d'abord cette application au front ; puis on fait les brûlures deux par deux à l'entour de la queue. On enferme ensuite l'animal dans une écurie sombre où la lumière ne pénètre point. On donne pour nourriture des fourrages verts jusqu'à guérison. (Cf. mss. 1038, ch. xvii, fᵒ 52.)

(1) Le texte est précis ; mais, dit M. Goubaux, le cheval n'a pas de fiel. Le mss. 1038, fᵒ 18, rᵒ, dit دبر l'anus.

Lavement et breuvage pour le gonflement, l'enflure, la météorisation, les *tranchées rouges*, la constipation et la rétention
d'urine, d'après Ibn-Abou-Hazem. On prend dix rotls
(3 kil. 664 gr. 36) d'eau douce; on y mêle deux rotls (732 gr. 87)
de vin vieux; on prend ensuite un rotl (366, 43) de graisse de
porc (axonge), assa-fœtida en poudre, un dirhem (2 gr. 44);
on mêle le tout ensemble et on l'administre en lavement à l'a-
nimal. On prend ensuite du jus de coriandre verte, environ un
rotl et demi (549, 65); on clarifie, puis on fait avaler à l'animal.
On supprime toute nourriture jusqu'à ce qu'on voie revenir les
déjections alvines.

La *maladie de la vache* داء البقر (diarrhée). Relâchement
du ventre chez l'animal; il est connu sous ce nom de *maladie de la vache*. Les symptômes indiqués par Ibn-Abou-Hazem
consistent dans l'émission de déjections alvines, liquides
comme de l'eau, contenant peu de matière consistante, lorsque le mal n'a point pour cause l'invasion à la gorge de la
maladie de la *louve*. Le traitement à employer consiste à
prendre de l'orge, qu'on fait macérer dans du vinaigre; on y
ajoute ensuite une forte dose de sumac, de la farine de froment,
des feuilles de nerprun (faux lyciet) écrasées, qu'on pétrit avec
une bouillie d'orge. On fait avaler cette préparation par l'a-
nimal malade. Il est aussi fort avantageux de prendre des
feuilles de ronce vertes, de les broyer et de les répandre sur
l'eau qui est donnée pour boisson. Ibn-Abou-Hazem dit : suivant moi, le cas est très-grave; il est très-difficile d'en guérir
l'animal qui en est atteint. Suivant un autre, quand une diarrhée violente attaque un animal, il faut lui faire manger, jusqu'à guérison complète, de l'orge en vert après l'avoir fait
bouillir.

Il est certains animaux chez lesquels la *verge* et les *testicules*
sont exposés à divers maux dont nous allons exposer les symptômes et les traitements. L'*enflure* et l'*ulcération* (1) الحسج,

____

(1) الحسج, qui se traduit dans tous les dictionnaires par *excoriation*.

as-sahdj, qui atteignent la verge du cheval quand il couvre une jument qui en est atteinte à la vulve حِيَاْئٍ. *Traitement* : on applique un cataplasme, composé d'huile de rose, de colocasie et de graisse, avec lequel on enveloppe l'organe malade jusqu'à guérison complète.

L'*altération* الْفَسَد qui survient à la verge du cheval présente les symptômes suivants, d'après Abou-Ibn-Hazem. Le pénis du cheval devient excorié par l'ulcération qui dérive du حلق *halq*, maladie qui affecte la vulve *ferdj* فرج dans la jument, et qui a une apparence dartreuse ; quand un cheval couvre cette jument, elle lui communique son mal. Lui-même, l'étalon, qui est affecté du *halq*, le transmet à la jument saine qu'il a couverte ; mais on peut guérir cette maladie.

Traitement.

On lave la verge du cheval avec de l'eau fraîche, de l'huile d'olive et de l'huile de sésame. On répète l'opération plusieurs fois. Si la guérison n'a point lieu, on fait saillir par le malade une jument saine dont les organes sexuels ne soient affectés d'aucun mal, et celui qu'a le cheval passe à la jument ; quant à lui, il guérit, Dieu aidant.

Il arrive aussi que la verge et les testicules soient affectés d'enflure. Le traitement indiqué par Ibn-Abou-Hazem consiste à prendre du cumin, de la farine de fève, du raisin sec dont on a enlevé tous les pepins ; de chaque chose on prend une once (30 gr. 52), de la résine de térébinthe et de l'encens, cinq mitskals (19 gr. 10) ; on pulvérise ; on mêle ; on ajoute une partie de miel, pareille quantité d'huile d'olive ou d'huile de rose. Avec cette préparation, on frotte plusieurs fois l'organe malade ; c'est efficace. Si l'enflure est excessive, on commence par frotter avec de l'huile d'olive chaude. Quelquefois le pénis

ne peut être entendu ici d'une simple *excoriation*, mais d'une *ulcération* qui ronge la peau et que lui aurait communiquée la jument.

et le scrotum (1) se gonflent et les testicules enflent. Le mal, dans ce cas, est apparent de lui-même. Le traitement indiqué par Ibn-Abou-Hazem consiste à introduire l'animal dans un courant rapide d'eau froide, assez profond pour que l'eau baigne l'organe souffrant ; on répète ce bain plusieurs fois.

Formule de cataplasme pour ce même mal.

On prend de la graisse de taureau, de la cire, du nitre en poudre ; on mêle ces choses qu'on expose au feu jusqu'à ce que la fusion et le mélange soient complets. On verse alors dans l'eau froide ; si c'est de l'eau de mer, c'est exactement la même chose ; on emploie cette préparation pour la médication.

Autre.

On prend une aiguille fine ; on l'enfonce dans l'extrémité du pénis, puis on lave la piqûre avec du vinaigre (2). On peut encore prendre des orties pour en frapper l'organe malade.

Il survient aussi un ramollissement dans les testicules. On le traite en prenant de l'huile de rose et de l'huile d'olive à la dose de trois rotls (1 kil. 099, 3) ; on mêle et on fait avaler par l'animal.

Autre formule pour ce ramollissement, d'après Ibn-Abou-Hazem.

On prend de l'orge et du sel blanc, une partie de chaque ;

(1) غرمول, *ghourmoul*, est particulièrement le *veretrum equinum*, plus haut, page 595 texte, et 135 trad. ; on ne peut traduire autrement ; mais ici nous inclinons à traduire par *scrotum*, en considérant ce mot d'origine étrangère à l'arabe, comme l'analogue de עָרְלָה, *ahrlah præputium*, et nous lirions قضيبة وغرمول, *la verge et le scrotum prennent de la grosseur et les testicules enflent.* C'est le seul moyen d'obtenir un sens logique, à notre avis.

(2) C'est un traitement par l'*acupuncture*.

on pile et on fait le mélange en ajoutant du miel, du vin aromatisé et du papier brûlé ; on fait avaler le tout par l'animal. On frotte les testicules ; on a bon résultat, Dieu aidant.

Autre.

Faire avaler par l'animal tous les jours un mélange de graisse, de vinaigre et de suc de dattes, à la dose de trois rotls (1 kil. 099, 3).

Il arrive aussi que la *verge du cheval reste pendante* en dehors du fourreau sans que l'animal puisse la faire rentrer. *Traitement* suivant Ibn-Abou-Hazem : on fait avec avantage prendre un bain dans un courant rapide, assez profond pour que l'eau atteigne la verge. Quelques personnes renversent le cheval sur le dos dans un lieu (non raboteux), bien uni, le tiennent les pieds en l'air et frottent la verge avec du cérat *qirouthi* (1), de la graisse de porc et du nitre en poudre. On verse sur l'organe de l'eau fraîche en abondance ; si on emploie de l'eau de mer, c'est meilleur encore et plus énergique pour l'effet. On peut encore mettre du sel dans l'eau douce. Quant à nous, nous piquons la verge avec une aiguille fine et nous versons dessus du vinaigre fort. Nous obtenons ainsi un bon résultat (2).

On voit quelquefois se produire sur la verge du cheval des *verrues* بَوَاسِير. Les symptômes du mal sont, suivant Ibn-Abou-Hazem, un gonflement de la verge sur laquelle se montrent les verrues. On les guérit avec toute espèce de graisse agissant comme fondant. D'après les Grecs et autres, on traite en prenant du crin de la queue de l'animal, avec lequel on pratique une ligature très-serrée sur les verrues, à la base. On laisse les choses en cet état pendant quinze jours ;

(1) قِيرُوطِي. Ce mot, qui ne se trouve nulle part, est la transcription du mot grec Κηρωτή, *Ceratum*, cérat. Vid. Vet. grecs. I. 48. et mss. 1038, fo 26, recto.

(2) C'est encore ici une *acupuncture*. Cette affection, la verge pendante, se trouve page 558 texte et 97 trad.

ensuite on fait passer sur ces verrues une fumigation avec de la *sarcocolle*, et les verrues se détachent et tombent d'elles-mêmes, Dieu aidant. Ibn-Abou-Hazem donne cette autre formule de traitement pour toutes les verrues, quelle que soit la partie du corps où elles soient posées. On prend de l'écorce de pin, cinq dirhems (12 gr. 720) ; on pile et on fait bouillir dans l'eau mêlée de vin et on use de la préparation avec avantage.

On voit aussi se produire sur le pénis des *tubercules* حر *hirr*. Elles se montrent, dit Ibn-Abou-Hazem, sous forme d'excroissances charnues sur la verge ; on les guérit en frottant l'organe avec de l'huile et du sel et répandant par-dessus les préparations indiquées pour combattre les tumeurs ; alors elles disparaissent, sinon on les attaque avec les remèdes indiqués pour les crevasses qui attaquent le paturon.

Il survient quelquefois à la matrice رحم, *rahm*, des juments une maladie qui se présente (à l'extérieur) comme une démangeaison et une dartre ; les caractères sont visibles par eux-mêmes ; il s'exhale en outre de l'organe des miasmes délétères et empoisonnés. Si un cheval sain vient à saillir une jument dans cet état, le mal se communique à son organe sexuel, qui s'enfle et devient ulcéré. Une jument dans cet état ne peut concevoir avant une guérison complète. *Traitement* d'après le même auteur : on prend de l'huile de rose, de la céruse en poudre, une petite quantité de vinaigre de vin fort, ou du jus de feuilles de saule vertes, ou de l'eau contenant des feuilles de saule et un peu de fenugrec. On administre ce mélange en injection dans la matrice.

Il arrive aussi que le *fœtus meurt* dans le sein de la mère. Mousa-Ibn-Naçr prescrit, dans ce cas, de réduire de l'arsenic rouge, *réalgar*, en poudre fine. On délaye cette poudre dans l'eau ; on imprègne de ce mélange un flocon de coton qu'on introduit dans la matrice, et alors le fœtus mort est expulsé, Dieu aidant.

Il arrive encore qu'il se produit *des vers* dans l'intérieur du corps de l'animal. Les symptômes indicateurs de la présence de ces vers, c'est que l'animal se frotte constamment la queue contre les murailles. Quelquefois on en voit qui viennent se montrer au dehors à diverses reprises. Le *traitement* consiste à faire évacuer l'animal à l'aide des médicaments laxatifs et de faire prendre des breuvages composés d'opoponax et de vin. On prend aussi de la menthe de montagne, qu'on pile et à laquelle on mêle de la graine de coton et du sel ; puis on répand ce mélange sur les fourrages dont on nourrit l'animal.

Il se montre aussi à l'anus et à la queue des *démangeaisons*. Les symptômes indicateurs sont que l'animal cherche toujours à frotter sa queue contre les murailles ou toute autre chose à sa proximité. Le *traitement*, dans ce cas, dit Mousa-Ibn-Naçr, consiste à prendre de la (graine de) nigelle, de la réduire en poudre et la pétrir avec du vinaigre ; puis de laver avec de l'eau la queue et l'ouverture du rectum de l'animal, et on applique comme emplâtre la même préparation. On reste sept jours sans laver, puis on reprend l'opération, qu'on réitère à trois reprises différentes pendant vingt et un jours (c'est-à-dire tous les sept jours) ; on obtient un bon résultat, Dieu aidant. Suivant Hippocrate le Vétérinaire, on guérit la démangeaison qui se montre à la queue des animaux en appliquant le feu à la veine de la queue, qui est située à deux doigts de distance de la naissance de la queue. Les fumigations, ajoute cet auteur, sont également efficaces.

Les Grecs indiquent aussi comme moyen curatif pour les démangeaisons qui se manifestent à la queue et à l'anus عراقة (1) de frotter les endroits affectés avec de l'huile récente de sésame, pendant trois jours de suite.

Autre.

On prend du soufre blanc, du sel et de la moutarde, parties

(1) Mss. 1038, f° 52, ch. xvii, lit. comme plus bas شرف, *juba equi*.

égales ; on les pile ; on passe au crible ; on délaye avec de
'eau et de l'huile, puis on frotte les parties dartreuses.

Autre.

Prenez de l'aristoloche sèche ; pilez jusqu'à ce qu'elle soit
amenée à l'état de kohol ; passez au crible ; délayez avec de
l'huile et de l'eau et frottez les parties atteintes de la démangeaison.

Autre

Prenez couperose pilée ; délayez avec de l'huile d'olive ; faites bouillir jusqu'à ce que le mélange, devenu tout noir, ait la
consistance du naphte ; avec cette préparation frottez la queue
et l'anus, et vous aurez bon résultat, Dieu aidant. (Mss. 1038,
ch. XVII.)

Il arrive que, par suite du frottement contre les murs que la
démangeaison provoque chez le cheval, le crin de la queue
soit usé et que ce qu'il en reste ressemble à des soies de
porc (1). On remédie à cet état de choses, suivant Ibn-Abou-
Hazem, en nettoyant bien la totalité du crin de la queue qui
est dans cet état. On pratique ensuite sur la partie inférieure du
tronçon de la queue une incision (longitudinale) de la longueur
d'un demi-schabre (0 m. 115). On fait ensuite une lotion avec
de l'eau, dans laquelle on a fait bouillir des figues. On remplit
la fente de sel fin. On laisse les choses en cet état pendant la
journée ; puis, le lendemain matin, on fait une nouvelle lotion
avec la décoction de figues ; on frotte avec du fiel de taureau ;
on répète plusieurs fois l'opération avec succès.

Autre formule du même.

Après avoir nettoyé (les parties dénudées), lavez avec du

____

(1) *Litt.*, comme des *piquants*, *aculei* الأسل, semblables aux soies
de porc.

nitre dissous dans l'eau tiède ; faites ensuite dissoudre de l'asa fœtida dans du vinaigre fort, puis employez-le en frictions ; c'est très-profitable.

ARTICLE V.

Maladies et accidents qui surviennent aux pieds des animaux, au paturon, au sabot, affections qui se portent sur une partie à l'exclusion de toute autre.

De ce nombre sont les *amandes* لوزة, *louzah*, ou formes (javarts), qui se produisent sur le bord du sabot. Mousa-Ibn-Naçr dit que ces excroissances ressemblent à deux amandes qui se montrent au bord de la corne du sabot (en contact avec la couronne). Mousa-Ibn-Naçr dit que cette maladie se traite de la même manière que le *dakhas* (*inf.*, pag. 181), l'ulcère rongeur et le chancre, qui attaquent le sabot du cheval.

Mousa-Ibn-Naçr dit que ce *chancre rongeur* أكلة (1) commence à se montrer à la partie antérieure du sabot ; il le ronge et le creuse ; enfin il le fait tomber en poussière comme du son. Le traitement à suivre, c'est d'attaquer le mal, soit avec un clou, soit avec une pointe de fer rougie au feu ; on prend ensuite de l'arsenic *oxydé* noir et du vert-de-gris pulvérisé, qu'on fait chauffer dans du goudron. On verse la préparation sur la partie du sabot qui est en décomposition, là où est le siége du mal ; ensuite on garnit avec du coton trempé dans la préparation qui précède. On répète l'opération pendant trois jours de suite. On applique et on fixe par une ligature une queue de mouton sur la couronne, et la plaie se guérit. Plus loin, nous donnerons le mode de traitement de ces chancres qui attaquent le corps.

(1) Le *crapaud* des vétérinaires modernes

Le *namlah* (1) est aussi une maladie qui attaque le sabot
du cheval. C'est, dit Ibn-Qotaïba, une fissure du sabot à la
face externe (analogue à la *seime*). Cette fissure, dit Mousa-
Ibn-Naçr, part de la couronne et va longitudinalement jusqu'à
a pince ou extrémité du sabot. Suivant Ibn-Abou-Hazem, c'est
une fissure et une cavité (ulcère caverneux) qui attaquent la
partie antérieure du sabot. Les ânes sont surtout sujets à ce
mal (2). Il attaque les animaux dont le sabot est de mauvaise
nature et sec. Quand il atteint la couronne, il s'établit une
suppuration d'où sort une matière purulente qui fait gâter le
sabot à son origine ; souvent la corne tombe, et jamais il n'en
repousse une autre pareille à la première, à cause de l'altération (organique) qui s'est fixée dans la partie affectée ; il est
extrêmement difficile de guérir ce mal ; mais la corne, en se
détachant, emporte le mal avec elle. Le traitement indiqué par
Mousa-Ibn-Naçr est de prendre de la *lak* (3), de l'huile d'olive,
de la poix, de faire fondre le tout ensemble (et de l'appliquer)
sur la fente. Ensuite on opère sur l'origine de cette fissure en
contact avec la couronne, en y appliquant le feu en le prolon-
geant jusqu'à l'extrémité. On fixe ensuite par-dessus une queue
de mouton avec une ligature, de façon qu'elle s'adapte exactement sur la plaie, et la guérison arrive.

Autre remède indiqué par Hippocrate le Vétérinaire.

Prenez du raisin de renard (morelle noire), du persil, du vi-

(1) النملة, al-namlah, *fissura ungulæ equinæ ab ora ad circum
nascentes crines*, telle est la traduction donnée par Castel, *Lex. hept.*
C'est évidemment, dit M. Goubaux, la *seime en pince.* Le *çadha* qui
vient plus loin serait la *seime quarte* ou en quartier, qui se fait toujours
remarquer sur le côté interne du sabot.

(2) Ainsi que le mulet, disent les vétérinaires grecs. Apsyrte, *Medic.
veterin.*, c. 82.

(3) اللك *al lak*, la laque. Avicenne en parle comme étant une
gomme fournie par une herbe. Elle a de l'analogie avec la myrrhe, elle

naigre, de l'huile d'olive ; pilez vivement la morelle et le persil ; faites du tout un mélange avec lequel vous frotterez plusieurs fois la partie qui est attaquée du *namlah.*

Autre.

Prenez de la poix ou du bitume, de la résine de pin en poudre et de la graisse ; mettez le tout ensemble dans un vase neuf ; exposez au feu jusqu'à fusion complète. Employez la composition à frotter la plaie. Répétez l'opération plusieurs fois et la guérison viendra. La cautérisation à froid (1) est encore utile.

Al-schaïtah, الشيطة (*litt. la combustion*), quand elle attaque le sabot du cheval, prend aussi le nom de *namlah.* Hippocrate le Vétérinaire dit que cette maladie ressemble, pour sa nature, au *namlah,* mais qu'elle a de moindres proportions. C'est un mal très-grave pour le sabot de l'animal. On le traite en pratiquant sur l'extrémité (*litt.* la tête) de la fissure une cautérisation avec un mélange de poix et de graisse en fusion ; ensuite..... on répète l'opération plusieurs fois et l'animal obtient guérison, Dieu aidant (2).

La *gerçure* الصدع (*al-çadha*), *seimes,* est encore une affection qui attaque le sabot du cheval. Ibn-Abou-Hazem dit dans son livre que la corne (*litt.* l'écorce) du sabot du pied antérieur de l'animal se fend longitudinalement à l'intérieur et que parfois la fente se montre au dehors, qu'elle est alors plus large et

exhale une bonne odeur ; quelques médecins modernes la confondaient avec le succin. Cette confusion se comprend parce qu'on associait la laque au karabé. Ainselie parle de la laque comme étant très-usitée en médecine par les Arabes. V. Avic., I, 189; Ainsel., *Mat. mad. indica.* I, 18, et *Dict. hist. nat.;* Déterville, v° *Laque.*

(1) Celle qui se fait avec des substances corrosives, comme la pierre infernale.

(2) Banqueri n'a pas traduit ce passage.

qu'il en suinte du sang quand l'animal est en marche. Les
seimes se produisent toujours sur les côtés de la corne du sabot. On ne les voit pas souvent aux pieds de derrière, mais
plus fréquemment aux pieds de devant. Ce mal dérive d'un sabot de mauvaise nature, des exhalaisons des fumiers et de ce
que la corne, trop rarement graissée, est trop sèche (*litt.* par le
peu d'huile). Souvent aussi il arrive que le sabot du cheval,
dans ces mauvaises conditions, venant à porter sur une pierre
ou sur une inégalité de terrain, se trouve dans une fausse position qui le fait fendre. La trop grande quantité d'orge (qu'on
aura donnée à l'animal), jointe aux mauvaises conditions dont
il vient d'être parlé plus haut, *peuvent déterminer des seimes.*
On traite les seimes par la cautérisation, au moyen d'un mélange de goudron, de naphte et de cantharides (1) (appliqué
tout chaud). *En note est un passage inintelligible.*

Autre fortifiant.

On prend de la litharge, une partie; grande chélidoine (2),
une partie; une certaine quantité de cire blanche; on réduit
la litharge en poudre fine autant que possible; on triture de
même la grande chélidoine; on prend ensuite de la cire, gros
comme la moitié d'une noisette; on fait chauffer avec de l'huile
de rose pure dans un vase de fer; on introduit alors deux
dirhems (5.08) de cette litharge dans le liquide. On entretient
dessous un feu doux jusqu'à cuisson parfaite; alors on introduit
un demi-dirhem (1 gr. 27) de litharge et de la chélidoine en pou-

____

(1) Banqueri, après avoir traduit par cantharides, veut corriger le
mot du texte ذراييـ *dseraridj,* pour lire دراريـ *deraridj, francolin,*
qui vraiment ne donne pas de sens. V. note, pag. 630, text.

(2) Le texte porte عروق *racine,* sans détermination. Nous ajoutons
الصباغين comme déterminatif et nous traduisons par *grande chéli-*
doine, souvent prescrite par les vétérinaires.

dre. On fait bouillir, ayant soin de remuer avec un bâton. On peut, si on le veut, augmenter la dose de poudre de chélidoine et continuer à remuer jusqu'à ce que le tout ait acquis la consistance de la résine. Avec cette préparation on remplit l'ouverture de la seime. Quand elle est desséchée et refroidie sur le sabot, elle s'y fixe et elle y reste adhérente.

Autre.

On pratique une cautérisation toutes les trente nuits jusqu'à ce que la corne du sabot soit tombée. Il y a des personnes qui appliquent au sabot une sorte de soque (talonnière) qui est fixée avec de la colle forte. D'autres rendent le sabot concave et le font séjourner dans le fumier. Pour moi, *je déclare* n'avoir jamais pratiqué aucun de ces deux procédés.

Le *dessolement* حفا, c'est encore un de ces accidents qui se portent sur le sabot du cheval; le sabot se brise et s'use par le frottement sur le sol. Le mal est reconnaissable à la simple vue, sans qu'il soit besoin de chercher d'autres symptômes indicateurs. Suivant Ibn-Abou-Hazem, cet accident est causé parce que le fer, s'étant détaché, le cheval a continué à marcher sur un sol dur (et durci), et alors la corne s'est usée jusqu'à la fourchette.

Remède contre le dessolement.

On fait bouillir dans de l'eau des pieds de guimauve et de mauve, et avec cette eau on fait des fomentations sur les pieds de l'animal jusqu'à ce que la condition de la corne soit modifiée et qu'elle ait perdu sa sécheresse et repris de la consistance vers la partie inférieure, où était le siége de la maladie. On prend de la vieille graisse, de l'ail pilé; on fait fondre la graisse; on y mêle l'ail; on applique la préparation sur la partie inférieure du sabot, où on la fixe solidement par une peau qui la retient en place. Si on est en hiver, il y aura du feu allumé à la proximité de l'animal, ou bien on amassera une couche de crottin sec sous ses pieds. Cet animal devra rester neuf jours sans bouger ; il prendra sa nourriture et il boira sans déplacement. Ce traitement sera efficace, Dieu aidant. On peut encore recourir à l'application des substances suivantes : de l'huile, de la graisse, de la poix, de l'ail pilé, ou bien du goudron et une queue de mouton. Cette composition est préparée et appliquée de la manière qui suit : on opère le mélange de toutes les substances au moyen de la trituration ; dans cet état on les étend sur une peau souple qu'on applique sur la partie inférieure du sabot, où on la retient fixée par une ligature. L'emplâtre enlevé, on continue le traitement en frottant avec de l'huile d'amande amère et très-chaude. Nous avons déjà parlé de ce remède.

Altération du sabot, فساد الحافر. Ibn-Abou-Hazem dit que ce mal vient de ce que l'animal est resté trop longtemps les pieds sur ses fumiers et ses urines et que, par suite, la corne s'est détériorée, ramollie, et que la pourriture l'a attaquée. On traite le mal par l'application du goudron et d'une queue de mouton. Voici comme on procède : on prend du goudron qu'on fait chauffer ; on prend ensuite la queue de mouton, qu'on tient avec des pinces ; on l'enveloppe avec un linge auquel on met le feu ; on l'expose au feu, puis on la plonge dans le goudron liquide, qu'on fait tomber par gouttes sur le sabot du cheval, par lequel il est absorbé. Ce procédé est salutaire (1). Ensuite on frotte la corne avec de l'huile d'amande amère chaude et bouillante. On répète ce traitement plusieurs fois et l'on obtient un bon résultat, comme le prouve l'expérience.

---

(1) Les explications du texte ne sont pas très-nettes. Pareil procédé est indiqué plus bas, p. 180, trad.; il nous a servi à compléter cette description. Ne semblerait-il pas que l'immersion dans le goudron dût se faire avant d'enflammer le linge ?

Autre remède.

On prend de la graisse, de l'huile d'olive, de la poix, de l'ail pilé ; on effectue le mélange des substances par la trituration. On étend cette préparation sur un morceau de peau souple (et douce) ; on l'applique sur la partie inférieure du sabot où on la tient fixée par une ligature.

Autre.

Prenez du concombre sauvage ; écrasez-le et faites-le cuire dans l'eau ; mouillez avec cette eau le sabot du cheval.

Douleur de la couronne du sabot. On reconnaît la présence de ce mal en ce que, si vous maniez le crin de la couronne, vous y trouvez de la chaleur et si vous exercez de la pression, vous appelez la douleur, et l'animal lève son pied. Le remède, suivant Ibn-Abou-Hazem, consiste à faire fondre de la graisse, à la verser tiède sur le siége du mal et à l'envelopper d'une queue de mouton.

Autre.

On applique le feu, puis on pose un emplâtre de cantharides et de goudron tout chaud, qui reste pendant trois jours ; pendant trois autres jours on usera du goudron froid. On frotte ensuite d'huile ; on fait marcher à la longe et on obtient bon résultat.

Démangeaison au sabot et à son origine. Ibn-Abou-Hazem indique pour la démangeaison au sabot le traitement suivant: on lave le pied de l'animal avec de l'eau d'olive, après au préalable l'avoir lavé avec de l'eau dans laquelle aura bouilli de l'herbe à la soude (*salsola alkali*, Linn.). On prend ensuite des figues tombées de l'arbre avant leur maturité. On les fait macérer dans du vinaigre de vin pendant trois jours, de façon que le fruit imbibé soit ramolli et renflé. On les triture ensuite pour les amener à l'état de cataplasme mou. On lave le pied du cheval dans ce qui est resté du vinaigre dans lequel ont macéré les figues. Alors on applique ces figues ainsi pilées comme cataplasme. Si la démangeaison est à l'origine du sabot, on lave avec de l'urine d'enfant la partie affectée. On prend ensuite deux parties de cendre, miel, une partie. On pile vivement; on effectue le mélange, qu'on applique sur la partie malade; on aura un résultat avantageux (Cf. mss. 1036, ch. xxx, f° 61.)

Autre.

Prenez des feuilles de laurier rose, de l'ail sec, de la moutarde; pilez vivement toutes ces choses; faites bouillir à forte ébullition. On applique ensuite cette préparation sur la partie affectée; sans doute elle suffira; mais, s'il en était autrement, on frotterait avec avantage cette partie malade avec de la vieille huile (rance). *Traitement* de la démangeaison de l'intérieur du sabot (sur les parties charnues ou pulpeuses). Kastos dit, dans son livre, que, pour ce cas, on mêle du son de froment avec du sel; on les pétrit avec du vinaigre; on en fait une pâte, qu'on applique sur le sabot de l'animal. On répète plusieurs fois l'application du remède.

La *mûre sur le sabot*, affection cancéreuse qui se montre vers le milieu interne du sabot (1), duquel s'écoule un liquide sanguinolent. Il pousse une excroissance charnue qui se montre au dehors et qui enfle beaucoup. C'est une mauvaise maladie qu'il est très-difficile de guérir. *Traitement :* il y a, dit Ibn-Abou-Hazem, des personnes qui croient devoir recourir à l'ex-

____

(1) التوتة فى الحافر, *al-toutah fi'l-hâfir* ; c'est sans doute, dit M. Huzard, le *crapaud* des auteurs français.

cision, puis cautériser par l'application du feu. On applique comme moyen protecteur une couche de goudron qui reste plusieurs jours. Ensuite on use de ces remèdes desséchants dont nous avons donné la composition pour cette maladie et autres ulcères ou maux qui peuvent se produire. Il en est qui disent que la cautérisation n'est pas nécessaire, qu'il faut faire l'excision, râcler la place et répandre par-dessus du colcothar. C'est toujours à ce mode de traitement qu'il faut recourir , car il amène la guérison, Dieu aidant. C'est aussi celui qui me paraît le meilleur.

Lésions (1) causées aux pieds antérieurs et postérieurs des animaux. On les reconnaît parce que, lorsque l'animal marche, il ne pose que l'extrémité du pied sur le sol, et parce qu'en même temps il se développe de la chaleur dans le sabot. Ce mal est causé par des fragments de pierre ou corps durs analogues, sur lesquels aura porté la fourchette du sabot en posant le pied, qui perd son assiette et éprouve un mouvement qui le fait se déjeter. Ibn-Abou-Hazem dit qu'un signe auquel on reconnaît l'existence de cette lésion, c'est que l'animal ne pose pas son pied d'aplomb, comme le prouve l'empreinte (qui n'est pas régulièrement formée). Ibn-Abou-Hazem indique le traitement suivant : on gratte la partie inférieure du pied (la sole) jusqu'à provoquer l'apparition du sang ou d'une matière liquide ou aqueuse. Quand on a provoqué la sortie de toutes ces choses, on fait une lotion avec un mélange d'eau, de sel et de vinaigre ; on prend de l'oignon et de l'ail qu'on pile ensemble avec de la graisse ; puis on applique cette préparation sur la plaie ; l'ail devra dominer ; c'est très-bon. Si le mal est dans la couronne ou quelque part au-dessus du sabot, on emploiera le traitement suivant : on prend de la bouse de vache récente, de la cendre d'origan de montagne passée au tamis. On fait un mélange de ces substances avec du vinaigre fort et du sel ; on

_____

(1) الرهصة, *ar-rahaçah.* C'est la *bleime*, suivant M. Goubaux.

applique cette préparation comme emplâtre sur la partie qui souffre. On a soin d'ajouter de l'huile d'olive en quantité suffisante. Cet emplâtre dissout les humeurs. Le lendemain, on fait fondre de la graisse de francolin (1), qu'on verse sur la cavité de la plaie. Quand il y a absence de lésion, on use des remèdes émollients. Quand ces lésions se sont produites à plusieurs des pieds des animaux, on ne leur donne ni fourrage ni boisson usuelle ; et on leur fait avaler du vinaigre qui ne soit point acide en excès, mais simplement aigre, selon la quantité que l'animal pourra absorber. On y mêlera du sang de renard. On fait sur la tête des frictions avec du castoréum, et la guérison arrive.

Autre remède.

Quand, après avoir examiné avec soin le pied du cheval, on n'a découvert aucune trace de lésion, on prend du son de froment et des gousses d'ail ; on met le tout dans un chaudron avec de l'eau ; on fait bouillir. Puis on dispose cette décoction sur un morceau d'étoffe et on l'applique toute chaude sur le pied de l'animal, où elle produira l'effet d'une fomentation qui appellera l'humeur vers le sabot. Alors le mal étant devenu apparent, on pratique une incision par laquelle s'écoulera l'humeur accumulée. Puis on applique sur la plaie un tampon de filasse de lin, trempé, pour le premier jour, dans du sel et de l'huile d'olive ; le second jour on trempe dans du vinaigre. On répand sur le sabot de la couperose (encre de cordonnier) en poudre ; on fixe par-dessus le tampon de filasse, et le résultat est bon, Dieu aidant.

Mousa-Ibn-Naçr dit : si vous pouvez obtenir la guérison de la lésion du sabot en donnant à l'humeur passage par la partie

---

(1)Le texte dit bien الدراريج ; mais ne faut-il pas الخنازير, de *porc*, c'est-à-dire de l'axonge ?

inférieure du pied, c'est très-avantageux. Si on se trouve dans l'impossibilité de le faire, il faut tenir appliquée à la partie inférieure du sabot une queue de mouton, jusqu'à ce que le mal soit arrivé à maturité. On prépare ensuite, pour être appliqué sur le sabot, le remède suivant : on prend de la graine de coriandre, ou du son et du vinaigre ; on pose sur le feu et on pousse jusqu'à ébullition. On étend en cataplasme sur un linge qu'on applique tout chaud sur le sabot, où il reste à demeure. On peut aussi prendre des figues sèches et encore visqueuses ; on fait bouillir dans le vinaigre et on applique tout chaud, de la manière indiquée plus haut. L'orge moulue, le panic, la paille (aussi moulus) et la feuille d'ail (1), toutes ces substances bouillies et étendues, de la manière qu'il a été dit plus haut, toutes chaudes sur une queue de mouton, peuvent encore être appliquées sur le sabot tout entier et y demeurer pendant plusieurs jours. Quand la lésion se trouve à l'extrémité du sabot du cheval, on prend de la sarcocole, du basilic, de la graine de laitue, de la couperose. On fait bouillir le tout ensemble avec du vinaigre ; on applique la préparation sur la plaie, qui se calme (et se guérit). On peut encore prendre du fiel de poisson, du sel gris ; on en fait un mélange qu'on applique sur le mal, et, pratiquant sur l'origine de la plaie une légère cautérisation, on obtient la guérison, Dieu aidant.

Autre formule.

On prend trois bulbes de scille marine ; on les fait griller complétement sur des cendres chaudes ou dans un four voûté, ou bien on creuse dans le sol une fosse d'une dimension telle qu'elle puisse contenir les trois bulbes. Cette fosse sera encore

---

(1) Le texte porte الدخان التبن, *litt.*, *de la fumée, de la paille*, ce qui ne donne pas de sens ; nous lisons الدخن والتبن, *le panic et la paille* (aussi moulue ou réduite en poudre).

assez spacieuse pour contenir le sabot du cheval. On dépose
dans la cavité les trois bulbes grillées toutes chaudes de l'ardeur du feu. On introduit alors le pied souffrant sur les oi-
gnons ainsi disposés et on maintient l'animal en place jusqu'à
leur refroidissement entier ; par suite, l'humeur se portera
à l'extérieur et la guérison s'ensuivra. Ce remède est certain
et confirmé par l'expérience.

Autre.

Prenez un boisseau d'orge ; faites-le bouillir fortement dans
l'eau ; prenez de la graine de carotte sauvage ; mouillez-la avec
cette eau dans laquelle l'orge a bouilli, de façon qu'elle soit
bien humectée et qu'elle ait l'aspect d'un cataplasme, que vous
appliquerez sur le pied de l'animal. Vous laissez passer la nuit,
et le lendemain matin vous examinez le sabot, et si vous
trouvez du ramollissement, faites une incision pour donner
écoulement à l'humeur qui pouvait y être contenue. Introduisez
un tampon trempé dans le miel, appliquez aussi du goudron.
Répétez l'opération plusieurs fois jusqu'à guérison complète.

Plaie profonde au sabot وقرة *ouaqrah*. C'est, dit Mousa-
Ibn-Naçr, un mal qui provient de lésion causée par une pierre
ou d'un clou qui s'est introduit (dans le pied), ou d'un os
(pointu), ou de tout autre corps, ce qui cause une douleur permanente qui n'admet point de calme. Kastos dit : si on applique du navet sur le pied d'un cheval qui souffre de ce mal,
c'est un remède efficace. Ibn-Abou-Hazem dit que le remède à
employer quand le pied d'un cheval a été atteint par un clou,
par un os ou par tout autre corps dur pareil, c'est d'appliquer
sur la plaie du goudron et une queue de mouton, après avoir
extrait le corps étranger.

Le point, النقطة *an-naqatah* (*dépôt*) dans l'intérieur du pied du
cheval. Hippocrate le Vétérinaire dit que le dépôt qui se forme
dans l'intérieur du pied d'un animal est causé par la putréfac-

tion du sang (extravasé) par suite d'une contusion ou d'un coup violent. Souvent on voit la suppuration s'établir et alors on a la *plaie profonde* (dont il vient d'être parlé). *Traitement.* Hippocrate dit encore : quand le dépôt ne perce point au dehors, la cautérisation par le feu (1) est très-convenable. Lorsque la plaie est ouverte et qu'elle jette au dehors, les graisses et les huiles sont d'une grande utilité. Ce sont : l'huile d'olive, celle d'amande ou de noix, de l'huile de graine de myrte, de la graisse en fusion, plusieurs fois appliquées (2).

Les *crevasses*, الفتوق *al-foutouq*, se produisent, dit Ibn-Abou-Hazem, dans la partie charnue du pied du cheval, sur la fourchette et sur la couronne, en travers ; elles se montrent aussi bien sur les pieds de devant que sur ceux de derrière, sur tous à la fois ou seulement sur quelques-uns. Les crevasses les plus mauvaises sont celles qui sont fixées entre la couronne et le sabot, où elles s'étendent en travers jusqu'à ce qu'enfin elles entourent la plus grande partie de cet endroit du pied. J'ai vu souvent le cheval, chez qui la douleur est devenue très-violente, tenir son pied de devant ou celui de derrière relevé (craignant de les poser à terre). Quand la crevasse vient s'appliquer à la *corne* du sabot, elle s'ouvre en plaie béante très-vilaine, de laquelle s'écoulent du sang et de l'humeur. Parfois

---

(1) Nous lisons تعريب بالنار, *cautérisation par le feu*, comme l'admettent tous les lexiques ; le texte بالنار التغريب nous paraît inadmissible.

2) Ici se trouve un passage qui, par suite de mots non ponctués, est resté inintelligible pour Banqueri ; il est le complément de ce qui précède : « jusqu'à la dessiccation ; alors on fait une cautérisation à froid, « à distance du foyer purulent jusqu'au retour à un état satisfaisant « (*litt.*, sain). Ensuite on applique *la cautérisation à la franque*, qui « se répète plusieurs fois jusqu'à guérison (parfaite). » Cette cautérisation à la franque العريب الافرنجي est ici remarquable. Nous traduisons par *franque* le mot افرنجى, qui est, aujourd'hui encore, appliqué à ce qui est *européen*, ou en spécialisant, *français*.

le mal prend une telle gravité que la corne du sabot se détache. Parfois aussi les crevasses déterminent la fourbure. *Traitement des crevasses sur la fourchette.* Il faut les ouvrir jusqu'à ce que le sang s'écoule ; quand la plaie est sèche, on applique une queue de mouton et du goudron. On opère de cette façon : on prend la queue de mouton avec des pinces ; on l'enveloppe d'un linge auquel on met le feu ; on plonge dans du goudron de très-bonne qualité, puis on fait dégoutter sur le mal pendant que la flamme est vive et ardente; on voit la queue de mouton entrer en fusion et tomber en gouttes sur la plaie en même temps que le goudron. Nous avons décrit plus haut une autre manière d'opérer qui a grande analogie avec celle-ci (v. *sup.*, page 172).

Autre.

Prenez de la litharge, pilez vivement et passez au tamis de soie ; prenez aussi de l'ail, que vous mettez dans un vase ; versez dessus une certaine quantité d'huile de rose pure. Exposez au feu jusqu'à ce que la fusion soit complète. Prenez alors deux dirhems (5 gr. 10) de litharge que vous ajoutez à l'huile en fusion ; faites un mélange exact, puis répandez dessus un demi-dirhem (1 gr. 22) de racine de grande chélidoine bien pilée. La préparation étant toujours restée sur le feu, on remue constamment avec un morceau de bois. Quand on est arrivé à la consistance d'un cataplasme et que l'ébullition a duré une heure, retirez du feu ; frottez tous les jours la plaie avec cette préparation. L'efficacité du remède est prouvée par l'expérience. Nous avons précédemment indiqué un traitement analogue pour les *seimes* (p. 168).

Autre.

Prenez de la litharge que vous réduisez en poudre ; vous passez au tamis de soie fin ; vous mettez cette poudre dans un mortier ; vous versez dessus du vinaigre de vin bien fort. Vous triturez vivement ces substances dans le mortier ; vous ajoutez un peu d'huile d'olive ; vous triturez de nouveau. La préparation est ensuite déposée dans un vase et employée à oindre les crevasses tous les jours ; le succès est confirmé par l'expérience.

Autre.

Quand la crevasse est aux pieds de devant ou bien à ceux de derrière, mêlée au crin de la couronne, on verse dessus du vinaigre et on y introduit de l'encre de cordonnier (couperose) en poudre. On répète l'opération soir et matin, tous les jours. Si la crevasse est à la fourchette, on a recours au goudron et à la queue de mouton passée au feu, après avoir à l'avance nettoyé la place pour en faire sortir l'humeur.

L'*oudjà* (1) est un mal qui attaque le sabot du cheval pour une cause connue. Ibn-Abou-Hazem dit que, lorsque la corne du sabot manque de solidité et qu'elle est de mauvaise nature, si l'animal vient à marcher sur une pierre (ou quelque corps dur), il en résulte une contusion à la suite de laquelle se montre à la partie interne une ecchymose ou sang extravasé. Si, dans l'ignorance où on se trouve de l'accident, on fait passer le cheval sur des graviers rocailleux, il y a perforation, et l'animal tombe sur le nez. Ce mal se traite comme le *dessolement* (*sup.*, page 171).

Le *dakhas* (2) est, dit Ibn-Abou-Hazem, une maladie qui attaque les pieds antérieurs du cheval et parfois aussi ceux de

---

(1) الوجأ. Cette maladie est citée dans Hariri comme attaquant les chameaux et les chevaux, et plus grave que celle dite الحفا. L'excès de la marche la détermine aussi chez l'homme. Hariri, *Comm.*, p. 29, 1re édit. Suivant M. Huzard, note au crayon, ce sont peut-être les *bleimes*.

(2) الدخس, ulcère en pince au boulet, suiv. M. Huzard.

derrière. C'est une grosseur semblable à un noyau de datte ou peut-être plus volumineuse encore, qui se montre entre la couronne et le sabot, à la face interne ou externe. Elle peut être causée par la lancette dans une saignée mal faite ; dans ce cas elle acquiert la consistance d'une glande. Quand ce mal reste caché à l'intérieur, il est très-dangereux. Je ne connais rien de plus grave et j'ai rarement vu qu'on ait pu garantir de la claudication un animal qui en était atteint. C'est, suivant Ibn-Qotaïbah, une enflure qui se montre vers les bords du sabot où il est environné par la couronne, qui est le crin qui borde la circonférence du sabot. Voici le traitement indiqué par Ibn-Abou-Hazem : sachez, dit-il, que le *dakhas* est une glande qui se produit à l'origine du sabot, dans la couronne elle-même ; le plus souvent elle est causée par la piqûre (de la lancette), à cause de la brièveté de la veine. Il faut bien se garder d'y porter aucun instrument en fer, car l'enflure se montrerait et prendrait de l'ampleur. C'est un accident très-grave, et d'autant plus grave que le mal paraît plus restreint. Il faut traiter par l'application du goudron et des cantharides de la manière indiquée pour les *fissures*. Il est des personnes qui donnent des pointes de feu avec le fer rouge. Cette application de pointes de feu est mauvaise ; elle rend le cheval déformé en déterminant une claudication à peu près incurable, quand elle s'est fortement implantée et que la *glande* a acquis de la dureté. Parmi les traitements indiqués, il y a celui-ci : on prend un oignon de lis. On le pile fortement ; on verse dessus du vinaigre bien fort et du miel. On bat ce mélange jusqu'à ce qu'il ait acquis de la consistance, et alors on l'applique avec avantage sur le dakhas.

Traitement indiqué par Mousa-Ibn-Naçr.

On traite, dit-il, le *dakhas* par la graisse de queue de mouton pétrie avec des dattes, du beurre et du sel, car les graisses amènent de l'adoucissement. S'il en est autrement, il faut recourir à l'incision et à la cautérisation ou à *l'application de remèdes* énergiques et à celle des cantharides plusieurs fois répétée. Hippocrate le Vétérinaire dit que, si le mal est récent, il faut traiter par la cautérisation à froid une première fois, puis une seconde par le feu. Quand le mal est ancien, il y a peu d'espoir de guérison, car les graisses sont les seuls remèdes convenables.

La *goutte*, النَّقَرس *an-naqars*, dans le pied des animaux se reconnaît aux symptômes suivants : on voit la corne du pied rester grêle, s'allonger sans s'élargir ni prendre d'ampleur, comme il arrive habituellement à l'état sain. Nous indiquerons plus loin le remède à ce mal, Dieu aidant.

Les *crevasses*, الشِّقاق (*as-schaqâq*), du paturon. Ce sont, dit Ibn-Qotaïbah, des fissures qui se portent sur le paturon de l'animal et qui quelquefois montent dans le canon qui est cette partie du pied qui surmonte le paturon. Ibn-Abou-Hazem dit que les crevasses proviennent de la chaleur et de la sécheresse, et de ce que l'animal, après être entré dans l'eau pendant l'été, a marché ensuite dans la poussière. Celle-ci pénètre dans le crin de la couronne, si on néglige de l'enlever en lavant avec de l'eau, ou bien en frottant avec l'étrille. Quand l'animal est arrivé à son écurie (*litt.* le lieu où il mange), cette poussière reste persistante à la naissance du crin ; elle y forme une croûte qui détermine une ulcération. Parfois on y trouve de petits vers comme on en voit dans les ulcères qui attaquent la tête chez l'homme lorsque la crasse y est restée permanente. Il faut donc, quand un animal est entré dans l'eau et qu'il est revenu à son écurie, faire disparaître cette poussière, ou bien en la lavant, ou en la faisant tomber avec l'étrille lorsqu'elle est sèche.

Traitement de ces crevasses.

Le premier point dans ce traitement, c'est que l'animal

n'entre pas dans l'eau, ensuite, de prendre de la chair de bœuf qu'on fait séjourner dans du vinaigre fort pendant un jour et une nuit, d'appliquer de la chaux vive (1) à l'entour de la crevasse, puis d'arranger dessus cette chair imprégnée de vinaigre, qui chasse les petits vers qui peuvent se trouver. On laisse deux heures, et la guérison arrive, Dieu aidant.

Autre.

On lave avec de l'eau chaude la partie souffrante, de manière à la rendre bien nette. On prend une poignée de fenugrec ; on le pile ; on le met ensuite dans un vase de fer ; on verse du lait récemment trait. On fait alors chauffer sur un feu doux jusqu'à ce qu'on ait la consistance d'un emplâtre, qu'on applique sur le siége du mal, où on le laisse séjourner en le changeant tous les trois jours.

Autre.

Si on prend des cantharides, qu'on les fasse bouillir dans l'huile et qu'ensuite on en use comme remède contre les crevasses, elles se passent.

Autre.

Enduisez avec de la chaux vive d'abord, et ensuite avec du vinaigre et du nitre en poudre, puis frottez vigoureusement, et vous aurez un bon résultat.

(1) يَنُّور, de la racine, نَّر, qui, entre autres significations, a celle de *cauterio signavit, inussit*, brûler, cautériser ; c'est le sens adopté par Banqueri. Mais نَّر a aussi le sens de *illivit calce viva*; c'est le sens que nous croyons devoir admettre ici, guidé par ce passage plus explicatif : يَنُّور بِالنُّورَةِ الَّتِى تَحْلِقُ الشَّعر, on applique de la *chaux vive*, c'est-à-dire une substance épilatoire qui fait tomber le poil. *Vid.* II, 653, texte.

Autre formule pour les crevasses causées par le vent.

Prenez une poignée de raisins secs dégagés de leurs pepins; pilez-les avec trois gousses d'ail ; lavez bien les pieds de l'animal avec une décoction de l'herbe à la soude (*salsola*) ; frictionnez avec un morceau d'étoffe de poil, et, quand les pieds sont secs, vous étendez cette préparation sur un linge que vous appliquez sur le mal, où on le laisse à demeure pendant un jour et une nuit.

Remède contre les crevasses et gerçures qui attaquent
les pieds des animaux.

On prend, dit Mousa-Ibn-Naçr, du crottin de chameau ; on le fait brûler ; on l'écrase ; on prend ensuite du laurier-rose, du henné, de la litharge et de la racine de grande chélidoine; on pile toutes ces substances. On les pétrit avec de l'huile d'olive; on laisse reposer pendant deux ou trois jours. On lave avec de l'eau tiède la partie occupée par la gerçure ; on applique la préparation et le mal s'apaise. Si on n'obtient point d'amélioration, on prend du henné, de la rue sauvage (*peganum harmala*, Linn.), de la gomme; on réduit en poudre ; on passe au tamis; on pétrit cette poudre avec du vinaigre et de l'huile d'olive ; on use de cette préparation comme liniment, qu'on répète plusieurs fois. On peut encore prendre du henné et de la coloquinte pilée qu'on fait bouillir avec de la bette blanche ; on y introduit de la graisse, puis on frictionne les gerçures avec cette préparation ou bien avec de la graisse de renard, ou bien encore on frictionne avec du vinaigre jusqu'à ce que le sang se montre; alors on pile vivement de l'ail, des lentilles, du sel ; puis on applique ces substances sur le siége du mal où on les fixe à l'aide d'un linge ; on les y laisse pendant trois jours sans faire aucune lotion. En enlevant l'appareil on enlève aussi de la peau, et alors on graisse pendant plusieurs jours avec du beurre, et le mal se calme, Dieu aidant.

Autre remède indiqué par un autre.

On lave la partie malade avec de la soude, à l'aide de filasse de palmier et d'eau (en frottant) jusqu'à ce que le sang arrive; puis on tient l'animal au soleil jusqu'à ce que cette eau soit bien sèche. Alors on frictionne les crevasses avec un mélange de figues et de vinaigre bouillis ensemble. On répète l'opération plusieurs fois. Si l'on n'obtient point de guérison, on frottera avec de l'huile de pied de bœuf ou de la moelle extraite des os de bœuf, et on obtiendra la guérison.

Autre.

On fait sur les gerçures une lotion avec du nitre et de l'herbe à la soude qu'on a fait bouillir ensemble; puis, avec la même décoction, on frictionne à l'aide d'un linge de crin (imbibé) jusqu'à ce que le sang vienne, et on a soin de tenir ensuite l'animal au soleil jusqu'à ce que l'eau soit sèche. Puis on procède à une autre friction avec des figues bouillies dans du vinaigre; on répète plusieurs fois cette opération, puis on graisse avec de l'axonge, et la guérison arrive.

Autre prescription faite par Hippocrate le Vétérinaire, sur le traitement des crevasses et (les plaies causées par) la saignée.

On prend les amandes de dix noix, cinq figues miellées, quatre mitskals (15 gr. 26) d'ocre de médine, deux dirhems (7 gr. 63) de moutarde, et une demi-once (15 gr. 46) de graisse. On triture le tout dans un mortier; on délaye avec du vinaigre; on en prépare un cataplasme qu'on applique sur les crevasses et les ouvertures des saignées, pendant cinq jours consécutifs; on aura cautérisé à froid avant de faire l'application du remède sur les plaies. C'est le remède le plus efficace auquel on puisse avoir recours quand les plaies commencent à se manifester, à la suite de crevasses ou de saignées.

Autre préparation pour les crevasses anciennes quand les premiers remèdes
ont été sans efficacité.

On prend une tête de chèvre ; on en extrait la cervelle qu'on
met dans un vase vernissé (1) dans lequel on la manipule à la
main, vivement, jusqu'à ce qu'on l'ait délayée (*litt.* dissoute).
On projette alors par-dessus du henné, de telle manière que
cette cervelle en soit couverte. On pétrit de nouveau jusqu'à ce
que les deux substances ne fassent qu'un tout. Alors on l'applique sur les gerçures, une fois seulement, c'est suffisant; s'il
en était autrement on recommencerait ; l'efficacité du procédé
est confirmée par l'expérience.

Autre remède venant des Grecs.

Lavez les pieds de l'animal avec de l'eau d'olive ; appliquez
ensuite sur les crevasses un linge imbibé d'eau et d'huile. Ou
prenez un makouk (4 lit. 130) de figues sèches et bien lavées ;
faites-les séjourner pendant une nuit dans du vinaigre fort ;
triturez ensuite jusqu'à ce que vous ayez obtenu la consistance
d'un cataplasme ; alors faites sur la plaie une lotion avec le
vinaigre dans lequel ont séjourné les figues, puis appliquez en
cataplasme ces figues (pilées); ou bien prenez des figues vertes
tombées de l'arbre avant la maturité, mais sèches, à la quantité d'un makouk (4 lit. 13); faites bouillir dans six rotls
(2 kil. 198,6) d'eau, jusqu'à ce que vous ayez obtenu la consistance d'un cataplasme, que vous appliquez sur ces gerçures
pendant trois jours ; faites des lotions avec de l'eau d'olives

______

(1) صحفة, *çohfah, patina majoris generis,* vase plat d'une grande
capacité ; Cast. Freyt., حنتم *hountam*; les dictionnaires traduisent par
hydria viridis, cruche verte. Il nous semble qu'on ne peut pas comprendre cette couleur verte autrement que par un vernis de potier ;
nous traduisons donc par *vase vernissé,* comme t. II, 1re part., p. 406.

ou de bette blanche écrasée après avoir bouilli dans du vinaigre fort et du sel. Ou bien frictionnez fort jusqu'à ce que le sang se montre ; prenez alors de la cendre, passez-la au tamis, pétrissez-la et appliquez-la sur le siége du mal; ou bien pétrissez cette cendre avec du miel et appliquez-la comme cataplasme que vous retirez le lendemain matin. Prenez un morceau de queue de mouton ; faites fondre sur le feu ; recueillez un rotl (366 gr. 43) de graisse ; mêlez-y un dirhem (2 gr. 54) de soufre blanc, et appliquez en compresse. On doit tenir le cheval dans un lieu propre et sec. On traite encore les gerçures par l'application de lombrics frits dans l'huile d'olive jusqu'à ce qu'ils soient brûlés.

Autre.

Prenez des noix que vous aurez dégagées de leur coque ; mâchez-les avec des figues grasses ; faites séjourner pendant un jour et une nuit (24 heures) une demi-once (15 gr. 26) d'ocre de médine dans un demi-rotl (183 gr. 21) de vinaigre bien fort ; mêlez le tout ensemble en le triturant dans un mortier. Étendez sur un linge et appliquez sur la gerçure.

Autre pour des gerçures d'une guérison difficile.

Prenez opoponax, deux onces (61 gr. 10), nigelle, une once (30,52) ; pilez le tout ; versez dessus un rotl (366 gr. 43) de vin et un demi-rotl (183,21) de graisse ; faites chauffer sur un feu doux jusqu'à l'évaporation complète du vin et employez.

Autre.

Prenez de l'aloès, de la cire, de l'aristoloche, du soufre et du basilic, de chacune de ces choses une partie ; des raisins secs, noirs et blancs, de la poix, de la graisse de chien, de chacune de ces choses quatre parties ; pulvérisez les substances sèches ;

faites fondre la poix et la graisse; faites le mélange et employez.

Autre.

Lavez les crevasses avec de l'eau chaude ; frottez avec du
goudron et tenez l'animal à un soleil ardent.

Autre éprouvé.

Prenez une demi-once (15 gr. 26) de sel ammoniac en poudre;
mettez-le dans un poêlon de cuivre ; versez dessus six onces
(181 gr. 17) d'huile, (vous faites chauffer) jusqu'à réduction
du tiers de l'huile ; vous rapportez alors quatre onces
(122 gr. 112) de miel, une once (30 gr. 53) de poix. Faites
chauffer le tout jusqu'à mélange complet, puis appliquez le
mélange sur la gerçure ; c'est un mélange éprouvé.

L'*enflure*, النفخ *al-nafah* (*vessigon*), mal qui se porte sur le
jarret de l'animal. Ibn-Abou-Hazem dit que c'est une grosseur
molle ; elle attaque parfois un membre seul, parfois elle en attaque deux. Dans l'intérieur de cette grosseur, sous la peau, il
y a une humeur qui ressemble à du blanc d'œuf ; elle est
épaisse, passant au jaune, quelle que soit sa nature. Cette enflure,
qui est molle (non dure), est posée sur l'articulation même ;
quelquefois elle vient de la face interne et quelquefois de la
face externe ; on ne la trouve jamais que sur le jarret ; souvent
elle ne cause point la claudication. Il est des personnes qui ne
considèrent point cette enflure comme une chose grave et qui
ne la regardent point comme un défaut, mais pour moi c'est
un des vices les plus graves, car l'animal, dans sa marche, ressent (parfois) une douleur si vive, qu'il semble vouloir faire
rentrer son pied dans son ventre. Le mal vient le plus souvent
de l'abus de l'orge ou des bains. Suivant un autre, la grosseur
(le vessigon) s'établit en long et à l'extérieur ; elle n'est pas
dure et elle n'occupe pas une grande surface ; elle est molle au

toucher. Les remèdes les plus efficaces qu'on puisse employer sont les cataplasmes émollients et chauds. Suivant un autre, on garnit la grosseur de goudron de bonne qualité ; on répète cette application plusieurs fois et le mal disparaît. *On obtient bon résultat* des cataplasmes chauds dans lesquels entre le fenugrec, la fiente de chameau pulvérisée, le goudron et autres substances analogues.

Traitement de la tumeur du jarret, d'après Ibn-Abou-Hazem. On frotte avec une composition de vinaigre, de guimauve pilée et d'argile. On enlève de la terre à la place occupée (habituellement) par les pieds de devant, de façon que ceux de derrière soient plus élevés, et on diminue la ration d'orge (1). Il est nécessaire de faire prendre tous les jours des bains dans l'eau vive, en remontant contre le courant. Cette tumeur est un défaut qui se voit dans les villes (où on le tolère) ; mais en voyage je ne vois rien de plus fâcheux, ainsi que je l'ai éprouvé, surtout quand la grosseur se continue de la face interne à la face externe ; elle est alors encore plus pénible. Il faut tenir l'animal à l'écurie, dans un lieu tel que la partie antérieure soit plus basse et la partie postérieure plus élevée.

Autre moyen de traitement indiqué par Hippocrate le Vétérinaire, pour la tumeur du jarret (vessigon).

On fait dessus l'application des cataplasmes fondants dont l'auteur a donné la formule ; c'est de prendre de l'écorce (2) d'orme noire qu'on fait bouillir avec de l'eau et du son d'orge, ou bien des fèves décortiquées bouillies dans l'eau avec de l'huile, du sel et du miel ; souvent l'emploi de ces remèdes suffit et dispense de recourir aux instruments tranchants.

(1) Conseil très-bon et très-judicieux, dit M. Goubaux.
(2) Le mot arabe dit *écorces* au pluriel ; mais il vaut peut-être mieux traduire par *graines* avec leur membrane.

Grosseurs (molettes) (1), الكهاب *al-kahâb*, qui attaquent le paturon des animaux. C'est, dit Ibn-Abou-Hazem, une grosseur qui se porte sur le paturon du cheval, au milieu du boulet, sur la place de l'entrave de l'un et de l'autre côté. Elle ressemble à une excroissance osseuse. (*Ici un long passage renvoyé pour l'irrégularité du texte à la fin du volume.*)

Mousa-Ibn-Naçr dit que les molettes se montrent au-dessus de la couronne, au-dessous du boulet ; c'est une excroissance qui se montre par côté. On les guérit, ajoute l'auteur, par l'emploi des remèdes que nous avons indiqués. La grosseur se dissipe, sinon on a recours à l'application du feu. Ibn-Abou-Hazem indique le traitement suivant pour les molettes, pour les affections de la couronne et du paturon : on prend du goudron de bonne qualité, une poignée de cantharides nouvelles, aussi de bonne qualité ; on met ces deux choses dans une chaudière de fer ; on pousse à une vive ébullition sur un feu doux jusqu'à ce que les cantharides se divisent. On applique sur le mal cette préparation pendant trois jours à chaud et pendant trois autres jours à froid. Si on préfère appliquer de la chaux vive, qui agit comme épilatoire, à la suite de l'usage du goudron et des cantharides, c'est un procédé très-efficace.

Excoriation de la couronne, التوسف *al-tawassaf.* Cette affection, dit Ibn-Abou-Hazem, est un mal qui a de l'analogie avec les crevasses. Il attaque la couronne et ne s'élève point sur le paturon. Le seul traitement dont on puisse user (avec efficacité, c'est de laver la plaie avec de l'eau d'olive, puis d'envelopper les pieds de l'animal avec un linge trempé dans l'eau et l'huile. On prend aussi des figues sèches qu'on fait séjourner pendant une nuit dans du vinaigre de vin bien fort. Le lendemain matin on triture ces figues vivement, jusqu'à ce qu'on ait obtenu la consistance d'un cataplasme. Cela fait, on lave l'origine du sabot avec ce vinaigre dans lequel ont séjourné

____

(1) Nous traduisons par *molettes* ; mais, suivant M. Huzard, ce mal n'est pas les molettes des vétérinaires d'Europe.

les figues ; à la suite de cette lotion, on applique en compresse
le cataplasme de figues pilées. Ces figues doivent être vertes
et de celles tombées avant la maturité.

Le *chancre*, سرطان *sarthân* du paturon. C'est, dit Ibn-
Qotaïbah, un mal qui attaque le paturon ; les nerfs (tendons)
éprouvent un gonflement tel que le sabot est déjeté. Suivant
Ibn-Abou-Hazem, ce mal se porte sur le paturon, aussi bien
aux pieds de devant qu'à ceux de derrière. Il attaque la partie
antérieure médiane vers le boulet. Il y a enflure et induration ;
le mal s'étend et son siége se dessèche. Quand on trouve une
grosseur à la partie antérieure du paturon, c'est le *chancre*. Il
est moins redoutable sur les pieds de derrière (que sur ceux
de devant). Je n'ai guère vu qu'un animal attaqué du chancre
ait pu le supporter et travailler ; peu y résistent. Le traitement
doit donc être réservé pour ceux des animaux qui peuvent
résister au mal. Le traitement que j'ai vu employer avec efficacité consiste à appliquer les substances épilatoires qui font
tomber le poil. Quand celui-ci est tombé, on fait une piqûre
avec la lancette, puis on fait une application de goudron et de
cantharides, pendant trois jours à chaud et pendant trois jours
à froid ; on emploie alors les substances grasses ; l'eau est in-
dispensable. Il est des personnes qui appliquent des pointes de
feu. Suivant moi, il est nuisible de recourir au feu (de cette
manière), parce qu'il dessèche le nerf du paturon. Il est au
contraire bon d'inciser en cinq endroits en forme de dents et
d'appliquer le feu dans ces mêmes parties. Mousa-Ibn-Naçr dit
que ce mal se guérit de la même manière que le *dakhas* (vid.
sup., 181), avec de la graisse de queue de mouton pétrie avec
un mélange de dattes triturées, de graisse et de sel ; les corps
gras font cesser ce mal. Si on n'obtient pas ce résultat, il faut
recourir à l'application du feu.

Le *djarad*, الجرد, (*courbes et jardons*). Suivant Ibn-Qotaïbah,
on donne ce nom à toute excroissance et gonflement (ou enflure) du nerf et qui se place en travers du canon, soit à la face

externe, soit à la face interne (1). C'est, dit Ibn-Abou-Hazem,
un vice qui s'attache aux pieds de derrière du cheval, une enflure placée sur l'articulation du pied, le plus habituellement à
la partie interne. Elle est de la grosseur d'une noix et quelquefois plus grosse, souvent même elle atteint un volume plus
considérable et en même temps elle est dure. On la voit parfois sur les deux pieds simultanément ou sur un seul.

Suivant Ibn-Abou-Hazem, les *excroissances, az-zawaïd* (2),
sont des grosseurs qui se montrent au point même de jonction
du canon et des péronés, aux pieds de devant ou à ceux de
derrière. On applique ce nom de *zaïdah* à toute grosseur qui
se trouve à cet endroit et à toute excroissance qui se rencontre
dans leur organisation ; elles ont une dureté osseuse. On en
voit du volume d'une noix ; il en est de plus grosses. Il est de
ces grosseurs qui se développent à l'intérieur et qui sont très-
mauvaises pour le cheval. En effet, quand ces parties sont affectées d'une excroissance ou d'une grosseur (interne) d'un
certain volume, il en résulte un frottement et un choc qui
amènent le suintement du sang dans les pieds antérieurs, et la
claudication s'ensuit. Placées à l'extérieur, ces grosseurs
n'ont pas des résultats aussi graves que celles qui sont internes.
La grosseur placée à .la partie antérieure est comparable à
celle qui est à la face externe ; quand elle est ainsi placée, on
l'appelle *excroissance de l'âne* زايدة الحمير. Le cheval supporte
très-bien les excroissances, quoique grosses ; elles ne l'em-
pêchent pas de faire beaucoup de travail. Ce n'est pas pour
le cheval un grave défaut quand elles se présentent sur les
pieds de devant ou sur ceux de derrière (isolément), à moins
qu'il ne s'y ouvre des crevasses, car à peine se sont-elles produites que l'animal ne peut plus marcher. Pensez bien que les

(1) La tumeur en dehors est un *jarde* ou *jardon*, et en dedans c'est
un *éparvin*. Goubaux.

(2) C'est, dit M. Goubaux, le *suros.* الزوايد, plur., الزايدة, sing.

excroissances ne diffèrent point entre elles ; qu'elles soient aux pieds de devant ou à ceux de derrière, les conséquences sont les mêmes. Quand il y a entre-choc entre ces excroissances, on voit le sang suinter, sans qu'on puisse ni cautériser, ni user des préparations pharmaceutiques.

Traitement. Quand ce mal se présente (sur un animal), il faut traiter par les myrobolans et par les remèdes que nous avons indiqués pour les gerçures. Quand l'excroissance est récente et accidentelle, on emploie le nitre et le traitement à chaud qui est plus avantageux que le traitement à froid, comme nous l'avons indiqué pour les crevasses ; faites bouillir les substances et appliquez-les toutes chaudes. Quand on voudra traiter par les pointes de feu ou par les incisions, il faudra se rappeler que les pointes de feu sont plus convenables que les incisions qui contribuent à augmenter la dureté. Il faut, pour appliquer le feu, user d'un instrument à pointe fine, qui ne laisse point de larges traces, parce que, si la brûlure était trop profonde et trop large, il y aurait induration, et entre-choc, par suite. Mais, à mon avis, l'application du feu (bien faite) est préférable aux incisions. On prescrit encore d'appliquer sur l'excroissance un nouet contenant du sel écrasé trempé dans de l'huile bouillante ; ce procédé est plus favorable encore que l'application du feu avec une pointe fine.

Le suintement (sanguin) au paturon, الدميحة *al-damihah* ; c'est, dit Ibn-Abou-Hazem, une fissure à la peau du paturon, là où les pieds, soit de devant, soit de derrière, semblent être coupés, et quand le cheval court le sang en suinte. On traite cet écoulement avec des écorces de grenades séchées et pilées, par la noix de galle et la couperose réduites en poudre fine. On dispose un morceau de peau qu'on garnit à l'intérieur d'une étoffe de laine et qu'on attache sur la partie souffrante quand l'animal fait une course.

Grosseur et renflement, ملح *malah*, قمح *qamah*. deux maux qui se manifestent au jarret du cheval. Ce renflement (*qamah*)

est un développement (anormal) qui se montre à l'extrémité du
jarret qui par suite cesse d'être terminé en pointe (1). Suivant
Ibn-Abou-Hazem, le qamah est une grosseur qui s'établit sur
le milieu de l'extrémité du jarret, sur la pointe qui alors prend
de la grosseur; vu par derrière, on dirait une pomme, un peu
moindre pourtant. C'est un mal peu dangereux, mais qui dépare l'animal. Suivant un autre, le *qamah* n'est pas dangereux,
mais il (dépare un cheval et il) diminue de sa valeur. C'est une
excroissance qui se montre sur le jarret à la partie externe, à
l'extrémité de l'os où il est en contact avec celui de la jambe. Il
est inutile de s'occuper de son traitement, parce qu'il n'a rien
de dangereux.

Le *malah* est une grosseur qui se montre sur les os du jarret; elle ressemble à une moitié de cornichon ; rarement elle
est à la partie arrondie de la jambe (le genou), et rarement
l'animal en boite. Le traitement consiste à prendre du sel fin
qu'on enveloppe dans un morceau de linge et dont on forme
un nouet, qu'on plonge dans de l'huile d'olive qu'on a fait
bouillir. puis on en fait l'application sur le *malah* comme fomentation Si on fait la fomentation à froid avec de la soude, c'est
très bon, le mal sera enlevé; *il peut se faire aussi qu'il ne le
soit pas*. Quant au *qamah*, c'est un mal innocent, non dangereux.

Le *qafad*, القفد, attaque les pieds de derrière, et le *al-ahs-
sam*, الأسم, attaque ceux de devant. Suivant Ibn-Abou-Hazem,
c'est une déviation du sabot du pied du cheval résultant d'un
relâchement du nerf du paturon qui fait que le sabot se porte
en dehors; ce mal est incurable. Cependant, suivant moi, on
peut y remédier et l'animal peut souvent supporter un travail
léger et peu fatigant; on l'appelle alors *cheval de meunier* (2).

(1) *Capelet* (*vid. sup.*, 43).

(2) Le texte porte قيل الطحين, *litt.*, il est dit (ou appelé) la mouture,
l'action de moudre. Banqueri conserve cette lecture et l'applique au

Quand le mal s'est porté sur les pieds de devant on l'appelle
hassam. C'est le relâchement du nerf du paturon du pied de
devant, au point de rencontre du sabot; par suite il y a ren-
versement du pied, amaigrissement et fatigue très-grande (1).

Traitement pour ces deux déviations. Le moyen curatif, c'est
l'emploi d'une chaussure ronde de cuir, dans laquelle le pied
se trouve pris et maintenu. Il y en a qui pensent que, si le ren-
versement provient d'une cause plus grave, il n'y a pas de
guérison possible. Il y a des hommes qui traitent le *qafad* et
le gonflement du tendon du paturon en tirant du sang de cette
partie. Ils prennent ensuite un linge de lin, ils le mouillent avec
du vinaigre et de l'huile commune ou de l'huile d'olive, ils en
enveloppent tout le pied et le paturon, où on le fixe par une
ligature qui assure aussi la stabilité de la couronne. On a soin de
tenir ce linge mouillé de vinaigre et d'huile, en l'arrosant toutes
les heures successivement (sans interruption). Prolongé pendant
trois heures, ce remède rend le sabot à son état normal. La
compresse doit rester sur le pied souffrant pendant ce laps de
temps, puis on la détache et on applique en cataplasme de la
scille marine pilée et mêlée de sel et mouillée d'eau. On continue le traitement pendant trois jours, durant lesquels le cataplasme reste persistant. On aura bon résultat, Dieu aidant.

Le *maschasch*, المشش; c'est une affection qui se porte sur le
paturon, l'origine du sabot, les tendons, le canon, l'articulation
du genou et ce qui l'entoure. Il y en a une espèce qui est molle
et une autre qui est dure. Suivant Ibn-Qotaïba, c'est une espèce
de cor qui se produit sur le canon du cheval, qui grossit et qui
finit par contenir un noyau qui n'a point toute la dureté d'un os

travail du cheval. Nous lisons الطحّان, *le meunier*, c'est-à-dire *cheval
de meunier*.

(1) ويصيب بانتصاب شديد. Nous pensons que l'auteur a voulu
parler de la souffrance causée au cheval par son sabot déjeté; nous
prenons donc نصب dans le sens de *dolore affecit morbus*. Freyt.,
Cast.

véritable (1). Mousa-Ibn-Naçr en distingue trois espèces différentes : 1° celui qui se produit sur le canon ; 2° celui qui se
produit sur le genou ; 3° celui qui se montre sur le tendon. Hippocrate le Vétérinaire dit : quand vous voyez venir à vous un
cheval qui en marchant porte en avant ses genoux frappés
d'une affection maladive, il est atteint du *maschasch*. Le même
dit aussi que ce mal dans le genou peut provenir d'un dépôt
déterminé par un coup ou quelque accident analogue; un des
symptômes, c'est que l'animal porte ses genoux en avant.
Suivant la vétérinaire grecque, le *maschasch* est une grosseur
qui se montre à l'origine du sabot.

Ibn-Abou-Hazem dit que le *maschasch* se trouve tantôt au
pied antérieur, tantôt au pied postérieur. Il peut provenir soit
du choc d'une pierre ou de celui d'un morceau de bois contre
lequel aura frappé le pied, ou bien d'un coup ou d'accidents
analogues; il y a meurtrissure et par suite enflure. Cette enflure est du volume d'une noix à peu près, un peu moins, un
peu plus, sans atteindre la dureté d'un os véritable, mais elle
a la grosseur de la tête d'un os long de brebis. Le *maschasch* se
développe (*litt.* pousse) de la même manière que le jardon. Celui
qui est en travers sur le canon est moins dangereux que celui
qui est sur le tendon. Celui qui a son siége sur le genou et sur
le paturon est plus nuisible et plus mauvais, et souvent il
cause la perte du cheval. Quelquefois le *maschasch* est posé
sur l'articulation du genou elle-même, des deux côtés, partant,
dans une direction transversale, de la face interne vers la face
externe ; dans cette condition, il cause la perte de l'animal, et
il est sans remède. J'ai vu un maschasch fort gros, d'une
autre espèce (que le précédent), établi sur des parties dangereuses (*litt.* mauvaises), et l'animal n'y résistait pas. J'ai

(1) Un seul nom ne peut pas rendre compte du texte, dit M. Goubaux, si ce n'est *l'engorgement chronique des parties*, car alors il y a
des lésions diverses. La suite de l'article prouve qu'il se rapporte à plusieurs choses différentes.

vu aussi plusieurs fois le maschasch de la petite espèce
sur le canon sans que l'existence de l'animal en fût com-
promise. Il y a le maschasch mou qui se place sur le
canon et qui ressemble par la consistance à une glande
charnue qui, quand elle est récente, est mobile et change de
place sous la pression de la main qui la palpe (1), car ensuite elle
prend de la consistance et souvent même elle se montre consistante dès le principe. Il y a le maschasch qui se porte sur la
rotule, c'est-à-dire sur la partie antérieure du genou. On le nomme
maschasch tendre, المشش الغضا, *al-maschasch-al-ghadha*. Toutes
les fois qu'on rencontre une grosseur sur une des parties indiquées plus haut, c'est un maschasch tel que je l'ai décrit.

Traitement d'après le même auteur.

On prend du sel blanc pulvérisé bien fin, on pétrit avec du
beurre de vache, puis on applique cette préparation sur le
maschasch. On prolonge ce traitement, n'oubliant jamais de
presser la tumeur avec la main toutes les fois qu'on lève l'appareil, en disant aussi à chaque fois : *Au nom de Dieu apaise-
toi ; par la grandeur de Dieu apaise-toi ; par la puissance de
Dieu apaise-toi ; il n'y a de force et de puissance qu'en Dieu,
très-haut et très-élevé.*

Autre.

Prenez de la moutarde rousse, pilez et pétrissez avec du jus
de bette, et frottez-en le maschasch sans dépasser la circonscrip-
tion du mal. Appliquez dessus un linge en compresse ; vous le
laisserez la nuit entière ; le lendemain matin enlevez-le, et répétez plusieurs fois l'opération, car elle est avantageuse.

(1) Nous avons ici corrigé le texte.

Autre.

Prenez du nitre de Caramanie, rouge, deux dirhems (5 gr. 10 , pareille quantité de sel indien, pétrissez avec du beurre de vache, étendez sur un linge que vous appliquerez en compresse et fixerez sur le *maschasch;* c'est un procédé utile, Dieu aidant.

On traite le *maschasch* ou grosseur qui se montre sur le canon en le palpant et le comprimant avec la main toutes les heures, nuit et jour; souvent il y a résolution par l'effet seul de cette compression, la volonté divine aidant (1). Si, par ce procédé, on n'obtient pas ce résultat, on fait une plaque de plomb (ou d'étain, de la dimension d'un dirhem ou plus large, suivant l'étendue de la grosseur; on l'applique sur la tumeur où on la fixe avec des bandes qui la serrent vivement. On applique cet appareil après la compression opérée chaque heure et lors-qu'on y a renoncé; mais, quand on veut y revenir, on délie les bandes (on soulève la plaque), on effectue la compression ma-nuelle, puis on rapporte l'appareil, et la tumeur finit par se résoudre.

Quand la tumeur s'est fixée sur les tendons, elle est sou-vent, ainsi que nous l'avons dit, la suite d'une contusion. Il y a gonflement, puis rougeur; il se forme un dépôt et la tumeur reste circonscrite sur un seul point en formant une *nodosité* qui rappelle le *maschasch.* Le traitement indiqué par Ibn-Abou-Hazem consiste à prendre des figues blanches de bonne na-ture et bien mûres; on les fait macérer dans du vinaigre de vin pendant trois jours, de façon qu'elles plongent entièrement dans le liquide, afin qu'elles puissent devenir bien renflées par l'absorption du vinaigre; plus ces figues auront séjourné de temps dans le vinaigre, meilleur ce sera. On aura soin de rap-porter du vinaigre et de remplir quand le niveau baissera. On extraira ensuite la quantité de ces figues dont on pourra avoir

(1) M. Hazard signale ce procédé comme étant à remarquer.

besoin; on les triturera fortement, on étendra sur du papier et on appliquera un emplâtre sur la partie du tendon où se trouve la tumeur. On laisse séjourner pendant deux jours et on enlève l'appareil le troisième jour; on recommence plusieurs fois cette application, et la résolution de la tumeur aura lieu, Dieu aidant.

Quand le tendon est débarrassé, si vous voulez prévenir le retour de la tumeur, appliquez des pointes de feu sur la plaie. Il ne faut point monter le cheval avant que les plaies du feu soient bien guéries (et bien cicatrisées). Quand on fait sur un cheval une application quelconque du feu, l'habileté consiste en ce qu'il n'en reste point de traces. Voici comme on doit procéder quand on applique des pointes de feu (1) : on prend une tige de fer (2) à pointe fine et mousse; on relève ensuite le pied de derrière du cheval, sans jamais le renverser à terre. J'en ai vu plusieurs fois défaillir et périr par cela seul qu'on les avait couchés à terre. Gardez-vous donc bien de renverser un cheval quand vous appliquez un traitement quelconque, autant que faire se peut (à moins de grave nécessité). Ainsi l'animal restera debout sur ses jambes sans avoir été renversé sur le flanc, à moins d'un besoin impérieux, commandé par une profonde cautérisation (3), car, dans ce cas, il n'y a pas d'inconvénient à le faire. Le cheval étant disposé, vous effectuez vos pointes de feu en traçant un carré, large en raison du volume de la tumeur, sans jamais décrire un cercle. *A chaque point* pratiqué sur la tumeur et sur les côtés, on retire la tige de fer de façon que les stigmates du feu ne dévient ni à droite ni à

(1) رقم بالنار. *Litt.*, ponctuer avec du feu ; on trouve en chaldéen רקם, *acu pinxit*, peindre à l'aiguille, broder ; en espagnol *ricamar, ricamare.*

(2) مراقم ou مرقم, *mirqam*, instrument à faire des pointes de feu.

(3) Excellente recommandation, dit M. Goubaux, trop négligée aujourd'hui.

gauche. Ces stigmates seront rapprochés et nets (*litt.* beaux).
Quand on procède à cette application du feu, on fait une première empreinte très-légère, puis on y revient, mais au
préalable on aura eu soin de frotter les stigmates avec du
goudron ; cette précaution prise, on peut répéter avec sécurité
l'application de la pointe rouge. On peut, si on le préfère, remplacer le goudron par du miel ; ce sera très-bon et très-efficace,
Dieu aidant. Les signes auxquels on peut reconnaître que l'application du feu est énergique et suffisante, c'est quand on voit
dans l'intérieur du champ du bouton de feu une fissure fine.
Quand il en est ainsi, c'est le point extrême qu'on doit chercher ; il ne faut plus revenir à une nouvelle application de la
pointe rougie. S'il arrive qu'on laisse les stigmates du feu sans
y appliquer aucun liniment de miel ou de goudron, il n'y a pas
le moindre inconvénient. Quand l'opération est terminée, on
fait dissoudre du sel dans de l'eau dont on arrose les pointes
de la cautérisation.

Parmi les *traitements* des tumeurs du *maschasch*, il y a celui-
ci, indiqué par Mousa-Ibn-Naçr. Quand la tumeur s'est portée
sur le genou (1), appliquez dessus de la graisse de mouton
ou de la moelle de bœuf ou du beurre. Si la grosseur n'a point
disparu, appliquez le feu. Quand cette grosseur est sur le canon (2) ou sur le tendon, prenez des figues que vous pétrirez
avec de la moelle de bœuf et que vous appliquerez sur la tumeur, ou bien appliquez du beurre avec de la graisse de mouton, et la tumeur se résoudra. S'il en advient autrement,
prenez de jeunes racines de saule, triturez et pétrissez avec de
l'urine de taureau, et appliquez sur le mal ; laissez pendant un
jour et une nuit, puis enlevez l'appareil. Vous pouvez encore
prendre une bulbe de narcisse et du soufre jaune, qu'on pétrit
avec de la graisse de chèvre ; on en remplit une coquille de
noix qu'on applique sur la partie tuméfiée.

(1) C'est l'*osselet*. M. Goubaux.
(2) C'est le *suros*.

Autre.

Plongez un scorpion tout vivant dans l'huile d'olive, vous l'y laissez jusqu'à ce qu'il soit mort, vous décantez l'huile, vous y ajoutez des cantharides, vous frottez avec cette composition la tumeur survenue au cheval et elle disparaît.

D'après les vétérinaires grecs, le *maschasch* est une tumeur placée à l'origine du sabot (1).

Traitement. — Prenez de la cendre et du sel, parties égales ; pilez séparément, passez la poudre au crible et mêlez les deux substances, lavez fortement le siège du mal avec de l'urine d'enfant, puis saupoudrez avec votre mélange de sel et de cendre. — Prenez des feuilles de laurier-rose ou d'ail, séchées, de la moutarde, pilez les deux choses, faites bouillir dans l'eau, puis appliquez en compresse sur la tumeur, elle se résoudra, sinon appliquez de la poix liquide. Si ce traitement reste sans résultat, mêlez à la préparation qui précède de la couperose verte, ou bien prenez un morceau du cuir d'une vieille outre à huile ; vous le faites chauffer au feu, puis appliquez-le sur l'origine du sabot du cheval.

Autre procédé indiqué par Hippocrate le Vétérinaire, pour traiter le *maschasch* sans recourir à l'application du feu.

Prenez des bouts de branches d'olivier garnies de leurs feuilles, faites-les brûler, recueillez la cendre, passez au tamis, rasez la place occupée par la tumeur, et frottez avec une certaine dose d'huile d'olive, appliquez dessus une forme ronde, concave, d'herbe sèche, proportionnée à la grosseur de la tumeur, ou bien une sorte d'anneau en bois (2); vous disposez cette cendre à la partie interne et assurez l'appareil par une ligature

____

(1) C'est la *forme.*
(2) Qui presse sur les bords de l'objet qui contient les cendres.

pour l'empêcher de couler, vous aissez séjourner toute la nuit, le germe sortira et l'animal sera garanti pour tout le reste de sa vie (1)

Autre remède.

Suivant un autre vétérinaire, quand on veut traiter le *maschasch* sans recourir à l'application du feu, on prend des cantharides, de la moutarde, de la graine d'orties, parties égales; on pile chaque chose séparément, puis on effectue le mélange. On fait fondre de la cire blanche qu'on verse sur ces substances, on remue pour opérer le mélange parfait, on rase le crin qui est sur la tumeur, on applique de cette préparation, puis on ajoute dessus la moitié d'une coquille de noix, et on laisse en cet état pendant un jour et une nuit. Le matin venu, on lève l'appareil et on trouve que la tumeur a disparu.

Autre.

Prenez deux cents grains de poivre, quantité égale en poids d'encens; oignon de narcisse, quantité en poids égale aux deux premières substances ; graisse de rognons de bœuf, poids égal au tiers de celui des substances précédentes; vous pilez les substances sèches et les mêlez à la graisse. Faites plusieurs applications, depuis trois jusqu'à cinq. Hippocrate le Vétérinaire a dit que lorsque vous voyez venir un cheval qui, en marchant, affecte de porter ses genoux en avant, c'est qu'il est atteint d'une maladie, le *maschasch*. Quand le mal a peu de gravité on le traite de la manière suivante : on pratique une incision pour donner une issue à la sérosité (*litt.* l'eau) contenue dans la tumeur, puis on applique sur la plaie de la poix liquide, tiède, ni trop chaude ni trop froide. On bassine la plaie

_____
(1) Ici c'est probablement le *javart cutané*. G.

pendant huit jours avec de l'eau chaude. Lorsque le mal a plus de gravité et que la tumeur est plus volumineuse, après avoir donné issue à l'humeur qui s'y trouve amassée, appliquez dessus de la poix fondue au feu, qui opérera une cautérisation très-énergique. Faites des lotions avec de l'eau chaude pendant vingt jours, et oignez la plaie avec de l'huile d'olive pendant sept jours. Si la tumeur est plus volumineuse que dans l'espèce qui précède, donnez, comme il a été dit, issue à l'humeur, appliquez de la poix mêlée d'huile, que vous laissez en place pendant sept jours, pratiquez une cautérisation énergique exécutée avec soin, puis, sur la plaie causée par le feu, appliquez une bande que vous laissez pendant deux nuits. Pendant deux autres nuits, vous appliquerez du genêt pilé, de l'écorce de grenade bien pilée, et vous aurez guérison, Dieu aidant.

Autre formule.

Le même auteur dit : quand vous voudrez agir avec une grande énergie sans recourir à l'incision pour donner écoulement aux humeurs, faites chauffer de la graisse et de l'huile d'olive, puis appliquez sur la tumeur ; l'action de ce remède est plus énergique que celle d'aucun autre reconnue utile.

Autre remède indiqué par un autre.

Faites cuire une figue sèche, mais encore onctueuse et récente, dans du vinaigre fort ; étendez-la ensuite sur un linge que vous appliquez en compresse sur la tumeur ; vous répéterez plusieurs fois cette application, et à chaque fois vous la laisserez pendant deux jours. Vous remplacez ensuite cette compresse de figue par un linge ou quelque chose de léger que vous fixez sur la plaie ; vous faites prendre des bains. Voilà le véritable remède.

Pour l'*enflure*, اِنْتِشَار, *intischar*, on fait macérer dans l'eau pendant un jour et une nuit de l'orge et du concombre sauvage (*momordica elaterium*) écrasés. On fait ensuite sécher l'orge qu'on fait manger par le cheval qui sera par là purgé d'une manière satisfaisante. Voici une recette pour un remède qui débarrasse l'animal de ses vers intestinaux, strongles et autres; triturez bien de la racine de concombre sauvage. Faites-la tremper dans un vase, dans l'eau pendant quelques jours. Décantez ensuite cette eau, faites séjourner dans cette eau pendant une nuit la quantité d'orge nécessaire pour la nourriture de l'animal pendant deux nuits, puis retirez-la, laissez-la sécher, et mêlez une poignée de cette orge ainsi préparée à la nourriture de l'animal, vous aurez bon résultat, Dieu aidant.

ARTICLE VI.

Remèdes laxatifs.

Nous avons déjà mentionné isolément dans le cours de ce livre les remèdes laxatifs utiles dans les maladies pour lesquelles ils sont nécessaires. Ces formules sont disséminées dans les diverses parties de notre livre; prenez-les là où elles se trouvent; nous allons ici exposer divers remèdes dont on peut user dans le même but. — *Formule d'un breuvage* usité comme laxatif, d'après Ibn-Abou-Hazem. Prenez un jeune chien quand il commence à manger, coupez-lui la gorge, plongez-le dans l'eau bouillante pour enlever le poil, retirez tous les intestins. Faites bouillir ce corps ainsi préparé dans un rotl et demi (559 gr. 65) de vin de bonne qualité, pareille quantité de miel; vous décantez le bouillon en le faisant passer en même temps par un linge fin pour le clarifier et afin que les os (et la chair) restent dans la chaudière. Vous faites tous les jours avaler par

l'animal un rotl et demi (559 gr. 65) de ce bouillon après y avoir
introduit une poignée de nitre. Vous faites la même chose pendant trois jours. Si on n'a point à sa disposition un petit chien,
on peut le remplacer par les extrémités (les pieds) d'un porc
gras avec le jambon, que vous traitez de la même manière que
le petit chien.

Article VII.

Recettes pour la préparation de lavements purgatifs, حقنة مسهّلة, pour
l'expulsion des flatuosités nuisibles.

Nous avons aussi exposé précédemment les manières de
préparer les lavements utiles pour les chevaux dans divers
cas. Nous allons donner ici les formules de lavements utiles
pour purger le corps et expulser les flatuosités nuisibles.
Dans le nombre, il s'en trouvera qui sont bons pour divers
autres cas de maladie : pour les démangeaisons, pour rendre
le poil lisse et luisant, procurer de l'embonpoint, dissiper les
affections de la gorge (l'angine, etc.), l'asthme (1). La saison
la plus favorable pour en user, c'est le printemps. Ainsi, dans
cette saison, vous administrez aux animaux (qui en ont besoin)
des lavements pendant trois jours consécutifs avec de l'eau
d'olive, ou bien avec de l'eau (décoction) de genêt blanc, pour
dégager (litt. nettoyer) l'intérieur du corps, pendant trois jours
aussi. On emploie encore dans le même but de l'eau d'olivier
avec du jus astringent de feuille de pêcher et un huitième de
miel, pareil poids de saumure et de bonne huile d'olive. Vous
mêlez le tout ensemble ; laissez reposer un jour et une

_____

(1) الربو, ar-rabou, l'asthme. Banqueri traduit par *muermo, morre,*
mot qui ne se trouve dans aucun dictionnaire. La définition d'Avicenne est
précise : le *rabou, l'asthme, est une maladie du poumon,* الربو علّة رئة
Avicenne, I, 391.

nuit, ajoutez cinq blancs d'œufs, battez le tout ensemble et administrez en lavement à l'animal. Nous avons fait connaître précédemment le traitement du farcin, الجدري, *al-djederi*, pour lequel on emploie un lavement de nitre, de miel et d'eau tiède. Dans la médication de la bête fatiguée ou courbatue, on administre des lavements d'huile de sésame ou de beurre (fondu) de vache ou de brebis, à la quantité d'un demi-rotl (103 gr. 22), poids voulu pour la substance, quelle qu'elle soit, qu'on aura à sa disposition. Pour l'animal qui souffre de coliques ou tranchées, on prépare un lavement avec sept grains de poivre réduits en poudre très-fine délayée dans l'eau. Vous vous réglerez, pour la préparation des lavements à administrer à un animal, d'après ce qui a été dit précédemment isolément, de même aussi dans la préparation des breuvages composés pour les chevaux à leurs *différents âges* (1). Vous raisonnerez les doses d'après ce qui a été dit, et vous opérerez convenablement (2).

Article VIII.

Indication et exposition détaillées de quelques-unes des parties du cheval.
(*Voir la Planche.*)

Déjà dans divers articles de ce livre, nous avons nommé quelques-uns des membres du cheval et des veines qu'on ouvre dans les traitements des maladies des animaux

(1) Banqueri a rejeté en note, sans les traduire, les mots القارح والثنى والجذع, qui indiquent le cheval de cinq ans, de trois ans et de deux ans; l'auteur a oublié sans doute الربعى, le cheval de quatre ans ; nous résumons ces quatre âges du cheval dans ces mots : les chevaux à leurs différents âges.

(2) تصيب, que nous faisons venir de وصب *bene administrare rem*, conduire bien une chose.

elles-mêmes. Maintenant, nous allons donner des explications et entrer dans des détails plus circonstanciés pour l'instruction de ceux qui ignorent ; nous ferons aussi connaître la manière d'ouvrir la veine (quand il faut pratiquer la saignée), Dieu aidant.

Sachez bien que, chez tous les animaux dont le pied est pourvu d'un sabot, chacun de leurs deux pieds de devant est terminé par ce sabot ; vient ensuite (en remontant), le *paturon*, puis *le canon*, le bras et l'épaule. A chacun des pieds de derrière, se trouve aussi le sabot, le paturon, le canon, la jambe, la cuisse *femur*, la *hanche* (*os des îles*). Sachez aussi que la colonne vertébrale comprend toutes les vertèbres dorsales, le *çouh*, place sur laquelle se pose le cavalier. Le *garrot*, c'est le point où se rapprochent les omoplates ; on le nomme encore *kâhil* ; *hâdi* est le *cou*, *qaçrah* en est la base ; *mankib*, c'est le point de réunion de la base de l'épaule avec la partie supérieure du bras. Le *qalhâh* du cheval, c'est le point où se rapprochent les os des hanches, sur lequel est posé le second cavalier (les os iliaques). Ces deux os sont placés au-dessus des fémurs. Le genou, c'est la rencontre de la partie inférieure de l'avant-bras et de la partie supérieure du canon. Le *tzounoub*, c'est la partie antérieure du genou, et *dâghiçah*, c'est l'os qui se meut sur le genou (la rotule, المبرك). Les *lèvres* sont les parties (de la bouche) à l'aide desquelles l'animal saisit sa nourriture. *Cakouch*, c'est le tronçon ou l'origine de la queue. Le *schâthâ* est l'os qui est attaché à la base de l'avant-bras, le *houschoub* (1) le boulet (ce qui forme, l'articulation entre le canon et le paturon, le *jarret, hourqoub*, point de jonction de la partie supérieure du canon avec la jambe.

(1) Nous avons, sans hésiter, introduit ici une rectification dans le texte, en nous appuyant sur la définition qu'on lit plus haut, pag. 503, texte. Ici on aurait *ahrqoub* pour *hourqoub*.

Nota. Pour faciliter l'intelligence de cet article et de la description de la page 43, nous avons fait dresser une planche de l'anatomie

Senbek est l'extrémité *antérieure* du sabot, la *pince*. Le *talon*,
kahab, en est la partie postérieure. Les bords (supérieurs, l'origine du sabot, le *biseau*), ce qui est environné par la *couronne*
aschar, ce sont les crins qui bordent l'origine du sabot (le *biseau*).
Tasnan, c'est le *fanon* et le crin placé à la partie postérieure
du paturon. *Hadjâïtan* sont les deux tendons qui sont à l'intérieur même des pieds de devant. A la base de ces deux tendons
(et aussi dans l'intérieur du pied, dans la région du boulet),
sont *les os sésamoïdes*, *sahadânât*, qui sont comme deux grif-
fes (de lion).

Article IX.

Veines qu'on a l'habitude d'ouvrir pour tirer du sang aux animaux
dans le traitement des maux *qui leur surviennent*.

Les *jugulaires* sont les deux veines placées de chaque côté
du cou; la saignée pratiquée à ces veines est appelée *tawdidj*,
تودّيد. Les *nahiran* sont, suivant *Assimay*, les deux veines de
la poitrine. On les ouvre, dit Ibn-Abou-Hazem, quand l'animal
est attaqué de *spasme* (1). Suivant un autre, cette saignée est
appelée, تصدير, *taçdir*. Les *nadhiran* ou *voyantes* sont deux
veines placées à l'angle de chaque œil arrivant au grand angle; leur saignée est dite, تنكيل, *takhil*. Les *saphènes* sont les
veines des pieds antérieurs. Ces deux veines sont, suivant
Ibn-Abou-Hazem, dans le voisinage des genoux; *nassiân*, les
veines sciatiques occupent la partie interne des cuisses; les
qabilan, au contraire, sont à la partie antérieure. Toute sai-

du cheval où les noms cités par Ibn-al-Awam ont leur traduction française.

(1) Le texte porte الشبكة, *as-schaboka*, qu'on traduit par *implicatio*,
reticulatio ; Banqueri admet *reticulacion*, mais nous lisons التشبّك,
al-tassabak, *spasmus*, comme dans Avicenne, I, 199, I.

gnée pratiquée sur le cheval vers la partie où arrive le talon du cavalier ou dans le voisinage est appelée *tadjenih* جنيح,
et celle pratiquée sur les veines qui circulent sur les cuisses est dite *tafkhids* تفخيذ.

Manière d'employer la lancette dans la saignée aux jugulaires, au poitrail, au flanc, à la cuisse et aux yeux, et pour ouvrir la veine quand l'animal est atteint de *spasme* et dans toutes les autres opérations analogues où on doit opérer par *piqûre*, et en général tout ce qui se rattache aux cas de cette nature. Il faut, dit Ibn-Abou-Hazem, quand on veut pratiquer une saignée à la jugulaire et ouvrir la veine *en fente*, prendre une *lancette* مبضع d'acier (1) à pointe très-fine, et pour la pratiquer par piqûre (ponction) (2) elle doit avoir une pointe large. Lors donc qu'on veut ouvrir la veine ou saigner à la jugulaire, on prend la lancette délicatement entre le pouce et l'index, précisément comme on prend le qalame quand on veut écrire. Le manche est contenu dans la paume de la main. La pointe se montre au dehors entre l'extrémité des deux doigts indiqués, sur une longueur qui varie depuis celle totale de l'ongle du pouce jusqu'à la moitié. On opère ensuite l'ouverture de la veine en dirigeant vers le haut et faisant avec beaucoup de légèreté et de délicatesse une incision énergique. Pour pratiquer la *saignée*, *avec la baguette*, opération bien connue, on adapte à une baguette la lancette, de façon qu'à l'extrémité la pointe fasse saillie de la longueur de l'ongle du pouce. Il ne faut point trop se presser de donner le coup de lancette jusqu'à ce qu'on soit bien certain d'être sur la veine elle-même, particulièrement que la saignée se fait sur les jugulaires. Il ne faut pratiquer cette

---

(1) فولاذ *foulâds*, *ferrum mas praestantissimum*, acier, *chalybs ... -rum Damascenum*, fer de Damas, en persan فولاذ, *poulâd*.

(2) لنسة. Cette lancette est sans doute celle employée pour donner *un coup de flamme*, qui, terminée en pointe, se tout à coup en s'élargissant.

saignée que quand on a bien assuré l'immobilité de l'animal par les entraves et les morailles. Il faut comprimer vivement la gorge de l'animal afin que la veine fournisse un jet de
sang abondant. Cette partie de l'animal présente beaucoup de
dangers; car, si la main va trop loin, on atteint la *veine de
l'eau* qui est l'œsophage (1) de l'animal, qui en meurt infailli-
blement.

Suivant un autre auteur, quelques anciens n'approuvaient
point la saignée à la jugulaire dans la crainte d'accidents qui
ont été mentionnés de la lésion et de la coupure de l'œsophage,
parce que, comme cette veine est peu saillante, on peut être obligé
de porter plusieurs coups; quand cet accident arrive, l'animal en
est affaibli, c'est ce qui fait que cette saignée n'est point sans
danger, c'est pourquoi ils pensaient qu'on devait la remplacer
par la saignée au poitrail. La saignée au flanc est plus salutaire ; elle consiste dans l'ouverture de ces deux veines qui se
trouvent sur les flancs du cheval, l'une à droite et l'autre à
gauche, à la place où se rencontre le talon du cavalier ou dans
le voisinage; c'est sur elle que passe la sangle de la selle ou
du bât (2). Il en est qui disent qu'il est préférable de pratiquer
la saignée sur ces veines plutôt que sur les jugulaires. La saignée au poitrail se fait par l'ouverture des deux veines qui
sont dans cette partie du corps de l'animal. Suivant quelques
praticiens, ce sont deux rameaux des veines jugulaires. On y
procède d'après la méthode indiquée pour l'ouverture des
veines. La saignée aux yeux consiste dans l'ouverture des veines
qui sont placées à l'angle (interne) de chacun des deux yeux
et qu'on nomme les *voyantes*, نظران. Elles courent le long du
nez jusqu'à son extrémité. On dit cette saignée efficace contre

(1) عرق الماء, *la veine de l'eau*, locution qui diffère bien, comme
on le voit, de عرق من الماء, *exigua aquæ portio indita vino*. Cast. Freyt..
المريء *gula*, l'œsophage. V. Avic., tex., I, 425. Trad., I, 656. M. Goubaux croit que l'auteur a peut-être voulu parler de la carotide.

(2) C'est la *veine de l'éperon* ou *sous saignée thoracique*. G.

le *spasme* et autres accidents de maladie. On procède donc à
l'ouverture des veines de la manière et ainsi qu'il a été
prescrit précédemment. Quand on veut opérer sur les saphènes, il faut pratiquer sur le pied de devant, à la partie inférieure du genou, une ligature (très-serrée) avec une corde qui
mettra la veine en saillie et alors l'opération *deviendra plus*
facile, et le sang s'arrêtera aussitôt qu'on desserrera la ligature.

Article X.

De l'extraction du sang de l'animal.

Les diverses manières de tirer du sang, qui sont décrites précédemment, ne doivent être pratiquées que lorsqu'il y a nécessité bien évidente d'y recourir pour la guérison d'une maladie
existante et déclarée, ou quand le sang est en ébullition et
qu'on a reconnu d'une manière bien évidente les symptômes
que nous allons décrire, Dieu aidant de sa volonté.

Sachez bien que la saignée aux jugulaires ne doit être pratiquée qu'en ayant égard à la constitution de l'animal, à son
embonpoint, à sa bonne santé et son état calme ou fébrile.
Quand un animal est dans de bonnes conditions (physiques), on
pratique sur lui une saignée tous les trente jours, ou à peu
près, excepté dans les mois du printemps. Ainsi on ne doit pratiquer de saignée que lorsque cette saison est passée ou avant
qu'elle soit arrivée. Le cheval faible et fatigué (ou usé) doit
être saigné en raison seulement de sa condition et de son état.
Les symptômes qui font connaître l'agitation du sang, c'est la
pléthore des veines des yeux (injectées de sang), les pulsations
violentes de celles de la tête et de la face. Quand vous voyez
un animal qui a la respiration lourde, les yeux gonflés, soutenant mal sa tête et ses oreilles, le corps brûlant, la langue
sèche, lors donc que vous voyez dans un animal ces

symptômes ou la plus grande partie, donnez-lui du raisin frais ou sec mouillé d'eau et retranchez l'orge pendant sept jours ou environ, puis effectuez la saignée. Si les symptômes ont moins de gravité que ceux que nous avons indiqués, pratiquez la saignée sans recourir à la nourriture adoucissante indiquée précédemment.

Quand, après la saignée, le sang vient à couler (de nouveau), on écrase de l'encens, on se munit de poils pris au ventre d'un chat (1), on garnit l'ouverture avec le poil qu'on tient sur la plaie, en projetant de l'encens, jusqu'à ce que le sang soit complétement arrêté. On peut aussi pratiquer avec un linge une ligature qui maintienne cette application sur la plaie, vous faites adhérer au moyen de poussière provenant des meules de moulin (2) ou de cendres bouillies.

S'il y a enflure de la veine après le coup de lancette, le mieux qu'on puisse faire, c'est d'effectuer une lotion avec de l'eau chaude et d'appliquer en compresse de l'oignon grillé tiède. Si la veine vient à se ramollir ou à s'ouvrir, on applique le cataplasme suivant : on prend de la cire, de la graisse de porc, de la moelle de l'os d'un pied de bœuf, du sel, de l'huile d'olive et de la poix, une demi-partie (3). On met ces substances réunies ensemble sur un feu doux, et quand, par la fusion, le mélange est bien complet, on use de la manière et ainsi qu'il a été dit. On frotte avec du goudron pour écarter les mouches de la plaie. Ces procédés seront efficaces, Dieu aidant.

On pratique aussi, contre le *spasme* et autres maladies, la saignée aux veines attenantes au paturon. Voici de quelle manière on procède pour ouvrir la veine. On promène la main

(1) قط, pl. قطط, syn. de سنور, chat, *felis catus*, Linn., αἴλουρος.

(2) Sans doute que par *poussière de meule* on doit entendre la farine folle qui s'échappe dans la mouture.

(3) Les autres substances étant sans doute prises en parties égales.

sur *bras, humerus*, depuis son origine jusque vers le paturon,
comme si on voulait faire descendre le sang vers cette partie,
en appuyant doucement et légèrement. On prend ensuite une
corde qu'on enroule solidement autour du membre, aussi depuis l'origine du bras jusqu'au paturon, tenant les circonvo-
lutions de la corde rapprochées les unes des autres, sur le
bras, en poussant de la main le sang pour le forcer à descendre
vers le paturon, afin de rendre la veine bien apparente. Les
choses ainsi disposées, on opère l'ouverture de la veine d'après
la méthode indiquée plus haut. Quand le sang s'est écoulé en
quantité suffisante, on détache la corde et on applique du sel
sur la plaie. On empêche l'animal d'aller à l'eau et on supprime l'orge, qu'on remplace par du fourrage vert, quand on
le peut; sinon, on use de fourrages secs hachés et mouillés
d'eau. On tient l'animal en repos pendant dix jours, puis on le
dispose à la course en appliquant au sabot des choses forti-
fiantes qui lui donnent de la consistance et de la dureté.

On pratique encore au palais de l'animal la saignée dite
تحنيك, *lahanik*. On opère de cette manière : on introduit le
mors dans la bouche du cheval (pour la tenir ouverte), on donne
le coup de lancette au troisième ou quatrième sillon, prenant
garde de le donner trop près de l'ouverture (de l'œsophage),
parce que, dans ce cas, le sang étant difficile à arrêter, l'animal
périrait (d'une hémorrhagie).

ARTICLE XI.

Manière de monter à cheval avec ou sans armes.

On l'apprendra dans deux ouvrages, l'un de Mohaleb-Ibn-
Abou-Çofarah et l'autre d'Ibn-Abou-Hazem. Il est nécessaire
que celui qui fait un fréquent usage des chevaux s'instruise des
choses qu'il ne peut se dispenser de connaître sur la manière

de bien se tenir en selle et de manier convenablement les
rênes. Il doit apprendre les principes de l'art hippique, desquels il tirera un grand secours pour monter à cheval et s'y
tenir solidement. Il faut prendre (d'abord) une selle large, sur
laquelle on puisse se mouvoir facilement et à sa volonté ; on
doit se garder de toute selle trop petite.

Suivant Ibn-Abou-Hazem, le bois de la selle doit être solide,
former un siége large, le pommeau et le trousquin amples ; la
courroie du poitrail sera de cuir fort et bien préparé ; elle se
contournera pour revenir s'attacher à la selle. La sangle aussi
sera bien solide ; s'il y en a deux, c'est encore mieux qu'une
seule ; quant à moi, je le préfère. Les deux étriers seront d'un
poids bien égal et l'ouverture (*litt.* l'anneau) des étriers ne sera
ni trop large, ni trop étroite. Il vaut mieux qu'ils soient plus pe-
sants que trop légers ; ils seront l'un et l'autre tenus solidement
par une courroie et sa boucle (1) ; on calcule bien la longueur et
le raccourci, afin qu'il y ait parfaite égalité de chaque côté. Cette
longueur sera en raison des besoins du cavalier. La proportion
voulue, c'est que les pieds portent d'aplomb et soient bien posés.
Il vaut encore mieux que les étriers soient plus longs que plus
courts ; car dans ce dernier cas le cavalier est exposé à être
renversé, c'est-à-dire à perdre le fond de selle quand le cheval
vient à sauter ou qu'on veut le retenir vers le terme de sa
course (dans la carrière), comme aussi il n'y aurait jamais sécurité quand le cheval se jetterait de côté ou qu'il se cabrerait.
On adoptera le mors *nisaki* (2) ou ce qui lui ressemble, car

(1) Le texte porte الابزيم, en deux mots, lecture conservée par
Banqueri ; mais nous lisons en un seul mot الابزيم, *la boucle*, ce qui
nous donne un sens logique.

(2) Le texte porte النزكى, *litt.* de lézard, *lacertinus ;* nous pensons
qu'il vaut mieux lire التركى (le mors) turc, ce qui nous paraît plus
logique. Pourtant M. Caussin-Perceval dit avoir lu نزكى, نيزكى et
نزكى, mais ne pas connaître cette espèce de mors.

c'est celui que préfèrent les bons écuyers. La pesanteur ou la légèreté du mors seront réglées d'après ce que pourra supporter le cheval. Pour s'en rendre raison, on fera des expériences répétées, jusqu'à ce qu'on ait constaté ce qui peut convenir à l'animal : c'est celui qui sera à la fois le plus doux, le plus léger et le meilleur à la bouche du cheval, et qu'il admettra le plus facilement. La têtière de la bride doit être courte; car, si elle est trop lâche, le cheval est empêché dans sa course. En effet, quand cette têtière est courte (convenablement), le cheval saisit mieux le mors avec ses dents, il peut s'appuyer dessus et il va d'un pas plus allègre (1). Quand le cheval est faible des mâchoires et qu'on a donné plus de longueur à la têtière, le mors lui pèse, il frappe sur les dents parce qu'il n'est pas contenu par la mâchoire, et l'allure du coursier en est ralentie. Assurez-vous bien de la condition du canon du mors, car c'est l'affaire capitale pour la bride et le cavalier.

Suivant Mohaleb-Ibn-Abou-Gafrah, les rênes de la bride doivent être tenues courtes, dans une proportion qui les rapproche du pommeau de la selle. Des rênes trop longues sont un embarras pour le cavalier. Ibn-Abou-Hazem dit : si, pour aller à cheval, vous préférez la selle, usez-en, mais posez-la vous-même et sanglez-la aussi vous-même, et si cette opération a été faite par un autre (n'oubliez point), quand vous montez en selle, de vous rendre compte par vous-même si le sanglage en assure bien la solidité. Lorsqu'il est trop lâche, que vous vous appuyez sur la selle pour monter, et que vous portez des armes, elle tourne de côté. Quand au contraire la selle est bien sanglée et solidement fixée, elle ne peut (vaciller ni) tourner. Quand vous voulez monter, prenez votre fouet de la main gauche, relevez votre vêtement, placez-vous à la gauche du cheval, en face de l'étrier de gauche, un peu au delà, quand vous vous préparez à vous enlever, ne vous placez pas près du pied antérieur du cheval, c'est une faute que vous devez

(1) Banqueri a rejeté ces derniers mots.

éviter soigneusement. Votre côté gauche doit répondre à l'é-
paule vers l'omoplate. Vous tenez les rênes de la main gauche,
vous saisissez en même temps la crinière ; si par hasard le
cheval n'en avait point, vous portez la main sur l'arçon du
pommeau à l'intérieur, vous raccourcissez un peu dans votre
main la rêne de la main gauche pour forcer le cheval à incliner
légèrement la tête et éviter ainsi qu'il ne s'écarte quand vous
vous enlevez. Il ne faut pas trop raccourcir votre bride, car le
cheval tournerait et reviendrait sur vous. Si vous manquez de
raccourcir la bride comme nous vous l'avons indiqué, le cheval s'agite et s'éloigne de vous et alors il vous est impossible
de vous mettre en selle, quand surtout vous portez des armes
et une lance. Approchez l'étrier qui est devant vous, saisissez-
le, posez alors l'extrémité de votre pied gauche dans (l'anneau de) l'étrier, en l'étendant vers l'épaule du cheval,
sans jamais le pousser sous son ventre; portez la main
droite sur le trousquin ou l'extrémité de la selle à volonté.
Tout cela est très-utile, seulement j'aime mieux vous voir
porter la main droite sur le trousquin. Alors vous vous enlevez
par un mouvement ascensionnel léger, mais vigoureux et
calme, et vous vous trouvez lestement en selle; si un valet vous
présente l'étrier de droite pour (faciliter) votre installation,
c'est plus élégant. Aussitôt que vous êtes monté, vous introduisez la partie antérieure de votre pied droit dans l'étrier de
ce côté. Vous vous appuyez légèrement sur les deux étriers;
vous ajustez vos vêtements de la main droite si vous préférez
les ajuster après que vous êtes monté, et avant de vous asseoir,
ce que vous pouvez très-bien faire. C'est ainsi que procèdent
(habituellement) les bons écuyers; j'approuve moi-même cette
méthode. Pendant que tout cela se fait, la main gauche détient
toujours les rênes ; mais, une fois installé, prenez-les dans chaque main pour faire prendre à la tête du cheval une pose régulière. Donnez alors à votre cheval l'impulsion, pour qu'il se
mette en marche, en lui faisant sentir la pression de vos talons. N'imprimez pas ce mouvement en vous agitant, ni en frap-

pant l'animal avec vos pieds, ce n'est pas gracieux et les bons écuyers ne le font jamais.

Sachez que le beau, dans l'équitation et dans l'art hippique. consiste à savoir se bien tenir en selle et manier les rênes avec grâce. Que votre pose sur la selle soit donc régulière et en parfait aplomb. Le dos doit présenter une ligne droite, les épaules une autre ligne (sensiblement) horizontale, en restant à la même hauteur; ainsi le dos et la partie postérieure du corps doivent s'harmoniser sans se porter plus en avant qu'en arrière. La poitrine ne doit pas être trop saillante ni trop rentrante en dedans, mais droite (et bien posée), ce qui assure la stabilité du cavalier sur la selle. Les cuisses doivent s'appliquer fermement sur les deux côtés ou panneaux de la selle; elles doivent être allongées (et non raccourcies), pour que les pieds, à la même hauteur, portent d'aplomb sur les étriers qui seront rapprochés par la partie antérieure (vers le cheval) sans jamais les tenir écartés (*litt.* les ouvrir), ni les ramener en arrière, car il n'y a rien de plus disgracieux chez un cavalier que de tenir ses pieds dans ces positions. Il ne faut pas non plus les porter trop en avant; la règle en cela, c'est que le cavalier puisse voir la pointe de ses pieds (*litt.* les doigts de ses pieds). Sachez bien qu'un principe essentiel pour l'équitation, c'est d'être fermement posé, les cuisses bien ouvertes et allongées pour se maintenir par elles et en tirer sa stabilité sur la selle.

Les maîtres dans l'art hippique donnent la préférence à l'équitation s'appuyant sur la pose des cuisses; car le cavalier qui monte d'après ce système est appuyé sur ses étriers comme sur une base fixe, et par là il acquiert une grande solidité sur la selle. Une des choses qui assurent le mieux la stabilité du cavalier, c'est de porter ses pieds en avant. Il acquiert encore plus de solidité, s'il s'appuie sur le pied de droite, dans le maniement de la lance, tandis que, pour tirer de l'arc, il faut au contraire s'appuyer sur le côté gauche. Ce qui donne encore de la solidité au cavalier, c'est de s'appuyer sur les étriers, de bien saisir la selle avec ses cuisses, tenir les rênes avec intelligence, et y donner beaucoup d'attention, les mains soutenant les rênes bien égales sur le garrot du cheval, pour maintenir la tête du cheval dans une position régulière, sans qu'elle se porte plutôt d'un côté que d'un autre. Tenez les rênes suivant une proportion et une mesure voulues (par les circonstances); apportez dans leur maniement beaucoup de soin et une très-grande attention, car c'est la partie essentielle de l'équitation qui se rattache à toutes ses ramifications. C'est le principe dominant sur lequel tout vient s'appuyer. Retenez bien cette maxime, car c'est là le résumé de l'art tout entier, puisque le régulateur, c'est le besoin de stabilité (et d'assurance); or, l'animal la trouvera par là (ainsi que le cavalier). Il y a pour la tenue des rênes un régulateur dont tout le monde ne tient pas assez de compte; pour vous, que votre guide en cela soit la position de la tête dans une tenue régulière et normale. Il faut que l'animal sente toujours le mors dans sa bouche; c'est sur cela que doit se porter votre attention; car, si on ne sait contenir l'animal et se rendre maître de ses mouvements de tête, on ne peut réussir à le monter. Le cheval préfère toujours un cavalier qui s'occupe de lui, parce qu'alors il sent toujours le mors dans sa bouche, ce qui est nécessaire, car c'est ce qui lui indique que son cavalier veille sur lui; c'est encore un moyen d'empêcher le cheval de butter. Soutenez donc toujours les rênes et gardez-vous bien de les laisser jamais flotter derrière les oreilles, ni pendantes ou emmêlées. Tenez-les d'une manière bien égale, régulière et ferme, sinon le cheval deviendrait rétif. Ne lâchez jamais au cheval la bride trop longue, ni pour courir, ni pour aller d'un pas relevé, car il y a toujours à craindre qu'il ne butte.

Ibn-Abou-Hazem dit que, quand on veut apprendre l'équitation, il faut savoir que le principe fondamental est la solidité (en selle) et que la méthode la plus sûre pour l'acquérir, c'est d'apprendre à monter à cheval à poil (à nu). Car l'homme qui n'a pas acquis de l'habileté dans ce mode d'équitation n'aura jamais bonne tenue en selle, et il n'y sera jamais solidement, mais au contraire toujours vacillant, et, quand le cheval prendra une allure plus vive et qu'il se mettra à courir, il ne sera point en sécurité contre les chutes si le cheval se montre rétif ou qu'il se livre à quelques mouvements désordonnés. Quand votre résolution est bien arrêtée, vous vous revêtez d'un vêtement léger, vous bridez votre cheval et lui jetez sur le dos une couverture de laine ou d'étoffe de crin. Vous assurez la bride solidement, de même que la courroie du poitrail. Un cavalier a plus de solidité assis sur une couverture que quand il est seulement à poil. Placez-vous ensuite à la gauche de votre cheval vers la cuisse, tenant à la main gauche les rênes. Il n'y a rien à redire, si en même temps que vous tenez la bride vous appréhendez aussi la crinière; enlevez-vous ensuite lestement, et enfourchez le cheval. Quand vous aurez bien pris votre aplomb sur son dos, ramenez vos deux mains ensemble sur le garrot. Donnez alors à votre corps une position verticale, appliquez vos cuisses à la place occupée habituellement par les panneaux de la selle quand elle est sur le dos de l'animal. Portez-vous un peu en avant sur son dos, cette position a plus de grâce quand on monte à poil. Étendez vos genoux, vos jambes et vos pieds vers les épaules du cheval, de façon que vous puissiez apercevoir vos orteils. Votre point d'appui doit se trouver pour vous uniquement dans l'application de vos cuisses et leur pression; ce n'est que par ce moyen qu'on peut espérer se tenir ferme. Celui qui en cherche un autre n'aura jamais ni solidité ni consistance. Tenez vos rênes bien égales et suivez du reste pour règle de votre conduite la marche qui vous a été tracée plus haut. Mettez alors votre cheval en mouvement par la pression des talons, comme il a été dit. Allez au pas ordinaire (1) et lentement pendant quelques jours. Quant

---

(1) سِر العُنق, sir al-ahnaq, litt. allez suivant le cou, c'est-à-dire librement sans tendre le cou, pour dire le pas ordinaire. C'est ainsi que Banqueri traduit.

à vous, soyez sur vos gardes à cause de ces mouvements brusques du cheval dont nous vous avons parlé, qui peuvent se produire avant que vous teniez les rênes et que vous soyez assis solidement en selle (1) (ayez cette attention), jusqu'à ce que vous soyez bien convaincu que vous avez acquis l'aplomb nécessaire, qu'il est devenu instinctif chez vous, et que vous avez suffisamment l'habitude d'aller au pas. Alors mettez votre cheval au trot par la pression du talon comme nous l'avons indiqué. Allez d'un trot léger, observez bien pour monter (vous placer) ce que nous vous avons recommandé. Le trot est une allure qui a des difficultés, et le cavalier peut facilement perdre le fond de selle. Aussi, quand vous commencez à l'essayer, soyez bien attentif comme quand vous voulez vous arrêter. Revenez à cette allure (au trot) jusqu'à ce que vous soyez assez préparé pour le galop. Alors faites prendre à votre cheval cette dernière allure, qu'il doit exécuter par des mouvements de pied très-égaux et comme si, en quelque sorte, il rampait. Tenez-vous bien sur vos gardes, particulièrement pour faire changer le cheval de direction et l'arrêter à la fin de la carrière. Ces deux circonstances exigent de la circonspection et pour soi (sa propre sécurité) et pour la bonne tenue comme cavalier, car elles présentent des risques de chute.

Lancez donc votre monture dans le manége, mais ne l'y tenez pas trop longtemps, parce que cette course trop prolongée est nuisible pour le cheval sur lequel on devra se livrer au maniement de la lance. Quand le cheval est doux et tendre de la bouche, le cavalier doit savoir l'arrêter par un seul mouvement; si c'est le contraire (s'il a la bouche dure), il en faudra trois et même quatre. Chacun de ces mouvements d'arrêt devant aller en s'adoucissant, le second sera moins brusque que le premier. Quand on veut arrêter un cheval il ne faut pas imprimer un mouvement brusque à la tête, mais

(1) Au lieu de *selle*, ‮سرج‬, il faut peut-être lire, ‮جل‬ *djoull*, la couverture, puisque l'auteur en recommande l'usage.

au contraire agir avec douceur ; ces mouvements doivent se
suivre à courts intervalles, sans laisser retomber les rênes
entre chacun d'eux, car le cheval pourrait alors reprendre
l'allure de course. Les mains doivent être dans une position
bien pareille pour opérer l'arrêt, afin de tenir les rênes dans
une égalité parfaite de longueur sans que jamais l'une soit
longue d'un côté et la seconde courte de l'autre. En arrêtant le
cheval, tenez vigoureusement sa tête relevée. Veillez dans cette
opération à ce que le train de derrière soit dans une position
normale sans se porter ni s'appuyer sur une seule jambe
(mais posé sur les deux). Très-souvent l'animal fait perdre le
fond de selle au cavalier malhabile quand il veut l'arrêter.
Gardez-vous bien de jamais (ni blesser ni) faire saigner votre
cheval.

Sachez bien qu'un animal ne saignera jamais sans qu'il y
ait une cause, sans parler de celle qui vient de l'inhabileté
d'un cavalier qui ne sait pas manier les guides. Quand, avec
l'aide de Dieu, vous avez pu acquérir de l'habileté et une bonne
tenue en montant à poil, que vous possédez la plus grande
partie des principes fondamentaux de l'équitation, portez alors
votre attention à vous exercer à monter avec une selle, en suivant pour la conduite de votre cheval les préceptes que nous
vous avons indiqués pour monter à nu. Quand vous possédez
d'une manière bien imperturbable tout ce que nous vous avons
indiqué sur la tenue en selle et la manière de vous tenir avec
assurance, quand enfin l'équitation sera devenue chez vous
une habitude instinctive, telle que jamais vous ne fassiez de
mouvement contraire aux principes pendant que vous êtes sur
votre cheval, soit en précipitant l'allure de l'animal, soit en la
laissant se ralentir pendant que votre pensée se porte ailleurs
et qu'elle est loin de la direction du cheval, et telle enfin
qu'alors même (pendant ces distractions) jamais vous ne manquez à la bonne tenue du cavalier ; quand, donc, vous en êtes
arrivé là, étudiez l'art hippique dans ses rapports avec le maniement de la lance et des armes de toute espèce, et les joutes

entre cavaliers (1). Si vous n'en êtes pas arrivé à ce point et si vous n'avez pas encore acquis ce degré de perfection (que nous venons de dire), ne vous hasardez point à ces exercices et ne songez à vous y lancer que lorsque vous pourrez vous dire : *je suis un bon écuyer*. Gardez-vous donc de vous produire imprudemment dans les joutes à la lance et autres exercices auxquels se livrent les cavaliers, car ce ne serait pas sans danger. Nous insistons sur ce point, c'est qu'il vous faut beaucoup d'exercice et de temps (avant de vous produire dans la lice). Parmi les choses que ne peut ignorer un cavalier, c'est le jeu *des boules* (2). Il doit savoir quand il faut s'abstenir, quand il faut entrer, le moment *précis pour le faire* et sortir quand le besoin l'exige ; il doit savoir égaliser le terrain pour les joutes, les retraites, les attaques, connaître les finesses et tout ce qui se rattache à ce genre d'exercice, ce qui en fait l'essence et les emplacements qu'il exige.

Le cavalier qui veut entreprendre un voyage doit (commencer par) se munir de deux coussins ronds ou carrés. Le coussin est toujours nécessaire dans un long voyage. Mais, s'il arrive que, par suite des mouvements vifs du cheval dans son allure, la courroie du coussin se rompe et abandonne ce qui la retient, alors le pommeau ou le trousquin porteraient immédiatement sur le dos du cheval et le blesseraient ; pour prévenir cet accident, on dispose par précaution une couverture qui passe sous les panneaux de la selle et sous les coussins, de telle sorte que quand, par suite de l'allure du cheval, un des coussins se détache, il reste toujours la couverture qui protége le dos de l'animal. La couverture ou mante (3) présente

---

(1) مبارزة الفرسان *moubáraz ah al-foursán*, litt., l'action des cavaliers combattant les uns contre les autres, exécutant des *joutes* ou même des *fantasias*.

(2) الكرة, jouer à la *boule*, *sphère*, nom d'action de كرا.

(3) مرشحة *mirschah*, *couverture*, *stragulum*, qu'on met sous la selle ; on l'appelle encore مصرة, *mitsrah*, suiv. Freytag. Banqueri traduit par *manta*.

encore cet avantage, c'est d'absorber la sueur provoquée par les coussins.

Quand, par nécessité, on doit monter un cheval dépourvu de sangle, on prend de la main gauche l'étrier de droite par devant, sur la courroie du poitrail, on l'attire à soi vivement (1), on pose le pied gauche sur l'étrier de gauche, on saisit avec la main droite le pommeau et la bride (en même temps), puis on s'enlève et on se met en selle d'après les principes que j'ai indiqués.

Manière de monter à cheval et d'en descendre quand on est armé d'une lance.

Quand vous voulez monter votre cheval et que vous portez une lance, prenez les rênes de la main gauche et le pommeau de la selle en même temps, la lance étant tenue de la main droite. Quant au maniement des rênes et au mode de vous consolider sur le cheval, vous vous conformez à ce que nous vous avons dit précédemment. Vous posez la partie inférieure de la lance près du pied droit, un peu écartée du corps. Placez alors votre pied gauche sur l'étrier de gauche, ainsi que je l'ai enseigné. En même temps, de la main droite vous vous appuyez sur l'arme, vous vous enlevez et vous prenez votre aplomb sur la selle. En même temps que vous vous enlevez et que vous vous mettez en selle, vous enlevez aussi votre lance en la faisant tourner par-dessus la croupe du cheval, pour la passer à droite; tout cela doit se faire avec prestesse et vigueur. Saisissez ensuite de la main gauche la lance et les rênes, arrangez vos vêtements, appuyez sur le côté droit et rendez la lance à la main droite. Si vous vous trouvez dans un désert, que vous n'ayez personne à votre portée que vous craigniez de blesser, ni d'arbres dans lesquels vous pouvez craindre

(1) Pour que la selle ne se dérange pas ni qu'elle tourne sur le dos du cheval.

aussi que votre lance s'embarrasse, prenez de la main gauche
votre arme par le milieu pour monter, prenez en même temps
la crinière de la même main, portez la main droite sur le
pommeau ou le trousquin, et enlevez-vous sur votre monture.
Quand vous voulez descendre, faites passer la lance du côté
gauche, portez votre pied à terre près du pied gauche antérieur du cheval (1), prenez en même temps le pommeau de la
main droite, et effectuez la descente ; quand vous êtes à terre,
prenez votre lance de la main droite, lestement, de peur que
votre cheval, venant à se tourner, ne la brise ou que la pointe
ne porte sur la terre ou sur l'animal lui-même. C'est ainsi que
procèdent les bons cavaliers ; retenez bien tous ces préceptes.
Ibn-Abou-Hazem dit : ne vous exposez jamais à ramasser votre
lance, quand vous êtes en selle, car le cheval pourrait poser le
pied dessus et la briser, mais descendez, ramassez votre arme
et remontez.

Manière de monter à cheval avec un bouclier.

Quand vous voulez monter à cheval avec un bouclier, pre-
nez-le sous votre bras gauche, puis mettez-vous en selle (montez) de la manière indiquée.

Manière de monter avec un cavalier en croupe.

Posez votre pied gauche dans l'étrier de gauche, prenez en

(1) Il y a nécessairement ici une inexactitude qui a été signalée par
M. Huzard. En effet, le cavalier ne peut poser son pied à terre près du
pied antérieur du cheval s'il est encore en selle. Nous croyons donc
qu'il faut lire : *passez la lance à votre gauche, posez-la à terre à votre
pied et près du pied gauche antérieur du cheval*, *etc.*, et corriger le texte
ainsi : فضع الرمح في شمالك الى رجلك الخ

même temps le pommeau de la main droite avec les rênes, ou prenez celles-ci de la main gauche, si vous voulez, en vous conformant du reste à ce que nous vous avons enseigné; en montant vous coupez la selle par le milieu avec le pied droit.

Manière de s'y prendre pour faire sentir le fouet à un cheval,
d'après Ibn-Abou-Hazem et autres.

Vous faites sentir le fouet au cheval quand il va avec nonchalance et qu'il ralentit le pas ; car, lorsqu'il peut craindre le fouet, il reprend de l'énergie (1) et son allure devient plus vive (*litt.* il y a augmentation). On ne doit point le frapper sans l'avoir prévenu.

Quelquefois un bon cavalier est obligé de manier les armes, comme le bouclier,
la lance et le sabre (2).
Comment on doit manier le bouclier, d'après Ibn-Abou-Hazem.

C'est avec le milieu du bouclier qu'on se protége contre le sabre, contre la lance. (On manœuvre ainsi) : aussitôt qu'on sent que la pointe va frapper le bouclier, on porte la tête obliquement, en même temps qu'on éloigne le coup par le mouvement de la main. Évitez le choc en pleine poitrine, vous seriez renversé. Prenez bien garde aussi que la lance ne glisse (sur le bouclier) et ne vienne tomber sur vos habits.

Maniement du sabre.

Il n'y a point d'arme qui, pour celui qui en fait usage, de-

______

(1) Nous différons ici de Banqueri ; nous lisons عند غفلة وانتباه, et un peu plus loin فشَّت pour فسد ; c'est ce qui nous paraît le plus rationnel dans ce passage obscur.

(2) Ce titre est général pour les trois paragraphes qui suivent.

mande plus de précaution. J'ai vu bien des cavaliers, qui, voulant porter un coup de sabre, ou le manier dans l'hippodrome, à leur début, blessaient leur monture à la cuisse, à la jambe et aux oreilles, ou se blessaient eux-mêmes au pied et se faisaient des entailles. Quand vous voudrez vous former au maniement du sabre dans les divers exercices de l'hippodrome et les luttes guerrières, posez vos pieds dans l'étrier, de manière que les doigts des pieds ne se montrent point en dehors du fer de l'étrier (c'est-à-dire ne le débordent point), et, quand vous portez le coup de sabre, prenez bien garde à vos pieds, à la cuisse de votre .cheval et à sa tête. Quand vous avez en rencontre un cavalier (ennemi), rangez toujours votre adversaire à droite, en toute occasion (si vous combattez avec le sabre) ; pour (le combat avec) la lance, c'est au contraire à gauche.

Maniement de la lance.

La lance doit être aussi légère que possible ; il en sera de même pour toutes les autres armes. La lance doit être longue de dix coudées (4 m. 620) au moins, et de onze coudées (5 m. 082) au plus ; la *hampe* ne doit être ni trop mince, ni trop grosse ; dans ce dernier cas, la main ne peut la bien saisir. La lance ne doit point être grosse au point de ne pouvoir être contenue dans la main qui la saisit, ou assez mince pour que les doigts reviennent par-dessus la paume. La manière (la plus convenable) de manier sa lance, c'est, après que le coup de pointe a été porté et qu'on a blessé son adversaire, de dégager l'arme (et d'en rendre le mouvement libre).

Article XII.

Recommandations adressées aux amateurs de chevaux (*litt.* cavaliers),
d'après le livre d'Ibn-Hedjadj et autres.

Le cavalier (ou propriétaire d'un cheval) ne doit jamais négliger de visiter son cheval, inspecter son écurie, voir ses pâturages et tout ce qui se rattache à son régime, à sa nourriture à son abreuvement et autres détails, desquels dépend le bien-être de l'animal. La chose principale pour lui, c'est, tous les matins comme tous les soirs, d'examiner les pieds du cheval; s'il remarque quelque crevasse sur le tendon, ou du sang, ou quelque affection, même légère et peu appréciable, il doit user de ménagements envers l'animal, ne le faire ni travailler ni courir de toute la journée. On appliquera des liniments (sur la partie souffrante) et on tiendra le cheval attaché, les pieds baignant dans l'eau courante; ce procédé est d'une efficacité énergique et le plus convenable dans l'espèce.

Sachez que les maladies les plus sérieuses sont, au début, sans importance ni gravité; une inspection légère ne peut en apprécier les conséquences. Cependant le cheval devient triste, le mal s'aggrave et l'animal périt. Gardez-vous surtout de faire boire un cheval, ou de lui donner de l'orge à la suite d'une violente fatigue ou d'une longue course; *cette imprudence* serait suivie الرّبو d'asthme ou *pousse*, de gonflements et de borborygmes, de fourbure التشبيك (1), enflure au jarret,

----

(1) التشبّك. Cette seconde forme ne se trouve pas avec cette signification, mais nous l'adoptons et nous traduisons par fourbure (*hordeatio*) par les raisons données plus haut, pages 59 et 61, note. Voyez aussi le texte, II, 522, ligne 10. Banqueri réunit à tort ce mot au suivant.

altération du sabot. Déjà nous vous avons fait connaître dans des passages isolés quelques-uns de ces préceptes, en disant en même temps ce qu'il convient de faire quand un cheval a fait une course longue ou qu'il éprouve une grande fatigue, avant de lui donner à boire ou à manger ; reportez-vous-y et faites-y bien attention.

CHAPITRE XXXIV.

Éducation des oiseaux (*litt.* animaux qui volent) qu'on élève dans les habitations, dans les jardins et dans les domaines ruraux, pour le profit ou pour l'ornement, comme les pigeons, les oies, les cauards, les paons, les poules, les abeilles ; instructions sur les choix à faire, manière de les conduire et de les gouverner ; leur nourriture ; traitement de leurs maladies, avec tout ce qui se rattache à ce sujet.

ARTICLE I.

Les pigeons.

Il y a deux espèces (principales) de pigeons : la première est l'espèce *domestique*, qu'on élève dans la maison où elle fait ses couvées et son habitation ; l'autre est le *pigeon des champs*, qui va chercher sa vie au loin (*litt.* paître) (1). L'espèce qui fait sa

---

(1) Le *pigeon domestique* الحمام الانسي, c'est le pigeon de volière et le pigeon pattu, *plumipes*. Le pigeon des champs, *agrestis* الحمام, البري الراعي comprend ici plus particulièrement le *pigeon fuyard*, qui habite les colombiers, *Columba livia*, Linn. Ces deux espèces sont bien définies par Varron. *Re rust.*, III, 7, qui admet une troisième

ponte et ses petits dans les habitations des hommes est peu nombreuse. Le pigeon n'habite et ne fait sa couvée que dans des constructions qu'on dispose exprès pour lui. La plus belle espèce est le pigeon domestique qu'on élève dans l'intérieur des maisons. On donne la préférence à ceux qui ont des plumes jusque sur les pattes, dont le corps est gras, qui brillent de belles couleurs et qui roucoulent.

Suivant Aristote, le pigeon domestique fait dix pontes dans l'année et quelquefois onze. En Égypte, le pigeon fait douze couvées. Les pigeons s'accouplent au bout d'un an, et quelquefois quand ils ont atteint six mois. Le plus communément, le pigeon pond deux œufs ; il est rare que de l'un des deux ne sorte point un mâle et de l'autre une femelle. L'œuf allongé et pointu aux deux bouts contient la femelle, tandis que celui qui est rond et dont les bouts sont plus larges donne le mâle. L'oiseau commence par pondre l'œuf d'où sortira le mâle, et le lendemain il pond celui d'où sortira la femelle. Ainsi, il y a entre l'un et l'autre l'intervalle d'un jour et d'une nuit. On voit quelquefois le pigeon pondre trois œufs. Le premier des pigeonneaux qui éclôt casse sa coquille au bout de vingt jours. La mère commence par attaquer l'œuf et par le percer avec son bec, puis le petit brise la coquille et l'ouvre. Le mâle et la femelle tiennent le petit pigeonneau sous leurs ailes pendant plusieurs jours, jusqu'à ce qu'il ait acquis assez de force par suite de leur tendresse (et de leurs soins). Le mâle se tient sur les œufs et les couve pendant une partie du jour; la femelle

espèce, produit du croisement des deux premières. Cf. Géop., XIV, 1; Colum., VIII, 8, et Pallad., I, 24. La citation d'Aristote qui vient plus loin à l'occasion de la ponte et du pigeon *non* domestique الحمام البري s'applique à tous les pigeons sauvages, et plus spécialement à la tourterelle et au pigeon ramier. *Hist. anim.*, XI, 5. *Vid. Colombe messagère*, Mich. Sabbagh, trad. Sacy. حمام موسرول *hammâm moussarwal, Columba plumipes*, pigeon pattu. — Notre auteur ne parle point ici des pigeons messagers. Voir ce que nous en avons dit dans notre préface, page 63.

tient l'incubation pendant le reste du jour et toute la nuit. Les pigeonneaux les meilleurs sont ceux qui sont nés au printemps ou en automne ; ceux d'hiver ou d'été sont bien inférieurs.

Un autre a raconté qu'un pigeon mâle avait deux femelles, qu'elles pondirent toutes deux et qu'il partageait l'incubation tantôt avec l'une et tantôt avec l'autre. On trouve dans le livre de Djâhetz sur les animaux que l'œuf de pigeon se gâte pendant l'incubation par l'effet du tonnerre, et que la femelle elle-même, quand elle entend le tonnerre, répudie ses œufs (et les abandonne) ; quelquefois aussi, à la suite de violents coups de tonnerre, la couveuse ne délaisse ses œufs que quelques jours (après).

Il en est qui disent que, si on veut augmenter le produit du pigeon domestique, c'est, après l'époque (de l'accouplement), d'éloigner le mâle de la femelle pour quelques jours, puis de les remettre ensemble ; les œufs que donnera le couple seront plus nombreux, et très-peu d'entre eux avorteront. L'habitude du pigeon domestique est de boire dans des vases et de prendre sa nourriture dans l'intérieur de la volière (*litt.* de la maison) ; ils sont assez familiers, mais avec les personnes seulement qu'ils connaissent. La solitude leur est pénible et l'isolement leur pèse. Il faut au pigeon des lieux frais et de la propreté. Il a des habitudes qui le rapprochent de l'homme dans ses rapports avec la femelle, par les baisers qu'il lui donne, par ses provocations amoureuses et par la manière de se comporter au moment de l'accouplement (Cf. Arist., *Hist. anim.*, VII, 3).

Suivant Aristote (*Hist. anim.*, VI, 5), le *pigeon fuyard* pond deux fois par an. Suivant Philémon et autres, on prépare pour les pigeons des constructions en forme de tours ; elles seront pourvues à la partie inférieure de nids (1) isolés entre eux.

(1) Des nids, تَفَاريد au sing., تَفْرود. Les Géoponiques disent d'établir ces nids depuis le bas jusqu'au toit. L'auteur grec les nomme σηκοί et κοιθῶνες, XIV, 6. Ces nids seront isolés par des cloisons, comme on le voit dans l'intérieur des colombiers.

On peut, si on le préfère, les pratiquer dans l'épaisseur du mur, tout à l'entour, en lignes superposées, jusqu'aux deux tiers ou aux trois quarts de la hauteur. Cette disposition est bien préférable pour la surveillance et plus commode. Il faut nettoyer le colombier deux fois par mois. On laisse à la partie supérieure du colombier deux ouvertures qui ne soient ni trop larges ni trop étroites, mais assez spacieuses pour que les pigeons puissent sortir librement. Le colombier doit être à la proximité des champs cultivés (*litt.* ensemencés). Sachez bien que la propreté et les soins apportés à nettoyer le colombier contribuent à la bonne venue des pigeons et à leur conservation et les préservent en même temps de toutes les maladies, Dieu aidant.

Cassianus et Kastos recommandent bien de prémunir convenablement les colombiers, pour qu'aucun petit animal destructeur ne puisse s'y introduire. Il faut donc en assurer solidement la construction; c'est le moyen qu'ils n'y pénètrent point. Kastos dit qu'on dispose dans l'épaisseur des murs du colombier de petits espaces (ou nids) dans lesquels les couples puissent faire leurs petits. Les colombiers doivent avoir trois ouvertures ou fenêtres, une plus large que les autres, pratiquée dans le toit, pour l'entrée et la sortie, une autre fenêtre à l'exposition du levant et une autre enfin à celle du couchant, les deux plus petites un peu détournées du vent du midi. Cassianus veut que le colombier ait sa porte au couchant. Il doit y avoir au-devant des pots ou nids (1) une planche qui serve aux pigeons quand ils veulent sortir ou aller boire. D'autres veulent que les portes et les ouvertures du colombier soient à l'aspect du levant, pour que les rayons du soleil puissent y pénétrer, ce qui est très-avantageux. Les pigeons se reposent volontiers sur les terrasses ou sur le sommet des habitations pour y recevoir les influences du vent du nord. Les colombiers doivent être larges et spacieux. On ne doit point les établir sur le bord des rivières ni entre les arbres, à cause des dégâts que pourraient

(1) ــيـش، lieu où l'oiseau couve ses œufs.

commettre les oiseaux de proie, les serpents et les rats sur les œufs et les pigeonneaux. Il faut prendre garde d'entrer trop souvent dans les colombiers des pigeons fuyards; c'est nuisible ; cependant ces visites ne doivent point être trop rares, car les pigeons (déshabitués de la vue de l'homme) seraient effrayés et s'enfuiraient. Si on pratique dans l'intérieur du colombier des fumigations avec de la résine, c'est très-favorable à la croissance des pigeonneaux et à leur multiplication ; le même résultat s'obtient en brûlant de l'encens (Géop., XIV, 3).

Suivant Cassianus, un des moyens de fixer les pigeons au colombier, c'est d'y introduire des têtes de chauves-souris ou des branches de sorbier, ou encore des pieds de vigne sauvage au moment où se montre la fleur (Géop., XIV, 2). Kastos partage aussi cette opinion. Il en est qui disent que si on prend du lait de femme allaitant son premier enfant, si c'est une fille, qu'on le mette dans des bouteilles qu'on placera dans le colombier, à l'ouverture qui sert pour l'entrée et la sortie des pigeons, ils s'attacheront à ce colombier et ils deviendront très-féconds (1).

Suivant Philémon, les pigeons doivent être nourris avec des graines froides, telles que les lentilles, les haricots, l'orge. La graine de carthame est pour le pigeon ce que la viande est pour l'homme, par la propriété qu'elle possède pour l'engraisser. Le même ajoute que les pigeons se nourrissent très-bien de blé, de haricots, qu'ils mangent du fenugrec, de la graine de lin et du cumin et que cette dernière graine est celle qu'ils aiment le mieux (Cf. Géop., XIV, 1).

On lit dans l'Agriculture nabathéenne : si on fait bouillir des fèves non décortiquées jusqu'à ce qu'elles soient cuites à moitié, puis si, les concassant, on en nourrit les pigeons, les

---

(1) Banqueri a renvoyé en note le passage suivant : « Il en est qui « disent qu'un crâne humain vieux et ancien, placé dans un colombier, « y attire les pigeons en grand nombre ; mais, si le crâne est récent, il « produit un effet tout contraire. »

jeunes deviendront très-gras. La farine d'ivraie pétrie dans l'eau et donnée comme aliment aux pigeons leur fait prendre une graisse saine. On nourrit encore les pigeonneaux avec du pain trempé dans l'eau (de la pâtée), et l'on ajoute à l'eau qui fait leur boisson du cumin et du miel. Si on donne aux pigeons de la graine d'aubergine et des lentilles, ils ne déserteront point (le colombier) et ils y produiront beaucoup. Si on mêle à l'eau qu'ils boivent du cumin, des lentilles et du miel, ils s'attacheront au colombier et ils en amèneront beaucoup d'autres avec eux. Suivant Cassianus et autres, un moyen de fixer les pigeons à leur colombier, c'est de les nourrir avec du cumin et des lentilles qu'on fait macérer dans de l'eau miellée. Si on fait séjourner du cumin nouveau dans un vin qui ait un bouquet agréable, qu'on en fasse manger aux pigeons quelques jours avant de les laisser aller aux champs chercher leur pâture, aucun pigeon étranger ne s'approchera d'eux qu'il ne s'y attache forcément et ne les suive. Si on fait griller de l'orge, qu'on la fasse moudre, qu'on prenne ensuite quantité égale de figues pilées et que, pétrissant le tout avec du miel, on fasse avec la pâte des boulettes qu'on donne à manger aux pigeons, ils s'attacheront à leur colombier et ne le quitteront jamais, Dieu le voulant (Cf. Géop., XIV, 2).

Cassianus dit qu'il est des personnes qui font une pâtée de farine d'orge et de lait bouilli avec addition d'une certaine quantité de miel pour en nourrir ensuite les pigeons. C'est un des moyens de les rendre féconds et de les attacher au colombier ; on peut aussi déposer cette pâtée à l'intérieur. De même Cassianus dit encore (Géop., XIV, 1) que l'on doit nourrir dans l'intérieur du colombier les pigeons pendant deux mois d'hiver. parce que, dans le reste de l'année, ils vont chercher leur vie dans les terres ensemencées et ailleurs.

Il y a encore d'autres moyens d'écarter les petits animaux nuisibles, comme les campagnols, les serpents, les belettes, les chats et tous les animaux malfaisants. Quand ce sont les campagnols qui viennent dans le colombier attaquer les pigeonneaux et les œufs, il faut mettre sur les sentiers qu'ils parcourent, à l'entrée de leurs trous et sur les fenêtres du colombier, de la cendre de chêne ; ce procédé les écartera, Dieu aidant. Si on pratique dans les colombiers des fumigations avec des ongles et des cornes de chèvre, de cerf et de la rue réunis ensemble, jamais les belettes ni aucun animal nuisible n'approcheront du colombier. En suspendant dans l'intérieur du colombier et de tous les côtés une poignée de rue, les belettes ni les chats n'approcheront point. Si on suspend de la rue dans les lieux où passent les chats pour s'introduire dans les colombiers, ou si on en met à l'intérieur (ces animaux s'en éloigneront) ; la rue est contraire à tous les animaux qui causent du dégât dans l'intérieur des maisons (Cf. Géop., XIV, 4).

Djahetz dit, dans son livre sur les animaux, que lorsque les serpents respirent l'odeur de la rue, ils en sont asphyxiés (*litt.* ils ne peuvent reprendre la respiration) et stupéfaits au point qu'on peut les saisir à la main ; ils sont enivrés parce que l'odeur de la rue est contraire à ces reptiles. Si on en plante au-devant du colombier, jamais ni belettes ni chats n'en approcheront, Dieu aidant. Les serpents s'éloigneront encore, si aux quatre angles du colombier on écrit les mots *Adam* et *Ève* (1).

Propriétés des pigeons.

On trouve dans le livre d'Ibn-Zohar (Aven-Zohar), que le pigeon qui vit en compagnie et qui habite les colombiers a reçu de Dieu la propriété spéciale de fortifier la chaleur naturelle

---

(1) Les Géoponiques, XIV, 5, prescrivent dans ce cas d'écrire seulement le mot *Adam* Ἀδὰμ, dans lequel le commentateur voit les initiales des noms des quatre points cardinaux, Ἀνατολή, Δύσις, Ἄρκτος, Μεσεμβρία. L'article est attribué à Démocrite.

(de l'homme) par celle dont sa nature propre a été pourvue par
le Créateur. Dieu a encore donné le pigeon à ceux chez lesquels
il habite, comme préservatif de la variole, de l'apoplexie, de la
paralysie et de l'hémiplégie. Quand un individu affecté de variole
a des pigeons dans le voisinage de son habitation, ou s'il y en a
dans une pièce au-dessus de celle qu'habite le malade, ou s'ils
sont dans une pièce inférieure, la guérison sera certaine, Dieu
aidant de sa volonté. Telle est la propriété admirable dont le
Créateur a doué ces oiseaux.

Maladies des pigeons, moyens de les guérir.

Sachez, dit Philémon, que le pigeon est un oiseau chez lequel le mal fait de rapides progrès et chez lequel il est contagieux. Il est d'un tempérament chaud et sec; ses principales
maladies sont : l'angine ou pépie, la maladie du foie, la phthisie, la vermine et la stérilité.

On guérit l'angine (ou pépie) الخناق, en passant pendant un
jour ou deux de l'huile de violette sur la langue de l'oiseau
malade, ensuite on frotte avec de la cendre et du sel la membrane qui recouvre la langue, jusqu'à ce qu'elle soit enlevée,
puis on passe du miel et de l'huile de rose jusqu'à guérison
complète.

Pour la maladie du foie, on prend du safran, du sucre candi,
de l'eau de chicorée ; on mêle le tout ensemble dans un vase
plat, et on donne ce mélange à boire au pigeon malade, ou
bien on le lui ingurgite à jeun.

Pour guérir de la toux ou phthisie, on nourrit le pigeon
d'amandes décortiquées ou de pois chiches aussi décortiqués;
ou bien on lui ingurgite du lait récemment trait, puis on ouvre
les deux veines qui sont au bas de la patte, vers l'articulation
interne, et on laisse couler la quantité de sang qu'il plaît à Dieu.

Pour débarrasser le pigeon de la vermine, on frotte ses plu-

mes avec du mercure dissous dans de l'huile de violette. On
répète la friction plusieurs fois et la vermine disparaît.

On guérit la *stérilité* اعقم, c'est-à-dire la cessation de la
faculté de pondre, en prenant trois myrobolans jaunes, un
myrobolan *chebula* (1), soixante grains de poivre, vingt dattes
et une assiettée de miel. On triture le tout autant que possible,
on le mêle avec les dattes, on triture de nouveau, on pétrit
avec du miel, on fait des boulettes de la grosseur d'un pois et
on fait avaler tous les jours à l'oiseau stérile dix de ces pilules.
On place le mâle dans un endroit d'où il puisse voir sa femelle,
lui donnant pour nourriture des pois chiches et de l'ail.

Sachez que le pigeon est un oiseau d'une grande utilité et
très-familier ; c'est une nécessité impérieuse pour l'agriculteur
de l'élever et de le faire produire à cause du grand avantage
qu'on tire de son fumier pour toute espèce de fruit et de terre.
On ne peut ni s'en passer, ni le remplacer. Sous un petit volume, ce fumier produit autant d'effet que les autres espèces
d'engrais sous un plus grand ; on doit donc *attendre* du pigeon grand profit et grande utilité (Cf. Géop., XIV, 1).

On raconte qu'il y avait dans la maison du prophète une
paire de pigeons roux, et que l'origine des pigeons du terri-
toire sacré de la Mecque dérivait de ceux d'Abraham et d'Ismaël qui étaient restés. Le pigeon était un des oiseaux familiers pour les prophètes, et qui faisaient leur demeure dans
leurs maisons. Toute habitation dans laquelle est un pigeon, est
garantie par Dieu de tous les maux que les djins pourraient y
causer. En effet, ces êtres stupides se plaisent à taquiner tout

______

(1) حليلج كابلى, ou comme écrit Castel, اهليلج *hililadj kabily*
myrobolanus chebula, *terminalia chebula* et بليلج *bililadj*, *Bellirices
chebuli*. Ainsi nommé de la ville de Kaboul كابل dans le Zablestan. Ce
myrobolan est le fruit du badamier chébule. V. Avic., I, 144, 162.
Aboulfeda, *Géogr.*, texte arabe, 464 et Edrisi, trad. de Jaubert, I, 182.
Dict. hist. nat. Déterv.

ce qu'il y a d'êtres vivants dans une habitation, et, quand il s'y trouve un pigeon, c'est à lui qu'ils s'attaquent, et ils laissent les hommes tranquilles.

ARTICLE II.

Les paons.

Le paon est un de ces oiseaux domestiques qu'on élève à cause de leur beauté. Suivant Aristote et autres, le paon vit vingt-cinq ans et commence à pondre au bout de trois ans. A cet âge, son plumage a atteint la perfection de ses couleurs. Les paons s'accouplent au printemps et la ponte a lieu peu après. La femelle pond une seule fois par an. Cette ponte ne se suit point régulièrement, mais il y a parfois deux ou trois jours d'intervalle entre l'émission de chaque œuf, dont le nombre s'élève jusqu'à dix ou un peu plus (*Hist. anim.*, VI, 9). Il en est qui disent que le paon des îles est préférable au paon de terre ferme (1). La première ponte que fait la paonne est de huit œufs. Souvent il se trouve des *œufs de vent*. L'incubation dure trente jours et rarement plus. Quand on veut faire couver la femelle, il faut placer sous elle cinq de ses œufs et quatre œufs de poule. Ceci doit se faire le neuvième jour de la nouvelle lune. Au bout de dix jours, on enlève les œufs de poule qui sont sous la couveuse et on les remplace par d'autres; ainsi, au bout de trente jours, les œufs de paon et les œufs de poule éclosent ensemble, la volonté divine aidant. Souvent il arrive qu'on fait couver les œufs de paon par une poule, parce que

---

(1) Voilà ce que dit le texte ; mais ne faut-il pas y voir une traduction défectueuse de ce passage des Géoponiques qui dit que *c'est surtout dans des îles faites artificiellement qu'on élève les paons?* XIV, 18. Cf. Colum., *Re rust.*, VIII, II, 1.

souvent pendant l'incubation, quand le mâle voit sa femelle, il vole sur elle et fait casser les œufs. C'est pour cette raison qu'on emploie des poules à cet usage. Mais on ne place pas sous une poule plus de deux œufs de paon qu'elle couvrira et échauffera convenablement, ce qu'elle ne pourrait faire pour un plus grand nombre d'œufs pour les amener à l'éclosion. Quand la poule est établie sur les œufs, il faut avoir bien soin de lui donner sa nourriture sans qu'elle soit obligée de se déplacer ni de quitter ses œufs qui se refroidiraient. A cet effet, on la lui pose à sa proximité au-dessous d'elle, le plus doucement possible et sans élever la voix (Cf. *H. A.*, *loc. cit.*).

On dit que les fèves grillées doivent former la nourriture habituelle du paon. En hiver, on lui donne, avant qu'il ait pris aucune autre nourriture, un dirhem (2 gr. 55) de graine de *cubèbe* (1); leur boisson doit être de l'eau de bonne qualité. On ne doit rien donner aux petits pendant deux jours (après l'éclosion); le troisième, on prend de la farine d'orge qu'on pétrit avec du vin. On y mêle du son de froment et des feuilles de poireau très-tendres; ce n'est qu'au bout de *six jours* (2) qu'on doit leur donner de l'orge. Les jeunes paons doivent être séparés des vieux. Suivant Aristote, le paon se dépouille de ses plumes en automne, quand les feuilles commencent à tomber, et elles recommencent à pousser quand les arbres commencent à végéter et les bourgeons à paraître (*Hist. an.*, *loc. cit.*).

---

(1) العروس, *al-ahrous*. Ce mot ne se trouve point dans les dictionnaires. Banqueri le traduit par *cubèbe;* nous avons suivi cette traduction. Les Géoponiques disent simplement *des fèves grillées*, XIV, 18. Columelle dit la même chose, VIII, ii, 6.

(2) Les Géop., *loc. cit.*, disent positivement *six mois*. Columelle le dit aussi, *loc. cit.*, 15.

ARTICLE III.

L'oie domestique, الاوز.

On élève l'oie dans les lieux où se trouve de l'eau et de l'herbe. Elle pond et elle couve trois fois par an, donnant à chaque fois quinze œufs. Suivant Aristote, la durée de l'incubation pour l'oie est de trente jours ; il en est de même pour les aigles et les gros oiseaux ; ceux qui ont moins d'ampleur, comme le faucon et les diverses espèces d'éperviers, ne restent sur leurs œufs que vingt jours (*Hist. an.*, VI, 6).

Dans cette espèce, la femelle couve sans que le mâle la seconde. Suivant un autre auteur, on nourrit les oies avec des (graines de) légumineuses qui les font engraisser, à l'exception de la vesce exclusivement. La meilleure nourriture qu'on puisse donner aux oies pour les engraisser, c'est de la pâte délayée avec de la farine de lupin. On nourrit les petits oisons avec de la paille de bonne nature pilée ; quand ils en mangent et qu'ils boivent de l'eau (à discrétion), ils grandissent promptement. Ce n'est qu'au bout d'un mois qu'on doit laisser les jeunes oisons aller à l'eau. Il faut dans les pâturages les tenir séparés des gros ; ils ne doivent aller en pâture que quand le temps est serein. Veillez bien sur les soies du porc et la laine du mouton ; car, s'ils en avalent, c'est très-nuisible pour eux (Cf. Géop., XIV, 22).

ARTICLE IV.

Le canard privé, *borak* ou *bath*, بط ou بورك.

Il faut, pour le produit, choisir les canards dont le corps est gros et le plumage blanc, pour que leurs petits leur ressemblent. La cane pond trois fois par an, douze œufs à chaque ponte et pas plus. On range les œufs de chaque cane séparément, on laisse passer vingt jours, ensuite on établit les couveuses sur les œufs que chacune d'elles a pondus, parce que cette espèce d'oiseau ne couve point les œufs d'une autre femelle. On met sous la couveuse douze œufs, pas plus. Quand le temps est froid, le caneton perce sa coquille au bout d'un mois, et quand il n'est point froid il la perce au bout de *vingt-sept jours* (1). Une bonne nourriture pour la femelle qui couve, c'est l'orge qui a trempé dans l'eau. La meilleure alimentation pour les canards, ce sont les feuilles de courge, la chicorée, les basilics, les lentilles, le riz, le millet, et autres plantes analogues ; il faut donner au canard du pain de farine non tamisée ou de la paille de froment trois fois par jour (2).

Il faut, dit Kastos, quand les canetons sortent de l'œuf, qu'on prenne de la terre argileuse (limoneuse), qu'on met dans un vase à large embouchure contenant de l'eau ; on y jette ensuite du froment qui a macéré dans l'eau pour que les canetons trouvent là leur nourriture. Quand ils ont acquis de la force, on hache de la paille sèche qu'on fait séjourner dans l'eau et on la leur donne à manger. Lorsqu'ils ont pris assez de force, on les mène à l'eau, d'où ils sortent pour aller paître, quand la chose est possible. Il faut tenir les mères et leurs

---

(1) Le texte porte *dix-sept jours*, mais nous croyons qu'il faut lire عشرين *vingt* et non عشر *dix*, par analogie de ce que dit Columelle pour les oies, VIII, 14, et par comparaison avec le nombre de jours indiqués pour les pays froids, et enfin par ce qui se passe habituellement.

(2) خشكار *khouschkâr*, pain de farine mêlée de son, c'est-à-dire qui n'a point été tamisée, ou la farine dans laquelle on aurait rapporté du son. Nous préférons ce sens à celui d'*hordeum balearicum* qu'on trouve aussi dans les lexiques, et qui a été admis par Banqueri. La paille sera, comme pour les jeunes oisons, écrasée.

petits dans des lieux séparés (1). Les canards qu'on nourrit dans des endroits chauds engraissent bien plus promptement. La meilleure nourriture qu'on puisse donner aux canards, c'est de leur préparer une pâtée dans laquelle la farine de lupin entre pour un tiers; on en donne trois fois par jour. On leur donne de l'eau dans un vase où ils puissent boire après avoir mangé. D'autres jours, on prend de la paille sèche (hachée) qu'on fait tremper dans l'eau jusqu'à ramollissement, puis on la leur donne à manger. Les plus gras sont toujours ceux qu'on élève dans des endroits chauds. Voici le secret pour faire grossir les foies des canards. On prend du sésame qu'on nettoie bien et qu'on fait griller; on le fait moudre, puis on mêle à la farine une certaine quantité de quelque plante (potagère) verte, ou de graine qu'on aura fait macérer dans l'eau si elle est sèche (2). On pétrit le tout ensemble (on en fait une pâtée) qu'on fait manger aux canards dont les foies prennent beaucoup d'ampleur (3).

Article V.

Les poules.

Suivant Cassianus et Kastos, les meilleures poules pour l'élevage et pour la reproduction sont celles dont le corps est

(1) Nous donnons la traduction du passage suivant que Banqueri a rejeté en note : « Prenez garde que les canards ne pénètrent dans les « broussailles, dans les champs de sénevés verts, prenez garde aux « mauvais vents, et qu'ils n'avalent des coquilles ou colimaçons. » Le texte n'est pas très-net, mais on saisit le sens général.

(2) Le texte dit : *quelque chose d'humide ou qui ait macéré dans l'eau si c'est sec.* Nous avons traduit, nous guidant sur ce qui est dit plus haut.

(3) Ces foies étaient bien connus des Grecs et des Latins; Horace en parle, *Sat. II, 8, 88*; Juvénal, *Sat. 4*; Athénée, *Déipnos.*, IX, p. 384, B. c. Edit. Casaub., etc., mais ils ne parlent que des foies d'oie. Columelle n'en dit rien.

ample, la tête forte, les cuisses (et pattes) élevées. Les bonnes pondeuses se reconnaissent parce qu'elles ont la face colorée, la crête large ; elles sont bien fournies de plumes, bien corsées ; elles appuient solidement sur le sol (en marchant) ; elles ne retiennent point leur œuf, ni ne le mangent. C'est au bout d'un an accompli que les poules sont dans leur plus grande fécondité ; d'autres ne le sont qu'à deux ans. Quand elles ont dépassé cet âge, la ponte se ralentit, et elles perdent le désir de l'accouplement.

Suivant Aristote, les poules d'une forte corpulence pondent plus que celles qui sont petites. Elles produisent jusqu'à soixante œufs avant de couver. Il y a une espèce qui tire son nom du roi *Adrianus.* Son corps est allongé, et elle pond tous les jours ; mais elle est d'un mauvais naturel et querelleuse ; on en trouve de diverses couleurs ; souvent il lui arrive de tuer ses poussins (1).

On recommande de choisir un coq de deux ans. Ce qui témoigne de sa vigueur, c'est une crête arrondie, un bec court, la prunelle noire, les cuisses épaisses, sans être ni trop longues ni trop courtes ; il lui sera poussé nouvellement deux barbes, très-colorées ; il aura sa queue bien fournie, sera ardent au combat, ne le refusant jamais, sans pourtant courir au-devant ; sa face doit être de couleur rosée. Les poules s'habituent facilement à ces qualités. Dioscorides dit que, quand on mêle à la nourriture du coq de l'adiante (2), *cheveu de Vénus,* il devient plus ardent au combat.

---

(1) Cette citation d'Aristote ne concorde pas toujours avec le texte grec. Entre autres choses, Aristote cite *les poules d'Adria,* sans dire qu'elles tirent leur nom du roi Adrien. *Hist. anim.,* VI, 1.

(2) البرسياوشان, *Adiantum capillus Veneris,* Linn. Adiante, Ἀδίαντον. Dioscorides, IV, 136, où on lit la citation rapportée ici. Le nom arabe se trouve dans la version du médecin grec. — Le mot جوالك, qu se lit ici, est une altération de جَلَبة, *tumultus, concitatio.* Vid. vers. arabe de Diosc. Mss. B. I. 1007, f. S., fᵒ 96, vᵒ art. 29.

Kastos, Cassianus et autres disent que les poules ne doivent point habiter des poulaillers humides, et qu'il faut les tenir dans des endroits chauds. On pratique dans l'épaisseur des murs des cavités dans lesquelles les poules puissent aller pondre (Colum., VIII, 3, 4). On dispose de la paille, afin que l'œuf ne soit point cassé en tombant (sur la pierre). On dispose aussi des morceaux de bois sur lesquels s'abattent (et se posent) les poules (Colum., *loc. cit.*, et 5). Il ne faut pas qu'il y ait dans un poulailler plus de cinquante poules auxquelles on donnera cinq coqs, de façon qu'il y ait un coq pour dix poules (Géop., XIV, 7).

Suivant Aristote (*H. A.*, VI, 1), les poules pondent toute l'année, excepté pendant deux mois d'interruption en hiver. Il y a des poules qui pondent jusqu'à soixante œufs. La formation de l'œuf est complète, le plus habituellement, dix jours après la fécondation. Il y a des poules qui à certaines époques pondent des œufs contenant deux jaunes, ce qui arrive aussi pour certains oiseaux. Le poulailler doit être fermé par une porte ou deux *panneaux* juxtaposés. On lit dans le livre de Djâhetz *sur les animaux*, qu'une poule avait anciennement pondu dix-huit œufs qui tous contenaient deux jaunes. Elle les couva et tous produisirent deux poulets, à l'exception de ceux qui étaient gâtés (1).

On dit qu'il y a des poules qu'on nourrit dans l'intérieur des habitations et qui pondent deux fois par jour. D'autres poules pondent beaucoup, et ensuite elles meurent de cet excès de fécondité. Les œufs de poule et de toute autre espèce d'ovipare qui sont allongés, donnent des femelles ; ceux-là donnent des mâles qui sont plus ramassés, plus arrondis et plus gros à

(1) Ce passage, attribué à Djâhetz, se trouve dans Aristote, *H. An.*, VI, 4, fin, mais il faut y rattacher cette phrase, que Banqueri a rejetée en note : « Il sortit deux poussins dont l'un était plus gros que l'autre. » Cette phrase complète l'idendité du texte arabe avec celui d'Aristote.

chaque bout. Les œufs plus larges aux deux bouts sont plus favorables à la sortie du poussin.

Il arrive que les poules et les pigeons (femelles) pondent des œufs incomplets (faibles ; c'est ce qui a lieu pour les œufs non fécondés. Quand la poule couve ces sortes d'œufs, il n'en sort jamais aucun (poussin) (1).

Suivant Aristote (*Hist. anim.*, VI, 2), les œufs fécondés de toutes les espèces d'oiseaux sont couverts d'une coque solide qui les protége contre les accidents du dehors. Quelquefois cette coque est restée molle par suite de quelque altération, et l'œuf est exposé à divers accidents (*litt.* il arrive ce qui arrive). Suivant Cassianus et Kastos, quand on veut faire couver une poule, il faut disposer sous elle un lit de paille ; on ajoute un morceau de fer ; c'est très-utile pour les poussins. On met sous une bonne couveuse un nombre d'œufs (convenable) (2) ; on en met moins sous celle qui est moins bonne. Les œufs doivent toujours être en nombre impair et placés quand la lune est croissante, c'est-à-dire depuis la nouvelle lune jusqu'au quatorze du mois lunaire inclusivement. Suivant Kastos, l'opération doit se faire depuis la dixième nuit jusqu'à la moitié du mois. Tout ce qu'on voudrait faire couver dans le déclin de la lune se gâterait. Suivant Cassianus, les meilleurs œufs pour l'incubation sont ceux qui sont recueillis à partir du sept d'ayar, qui est *isfendarmah* (mai), jusqu'au vingt inclusivement de *khardanmah* (août) ab, depuis le moment où commence à souffler le vent du couchant jusqu'à l'équinoxe d'automne. Suivant Kastos, les œufs les meilleurs à faire couver, ce sont ceux pondus depuis la troisième nuit d'ayar exclusivement jusqu'au vingt-trois de *khardanmah* inclusivement. On mettra

---

(1) *Vid. inf.*, *OEufs de vent*, p. 716, texte, et 232, trad.

(2) Voilà ce que dit le texte, sans doute défectueux, que nous complétons à l'aide des Géoponiques qui disent : « sous une bonne poule, « on met vingt-trois œufs. » Géop., XIV, 7, p. 380.

toujours sous une vieille poule des œufs pondus par une jeune ;
il ne faut jamais faire couver des œufs d'une vieille poule ; car,
comme souvent ses œufs manquent de jaune (1), il n'en sort
point de poussin.

Époque de l'incubation. — Il faut, dit Cassianus, mettre les œufs
sous les couveuses, seulement depuis l'équinoxe (du printemps),
c'est-à-dire le vingt-quatre du mois d'adar, *dimah* (mars). Selon
Kastos, c'est depuis la sixième nuit du mois d'adar ou *dimah*,
jusqu'à la fin du printemps.

On dit de ne point faire couver les poules qui ressemblent à
ces coqs, dont nous avons parlé et qui ont *une longue crête* (2),
parce qu'elles brisent les œufs. Kastos dit que, sous une poule
qui a de la corpulence, il ne faut pas mettre plus de vingt-trois
œufs, quinze sous celle d'une moyenne grosseur, et que le
moins qu'on en puisse mettre, c'est onze. Leur nombre doit
toujours être impair ; on doit les retourner tous (et les changer
de place) tous les trois jours (pour qu'ils reçoivent également
l'influence de la chaleur). Au bout de quatre jours on prend les
œufs, on les examine au soleil (on les mire), et, si dans l'intérieur
on aperçoit des espèces de filaments rouges, on les remet en
place, car ils sont bons et sains. Si, au contraire, ils sont
clairs, il faut les rejeter, parce qu'ils sont gâtés. Kastos et
autres recommandent de changer les œufs de place pour les
porter dans une autre (sous la couveuse). Le vulgaire croit qu'il
ne faut point remuer les œufs, ni les changer de place, ni y
toucher à partir du moment où la poule a commencé à les
couver ; mais il n'en est pas ainsi ; si on les retourne et si on les

(1) Banqueri traduit par *cicatricula* le mot ﲞ, que tous les dictionnaires rendent par *vitellus*. Cette cicatricule est appelée, dans quelques
parties de l'Andalousie, *migaia*, qui rappelle le mot arabe.

(2) Les Géoponiques disent seulement de *ne point faire couver les
poules qui ont de longs ergots, parce qu'elles percent les œufs*. Géop., loc.
cit. Nous pensons qu'il faudrait lire الظفر, *ergot*, au lieu de العرف, *crête*.

manie avec précaution, il ne peut en résulter aucun mal (cf.
Géop., XIX, p. 7, 381).

On dit que, si la poule refuse de se fixer sur ses œufs, parce
qu'il lui répugne de couver, il faut jeter par-dessus elle et ses
œufs une couverture faisant une sorte de voûte sous laquelle
on lui dispose à manger. Quand l'incubation est terminée
(*litt.* la poule s'éloigne de ses œufs), et que les poussins sont
éclos, on prend, sous les ailes d'une autre poule qui aura couvé
en même temps, quelques-uns des petits éclos, pour réunir aux
premiers ce petit nombre d'étrangers, à l'effet de compléter la
trentaine, mais il n'en faut pas plus. Kastos recommande de
boucher les yeux de la poule à laquelle on soustrait ses poussins. Il ajoute que jamais la couveuse ne doit quitter ses œufs,
ni se séparer de ses poussins. On lui donne à manger le soir et
le matin. On dit que les poules couvent depuis le mois d'avril
jusqu'à la fin de mai ; — l'incubation dure vingt jours, à la fin
desquels la couveuse quitte (*litt.* abandonne) le nid.

On lit dans Aristote que dans le cours de l'été la poule reste
sur ses œufs pendant dix-huit nuits ; en hiver les petits n'éclosent
qu'au bout de vingt-cinq jours. Il arrive parfois qu'un nuage s'é-
lève dans l'air et que le tonnerre se fait entendre, et alors les
œufs se gâtent ; mais, en tout état de choses, les œufs tournent mal
bien plus souvent en été qu'en hiver, surtout quand souffle le vent
du midi. L'auteur dit encore que l'œuf ne s'échauffe et qu'il n'en
sort un poulet que si l'oiseau reste dessus pendant un certain
nombre de jours. Quelquefois l'œuf s'échauffe (et il éclôt) de
lui-même, quand on l'enfouit dans une terre chaude, ou si,
comme cela se pratique en Égypte, on arrange les œufs dans du
fumier. L'œuf placé dans un vase tenu chaud s'échauffe et l'éclosion se fait d'elle-même (cf. Arist.. *Hist. Anim.*, VI, 2, p. 824).

Incubation artificielle.)

Kastos dit que si on veut faire couver des œufs sans recourir à une couveuse, il faut, dans la saison dite *de l'incubation des poules*, prendre du crottin de poule, qu'on réduit en poudre ; on le passe au tamis, puis on le dépose dans un vase vernissé ou dans une chaudière. On range alors par-dessus les œufs de poule, la pointe en l'air. On recouvre ces œufs de plumes de poule (1) ; sur ces plumes on arrange une nouvelle couche de crottin pulvérisé, qui environne bien le tout, afin qu'il soit couvert exactement de tous les côtés. On tient ensuite le vase dans un endroit chaud (on laisse passer) deux ou trois jours sans y toucher. Puis on retourne deux fois dans l'espace d'un jour et d'une nuit tous les œufs couverts par ces plumes et ce crottin. On continue cette opération pendant vingt nuits, et les poussins éclos sortent de la coquille. Il faut avoir soin de noter le jour où l'opération a commencé, parce que, après vingt jours, on sait que l'heure de l'éclosion est arrivée. Quand on veut réunir les poussins à ceux qu'une poule a déjà fait éclore à ce moment, on le fait de façon à atteindre le nombre trente, et pas un de plus. On prend ensuite du pain d'orge moisi et du son ; on y mêle du crottin de cheval et d'âne, on met le tout dans un vase, et on verse de l'eau dessus, de façon que le tout en soit couvert. On couvre avec des étoffes ou vêtements de laine pour faire développer la chaleur. Au bout de trois jours il s'est produit dans la masse des vers qui font la pâture des poussins jusqu'à ce qu'ils aient acquis de la force. On prépare cette *verminiere* avant l'éclosion des poussins, afin qu'elle soit prête quand cette éclosion a lieu (*vid.* Géop., XIV, 8).

Suivant Kastos, Cassianus et autres, ce qui engraisse le mieux les poules, ce sont *des légumes* cuits, du millet et du son de froment ; mais ce qui surtout contribue à faire prendre de la graisse aux poules, c'est de les tenir dans l'obscurité et de leur donner une pâtée de farine d'orge non tamisée et de leur arracher les grandes plumes des ailes. On fait aussi trem-

---

(1) Les Géoponiques ne parlent point de ce lit de plumes.

per dans du vin du pain de froment qu'on fait manger aux poules. Elles pondent beaucoup si on leur donne du millet. L'orge-riz, mêlée de son de froment, les engraisse très-bien aussi. On leur donne encore avec avantage du doura avec du son ou du froment. On engraisse encore très-bien les poules si, après avoir arraché les plumes (1), on les tient enfermées, et si on les nourrit d'une pâtée de farine d'orge et de panic délayée dans de l'eau. Le millet engraisse très-bien les poules si on le leur fait manger après leur avoir arraché les grandes pennes des ailes. Un autre procédé pour engraisser les poules promptement, c'est de prendre de l'oignon et du poireau qu'on coupe en morceaux ; on en fait une pâtée avec de la farine et on la fait avaler par la poule ; ce procédé les engraisse merveilleusement. D'après l'*Agriculture nabathéenne* on fait moudre de l'ivraie, on en délaye la farine dans l'eau et on en nourrit les poules, les canards et les pigeons qui prennent une bonne graisse, ou bien on fait dissoudre de l'*assa fœtida* dans du miel, on y fait tremper du blé, et on en nourrit les volailles qui deviennent à la fois grasses et fécondes. Quand on veut engraisser les poules, il faut leur donner une pâtée de farine d'orge ; le riz et le son produisent le même effet. Il est des personnes qui ajoutent à la nourriture habituelle des poules de la graine de persil et de la rue.

Cassianus dit qu'on ne doit point faire manger aux poules du raisin ni du verjus, qui rendent la ponte moins abondante. On dit aussi que ce qui empêche les poules de pondre, ce sont les peaux de fèves et celles de haricots. La meilleure pondeuse cesse de l'être quand on la nourrit continuellement de fèves ; elle devient même tout à fait stérile. « Si on veut assurer la

(1) L'auteur ne s'explique pas sur la quantité de plumes qu'il faut arracher ; mais il faut se reporter à ce que dit Columelle d'arracher la plume de la tête et celle de dessous les ailes, pour prévenir l'invasion des poux ; on arrache encore celle qui est dessous la queue, qui pourrait déterminer des ulcérations dans ces parties (Col., *Re rust.*, VIII, 7, 2).

« bonne santé de la poule, il faut soumettre la paille qui la
« reçoit, elle étant dessus, à une fumigation de soufre, de
« résine, de cèdre et d'os de caille (1). » Si on attache sous les
ailes d'une poule de la rue sauvage ou de l'absinthe, les belettes
n'en approcheront point. On peut juger de l'état (de souffrance)
d'un oiseau par son plumage hérissé et par la perte de son éclat.

Maladies des poules.

Les maladies des poules sont la vermine et une affection qui
les saisit dans la gorge et qui ressemble à une angine (la *pépie*).
Le froid leur est également nuisible. Quand les poules sont
attaquées de la vermine, on prend du myrte et du cumin qu'on
met (infuser) dans du vin de datte, on en lave ces gallinacés,
et la vermine meurt. Celui qui veut prévenir pour les poules
l'invasion des maux de gorge, ou de la langue, devra piler des
coquilles d'œufs torréfiées, qu'il mettra dans du moût débarrassé des pepins ; il fera avaler à la volaille partie de ce mélange avant de lui donner rien autre chose. Un procédé, suivant
Kastos, fort utile pour prémunir les poules contre la pépie et
le froid, c'est de leur laver le bec avec de l'urine humaine, ou
bien de le leur frotter avec de l'ail pilé et de les abreuver d'eau
dans laquelle on aura fait macérer du laurier (cf. Géop., VIII,
17, *fin*).

Quand on veut obtenir de gros œufs d'une poule, il faut piler
des tessons de vases d'argile neufs minces, passer au tamis la
poussière, la mêler avec du son, la pétrir avec du vin et en faire

---

(1) Banqueri a rejeté cette dernière phrase en note, parce qu'il ne
la comprenait pas. Quant à nous, nous y voyons la répétition un peu
modifiée du passage suivant qu'on lit dans les Géoponiques (XIV, 11) :
*Aliqui domunculas et nidos lustrant imo etiam ipsas gallinas sulfure
et bitumine et tædis.* Cf. Colum., VIII, 5.

manger à la poule (cf. Géop., XIX, 11). Un procédé pour empêcher les poules de manger leurs œufs, c'est de prendre un
œuf, d'en extraire le blanc par un petit trou, puis d'introduire
par ce même trou de l'eau et du plâtre, qu'on mêle avec le
jaune. On donne à la poule cet œuf ainsi préparé ; et, quand
elle en a mangé, la constriction qu'elle éprouve à la gorge
l'empêche de recommencer. Cassianus dit : toutes les fois
qu'une poule mange ses œufs, il faut la tuer de peur que les
autres n'en fassent autant.

De la conservation des œufs.

(Pour conserver les œufs) il faut les mettre dans un vase
(*litt.* une chaudière) au fond de laquelle on aura disposé un lit
de son. Un procédé pour la conservation des œufs et empêcher
qu'ils ne se gâtent, c'est de les mettre dans la paille ou des
écorces de lupin, ou bien de les laver dans de l'eau et de les
saupoudrer de sel pilé, ou de les plonger dans la poix. On conserve encore les œufs l'été et l'hiver dans le son. Kastos
recommande de tenir les œufs dans la paille pendant l'été et
dans le son pendant l'hiver ; ou bien on les plonge dans l'eau,
puis on les range dans le sel. On peut encore les tenir plongés
dans une eau salée tiède pendant une heure ou deux. Il y a des
personnes qui, après avoir trempé les œufs dans l'eau fraîche,
les laissent dans l'eau tiède pendant trois ou quatre heures,
puis les rangent sur la paille ; ces œufs se conservent intacts.
Du reste, on reconnaît à la vue un œuf gâté en le mirant au
soleil. On expérimente encore de la manière suivante : on
met l'œuf dans l'eau ; s'il surnage, il est gâté ; si au contraire
il plonge, il est sain. Il ne faut point éprouver par l'eau l'œuf
qui a déjà un commencement d'incubation (1).

(1) Une partie de ces prescriptions se lit dans les Géop., XIV, 11.

Dispositions merveilleuses des animaux (1).

Quand une poule a triomphé d'un coq, elle en prend les habitudes, elle chante de même, elle coche les autres poules, relève sa queue (fièrement) comme le coq, et souvent aussi, comme à lui, il lui pousse des ergots.

Quand un jeune poulet a été chaponné, il perd la voix, il néglige les poules, il engraisse, sa chair devient succulente et savoureuse. On prend de préférence pour faire des chapons les jeunes mâles, les plus amples de corps. On effectue la castration en brûlant (avec un fer chaud) *la partie voisine du croupion qui touche la femelle dans l'accouplement.* On répète la cautérisation deux ou trois fois (2).

Les oiseaux qui pondent les *œufs de vent* (3) sont les poules, les perdrix, et diverses autres espèces d'oiseaux comme les pigeons, les paons et les oies. L'œuf de vent se forme du vent et de la terre ; il n'est point le produit de l'accouplement. Il est plus petit, plus mou, moins agréable au goût que les œufs fécondés. L'œuf de vent ne donnera jamais naissance à un poussin, à moins que la fécondation n'intervienne par l'accouplement

(1) Quoique le titre s'exprime en termes généraux, il s'agit seulement ici des oiseaux.

(2) زمكّى zimikky, la base de la queue, ὀρροπύγιον, le croupion, mais nous avons préféré allonger la phrase en donnant le développement explicatif qu'on lit dans Aristote, *Hist. anim.*, VI, 30. Voir pour cette opération barbare ce qu'en disent : Varron, III, 9, 3; Columelle, VIII. 2, 3 ; et Pline, X, 25.

(3) OEuf de vent الريح بيض, οἷα τὰ ὑπηνέμια, urines oiseaux. Aristote, *H. An.*, VI, 2. *Hyphemia*, Plin., X, 79. Ces œufs de vent nous paraissent avoir grande analogie avec les *œufs faibles* ضعيف بيض dont il est parlé plus haut, page 245. L'article entier est d'Aristote.

du coq et de la poule. Quelquefois, la poule porte en elle de petits œufs provenant de l'action du vent, qui, tous, peuvent être animalisés par l'effet de l'accouplement, n'eût-il lieu qu'une seule fois. C'est surtout dans les temps chauds que se produisent les œufs de vent dont peuvent naître des poussins, si la fécondation intervient.

Les poules sont susceptibles de couver des œufs de paon, des œufs de canard et de toute autre espèce de volatiles. Pour cela, on choisit celles qui ont de la corpulence. On lit, dans le livre de Djâhetz sur les animaux, que, si un pigeon couve un œuf de poule, le petit qui en provient a plus de vivacité et qu'il vit plus longtemps.

On dit que, quand une femelle ne couve point, c'est qu'elle est malade et qu'elle est dans de mauvaises conditions. Si on insère dans l'anus d'une poule stérile une fleur d'aigremoine (1), elle pond tous les jours un œuf. Si on prend de l'encre de cordonnier (*couperose verte, sulfate de fer*), زاج السلابكثة, et qu'on la mette dans du vinaigre, la laissant jusqu'à dissolution complète; puis, si avec cette dissolution on trace de l'écriture sur un œuf qu'on expose au soleil jusqu'à dessiccation complète, si alors on fait cuire cet œuf dans de l'eau avec du sel, on trouvera l'écriture reproduite sur le blanc (2). Il a été dit encore que, si on voulait faire tomber les plumes d'une poule, il fallait lui introduire dans l'anus de l'*assa fœtida;* on la laisse, et, au bout d'une heure, toutes les plumes tombent.

(1) غافت *ghaphit*, *agrimonia eupatoria*, Linn. Εὐπατόριον, Diosc., 4, 41. Spreng., *Hist. rei herb.*, 1, 174.

(2) *Litt.* On trouve cette écriture fixée en lui. Banqueri l'entend de la coquille. Mais les Géoponiques, XIV, 10, disent positivement : *putamine denudas, λεπίσας, inscriptionem reperies.* Nous avons suivi cette interprétation.

Article VI.

Les abeilles.

Parmi les abeilles, il y en a qu'on appelle *les femelles ;* ce sont les plus petites ; elles ont un aiguillon (1). Il en est qu'on appelle *les mâles,* dont le corps est plus gros que celui des femelles, et qui n'ont point d'aiguillon. Il y en a qu'on appelle *les rois ;* ils sont encore plus gros que les mâles et moins nombreux, et n'ont point d'aiguillon. Il est des personnes qui pensent que les rois des abeilles sont de deux espèces. L'une est de couleur rousse, c'est la meilleure ; l'autre est noire, de nuances diverses. Le roi est d'une grande taille ; elle est deux fois plus grande que celle de l'abeille qui fait le miel. On dit que la meilleure espèce de rois, celle qui doit être préférée, est celle qui est d'un roux clair et brillant, puis celle tachetée de points tirant sur le noir.

Suivant Aristote, les rois des abeilles ne sortent jamais de la ruche avec des abeilles d'une autre ruche ; ils ne le font qu'avec un des essaims de cette ruche (où ils ont pris naissance). Quand le roi sort, toutes les abeilles de l'essaim se groupent autour de lui, laissant un vide dont le roi occupe l'extrémité (2).

---

(1) Le texte porte ﺷﻤﻊ, que les lexiques traduisent par *cera, favus mellis,* ce qu'on ne saurait admettre ici. Nous lisons ﺷﻮﻛﺔ *aiguillon,* comme à la page 718 du texte, et ainsi nous rentrons dans la théorie d'Aristote, qui accorde un aiguillon aux ouvrières, et qui en refuse aux mâles et aux rois. *Hist. anim.,* V, 22.

(2) Ces anciennes théories, démontrées fausses par l'observation, sont rejetées bien loin par la science moderne.

Si, dans la même ruche, il se rencontre plusieurs rois, l'inquiétude agite les abeilles et la ruche se perd. Suivant un autre auteur, il faut détruire les rois des abeilles et n'en laisser qu'un seul; car, s'il y en a plusieurs, c'est extrêmement nuisible pour la ruche; un seul est suffisant. Quand on veut détruire ces rois (surabondants), il faut, pendant l'hiver, arroser d'eau tiède la couverture de la ruche; ils s'y attachent, et, après cette opération, il est facile de tuer ces rois qui n'ont point d'aiguillon, ce qu'on fait, à l'exception d'un seul, choisi parmi les plus forts. On lui coupe les ailes avec des ciseaux afin qu'il ne puisse pas s'envoler; car, tant que le roi reste dans la ruche, les abeilles ne la quittent point. Suivant d'autres, on opère de même pour la suppression des mâles.

On a dit que les abeilles étaient produites par suite de l'accouplement du mâle et de la femelle. Ibn-Sina (Avicenne) dit, dans son livre *al-saqâlah* (1) : Il est constant pour moi que la génération des abeilles est une chose naturelle, qui a pour cause l'accouplement du mâle et de la femelle. Le principe originaire de cette génération, c'est l'accouplement des deux sexes. Aristote dit : L'abeille naît de l'abeille lorsque l'une a été fécondée par l'autre. Il en est qui disent que, si l'abeille est le produit de l'accouplement, elle est engendrée par les rois, qui se fécondent entre eux. Suivant le livre de *la Médecine des animaux*, les corps s'échauffent et produisent des vers en grand nombre; et comme on voit, à la suite des pluies, les abeilles se porter sur le limon qui est le résultat de cette eau tombée d'en haut, on pense que l'abeille en est produite. Il en est qui disent qu'à cette époque (2) on ne trouve point de miel dans les ruches, mais du *couvain*. La larve (ver) de l'abeille ressemble à un ver, pour la forme; puis, les membres se détachent et la forme de l'abeille se montre, et, quand l'insecte a

____

(1) Le mot arabe الشفاء ni le livre ne se trouvent nulle part.

(2) A l'époque des pluies printanières.

subi l'influence du vent, il prend une teinte noire et se complète.

On dit que les mâles des abeilles n'ont point d'aiguillon. Ces mâles ne prennent aucune part à la préparation du miel. Quand un mâle prend sa volée, c'est pour quitter la ruche avec la suite nombreuse que forme l'essaim (avec lequel) il s'élève dans l'air en faisant entendre un bourdonnement. Suivant Hadj de Grenade, il est très-avantageux qu'il n'y ait qu'un petit nombre de mâles dans une ruche; les abeilles ouvrières n'en seront que plus alertes. Il arrive parfois que les femelles expulsent les mâles, ou qu'elles les tuent, parce (qu'ils sont paresseux et) qu'ils ne prennent point part au travail.

La meilleure espèce d'abeille, dit Aristote (*Hist. anim.*, V, 22), est petite, ronde, et de couleur variée. La petite abeille est bien plus laborieuse que la grande. Celle-ci est entièrement de couleur noir brûlé. La bonne abeille fait des alvéoles, عيون, plus lisses, plus régulières, plus exactement couvertes. L'abeille qui va butiner sur les montagnes et dans les bois est moins grosse, mais elle donne plus de miel. Il y a encore une troisième espèce d'abeille longue de corps, qui ressemble à l'abeille mâle (1). L'abeille dont le corps est long n'est point matinale; les alvéoles qu'elle fait ont peu de régularité; elles sont (mal) couvertes comme le sont celles des mâles (2). Son travail n'a pas beaucoup de solidité. Il y a encore une autre espèce d'abeille dont l'abdomen est gros, et qui peut être comparée à ces femmes nonchalantes qui ne travaillent point. Les abeilles qui sont vieilles ont le corps velu. Chez les jeunes, au contraire, il est lisse et de bien plus belle apparence que chez les vieilles; elles sont aussi plus matinales, leurs petits mieux formés, et le miel est aussi de meilleure qualité. Ces jeunes abeilles sont moins promptes à faire usage de l'aiguillon, et leur piqûre est

---

(1) C'est peut-être celle qu'Aristote dit ressembler au frelon. *Ibid.*

(2) *Litt.* Les opercules sont enflés et troués comme ceux des mâles.

aussi moins mauvaise; en même temps elles sont plus hardies.

Suivant Aristote et autres, il faut tenir les abeilles dans un lieu frais pendant l'été et chaud pendant l'hiver. Ce qui leur convient surtout, c'est un emplacement parfumé de bonnes odeurs, chaud pendant la saison froide, et ombreux pendant l'été. Il ne faut point que le soleil y darde en plein ; la végétation doit y être belle et offrir beaucoup de plantes aromatiques. Les abeilles auront toujours à leur portée de l'eau bien pure, dans les bois ou ailleurs, ce qui entretient en elles la vie. A cet effet, on dispose en devant des ruches une pierre plate sillonnée de petites rigoles de la profondeur de deux doigts, dans lesquelles on verse de l'eau de bonne qualité, propre et limpide, car elle a pour les abeilles un attrait merveilleux, en même temps qu'elle leur est très-profitable, et elles ne sont pas tentées d'émigrer. Veillez à ce qu'il n'y ait point dans les lieux où elles vont butiner, ni câprier (1), ni hellébore noir, ni absinthe, ni tithymale ; s'il s'en trouvait, il faudrait les arracher, car le miel qui provient de ces plantes est de mauvaise qualité. On doit disposer des compartiments en bois (2), espacés entre eux d'une coudée (0 m., 462), sur lesquels on installe les ruches; ces compartiments seront enduits d'un mélange de cendre et de crottin. Ils seront placés dans *des ruchers* formés de murs élevés ; dans les interstices des pierres seront laissés des vides par lesquels les abeilles puissent sortir librement. Ces issues *seront assez étroites* pour empêcher d'arriver les oiseaux qui font leur nourriture des

---

(1) Les Géoponiques disent *câprifiguier, figuier sauvage,* συχῆν ἀγρίαν, XV, 2. Varron dit que le miel *du figuier* est mauvais, III, 16, 26.

(2) رفوف au sing. رّق *opus arcuatum, vimineœ crates.* Nous voyons ici des *claies d'osier* ou *des planches* disposées pour être des sortes de bases sur lesquelles reposent les ruches ; elles remplacent le mur d'appui prescrit par Columelle, IX, 6, 2 suiv.

II*   17

abeilles. Les choses doivent être ainsi disposées et les ruches
tournées à l'exposition du midi ou du levant (Cf. Géop., *loc.
cit.*).

Il en est qui prescrivent de planter, dans les lieux où sont
établies les ruches, du thym, des fèves, des concombres verts,
des pavots, des sisimbres, des plantes aromatiques cultivées
dans les jardins et de la nigelle. Il est bon qu'il se trouve là
des poiriers sauvages de montagne, des myrtes, des amandiers
et de l'origan de montagne. Aristote dit que l'abeille va butiner
sur l'origan, mais que le blanc est préférable au rouge. Suivant
Démocrite, la fleur la plus profitable aux abeilles, c'est celle
du grenadier, de l'origan et la rose; quand une abeille se pose
sur la fleur du laurier-rose, elle en est incommodée.

Suivant un autre auteur, les ruches doivent être faites de
bois résineux (pin ou mélèze) et d'argile de bonne odeur. On
enduit l'extérieur d'un mélange de cendre et de bouse de vache
réduite en poudre qu'on délaye dans l'eau. Il en est qui confec-
tionnent avec de l'écorce de chêne-liège des ruches vulgairement nommées *djounah* (1). D'autres tressent avec des baguettes
souples et flexibles des paniers longs dans la forme des djounah; on les enduit en dehors et en dedans d'une argile glaiseuse de bonne odeur, ou de bouse de vache mêlée de glaise.
Il faut bien se garder d'employer des rameaux de *Daphne*

---

(1) جنبح, qu'on lit plus bas et partout جنح, doit être considéré
comme étant synonyme de خلية, et traduit de même, par *ruche*. On ne
trouve cette interprétation nulle part. Serait-ce dans le peuple une altération du mot جونة *panier*? Le شبر *schabar*, dont l'écorce est employée à
faire des ruches, nous paraît être une transcription du latin *suber*, liège,
que Columelle dit être très-bon pour la confection des ruches. Columelle
parle aussi des ruches tressées avec la férule ou l'osier, qui rappellent
les paniers ou سلال, sing. سل *sill*, mentionnés ici. Colum., *de Re rust.*,
IX, 7, 1.

gnidium (1). D'autres donnent à leurs ruches une forme carrée, et ils emploient la férule (2). D'autres pratiquent dans les murailles des ouvertures rondes ou carrées, à l'exposition du midi ou du levant, afin qu'elles reçoivent le soleil levant. Les ouvertures de ces fenêtres doivent s'incliner un peu ou converger vers le bas, afin de rendre la sortie plus facile pour les abeilles dont les mouvements expulseront en même temps les parcelles de cire et autres ordures tombées dans le bas, dont le séjour prolongé est nuisible à ces insectes et favorise la génération des vers ou teignes. Si, par hasard, quand on fait la récolte du miel, il arrive qu'il en tombe quelques gouttes sur ces fenêtres, il faut s'empresser de les laver avec de l'eau, dans la crainte que les abeilles ne puissent y engluer leurs ailes.

Quant à la longueur des *djounah* (en liége), il en est qui leur donnent trois schabres (0 m., 70) ; le diamètre, c'est celui de l'arbre dont on a tiré l'écorce ; mais il ne doit pas être trop large. On consolide cette écorce au moyen de chevilles de bois. On assure le milieu par deux baguettes de la grosseur du doigt, à peu près ; le djounah en acquiert plus de force, et il conserve sa forme ronde ; souvent, c'est à ces deux baguettes (placées en croix à l'intérieur) que les abeilles fixent, avec de la cire, la base de leur travail. On ajuste sur le sommet de la ruche une couverture ou chapeau, et on pratique à la base une ouverture étroite par laquelle les mouches puissent facilement entrer et sortir. On garnit la base de la ruche, ainsi que les trous qui pourraient se trouver, avec une argile exempte de mauvaise odeur et glaiseuse, ou bien avec de la bouse de vache toute récente. Il en est qui établissent la ruche sur une dalle de pierre, ajus-

---

(1) مِتْسْنَان *mitsnán*, suivant Castel *turbiscus, laureolœ species laxativa* ; M. Sontheimer traduit par *Daphne gnidium*, Linn. Nous avons adopté cette traduction, que paraît confirmer le nom espagnol *torvisco*, qui est celui de la lauréole paniculée, vulgairement garou.

(2) كَلَخ *kalakh, ferula communis*, Linn. Ναρθήξ, Diosc., III, 91.

tant sur le chapeau une autre pierre, pour empêcher qu'il ne tombe. Cette disposition paraît à ces personnes plus convenable que de poser la ruche à même sur le sol. Il est aussi des personnes qui donnent à la ruche plus de hauteur que celle que nous avons indiquée. Ils préparent pour la ruche une couverture, mais ils la font reposer immédiatement sur le sol, tenant le bord où est l'entrée des abeilles plus élevé que l'autre.

Suivant Aristote (*Hist. anim.*, IX, 40), quand les abeilles ont rencontré une ruche propre et nette, elles y construisent leurs cellules avec de la cire, موم *moum* (1). Cette cire est recueillie par elles sur les fleurs, sur l'extrémité des rameaux des arbres, du saule et enfin de tous les arbres sur lesquels se trouve une humeur visqueuse. Elles commencent par enduire l'intérieur de la ruche, puis elles construisent les alvéoles destinées *aux jeunes abeilles* (2). Dans le voisinage sont préparées les cellules destinées aux rois; celles-ci sont grandes (3). Viennent ensuite les cellules des mâles ou bourdons, qui sont les plus spacieuses de toutes. Les abeilles commencent leurs constructions à la partie supérieure de la ruche, c'est-à-dire à partir du toit. L'entrée est garnie d'une substance qui a de l'analogie avec de la cire. Elle est noire; on la prendrait pour une impureté de la cire. Elle exhale une odeur âcre, et fournit un bon remède pour (les ecchymoses causées par) les coups de fouet et pour les plaies béantes (4). Une partie des trous ou alvéoles

---

(1) On lit dans Aristote : lorsqu'on leur donne une ruche vide, elles y construisent leurs cellules après y avoir apporté les larmes de différentes fleurs et de plusieurs arbres, etc. Φέρουσαι τῶν τ' ἄλλων ἀνθέων, καὶ ἀπὸ τῶν δένδρων δάκρυα. *Hist. anim.*, IX, 40. Tom. I, p. 602, trad. Camus.

(2) Le texte porte : البيوت التي يبني اليها, les cellules vers lesquelles on vient, traduction fautive du texte d'Aristote qui dit : Ἐν οἷς αὐταὶ γίνονται, litt. dans lesquelles elles sont engendrées, expressions dont notre interprétation reproduit le sens (*Hist. anim.*, IX, pag. 602, Camus).

(3) Aristote dit au contraire que ces cellules sont petites, μικρά.

(4) Cette substance est appelée en grec μίτυς, *milys*.

reçoit le miel; une autre partie est pour le couvain (des abeilles communes), et une troisième pour les mâles. Les abeilles se tiennent sur les alvéoles qui contiennent le miel pour lui donner, (par cette incubation), son degré de cuisson. Si elles n'en agissaient pas ainsi, le gâteau se corromprait, et il s'y produirait des araignées. Si l'abeille persiste dans son incubation, le miel se conserve longtemps, sinon il se gâte.

Aristote dit encore (*Hist. anim.*, V, 22) que les abeilles ne portent point le miel à leurs cuisses comme elles portent la cire. Si elles en agissaient ainsi, le miel coulerait, elles auraient travaillé en pure perte, et, en même temps, elles seraient engluées et ne pourraient plus voler; mais elles pompent le miel avec leur trompe (1) et l'introduisent dans leur abdomen, comme on introduit de l'eau dans une outre; c'est la première opération pour la préparation du miel. Une autre substance que les abeilles portent à leurs cuisses, outre la cire, c'est cette partie lourde du miel qui a la saveur douce de la figue, et qui sert aussi de nourriture pour les abeilles (2). Quand celles-ci ont terminé leurs constructions, elles s'occupent du couvain. Il se produit à la même époque et en même temps que le miel. Quand le terme de la sortie des essaims est arrivé, on entend dans l'intérieur de la ruche un bourdonnement et un bruit précurseur deux ou trois jours à l'avance. Une partie des abeilles se montre à l'extérieur de la ruche, à l'entrée. Quand la sortie des essaims est accomplie, ils prennent leur volée en

(1) Litt.: elles le puisent (dans les fleurs) avec leur bouche. Aristote dit : un organe semblable à la langue leur sert à rassembler les sucs de ces fleurs. Τοὺς δὲ χυμοὺς τούτων τῷ ὁμοίῳ τῇ γλώττῃ ἀναλαμβανουσα, κ. τ. λ. *Hist. anim.*, V, 22. La plus grande partie de ce qu'on lit ici sur le travail des abeilles est extrait d'Aristote.

(2) C'est ce que les Grecs appellent *cérinthe*, κήρινθος, ou ἐριθάρκη, *éritharque*, et même *sandaraque*, σανδάρακη. *Hist. anim.*, V, 22, et IX, 40. عسل الذكور, page 262. La *propolis*, πισσόκηρος ou κήρωσις, n'est point citée dans l'arabe.

se partageant en groupes, dont chacun a son roi. Quelquefois, un essaim trop faible va se réunir à un plus fort, et, si le roi le suit, on le tue.

Suivant l'Agriculture nabathéenne et d'autres auteurs, les abeilles se nourrissent de miel; elles usent encore d'une autre nourriture, le *miel des mâles* (la cérinthe, *vid. sup.*). Ce miel a la saveur douce de la figue. Les abeilles ne se portent que sur les substances sucrées et de bonne odeur; jamais elles n'usent d'autre nourriture que de celle qui est douce (au goût) et liquide. Jamais on ne les trouve sur les choses qui sentent mauvais, ni sur les parfums (1), ni sur les vases qui en contiennent. Elles ont horreur des souillures; jamais elles ne se posent sur la chair, ni sur le sang, ni sur la graisse, ni sur aucun animal, ni sur rien de ce qui sert à l'alimentation de l'homme. L'abeille est encore un des animaux les plus propres, en ce qu'elle ne jette ses ordures (excrémentitielles) qu'en volant, et jamais dans l'intérieur de la ruche, parce que ces ordures ont une mauvaise odeur, et que l'abeille fuit toujours ce qui sent mauvais. Aussitôt qu'un habitant de la ruche vient à mourir, on le jette dehors. Quand un animal nuisible a cherché à s'introduire dans la ruche, les abeilles se réunissent toutes contre lui pour le tuer. Quand une abeille a piqué un animal, elle laisse son dard enfoncé dans la plaie. On a vu des abeilles détruire une population tout entière. On raconte qu'un village où il y avait beaucoup d'abeilles fut attaqué par les Kurdes. Déjà, ceux-ci étaient sur le point de consommer leur pillage, quand les abeilles, tourmentées par les assaillants qui s'étaient portés sur les ruches, sortirent, fondirent sur eux, et s'acharnant surtout contre leurs chevaux (les forcèrent à prendre la fuite).

(1) C'est-à-dire toute odeur trop forte et trop pénétrante. On lit dans Aristote : Δυσχεραίνουσι.... τὰς δυσώδεις ὀσμὰς, καὶ τὰς τῶν μύρων, elles supportent mal les mauvaises odeurs et celle des parfums. *Hist. anim.*, IX, 612. Cam. et *De Mirab. aud.*, XX.

On dit qu'un des moyens de fixer les abeilles dans leurs ruches, c'est d'en frotter l'intérieur avec du suc d'origan cultivé dans les jardins ; les abeilles s'y attacheront et même s'y porteront (du dehors). L'origan sauvage produit, dit-on, tout le contraire ; si on en jette sur des abeilles, elles tombent dans la torpeur.

Suivant Aristote, lorsque, dans l'hiver, les abeilles ont besoin d'aliments, on leur donne du raisin sec et des substances sucrées (1). Suivant un autre, on triture des raisins secs de bonne nature avec du thym, et on en fait des espèces de boulettes qu'on place dans l'intérieur de la ruche.

Les abeilles ont pour ennemis les oiseaux et d'autres animaux. Elles sont encore sujettes à diverses maladies qu'on traite par les moyens que nous indiquerons, la volonté de Dieu aidant. Aristote dit que les oiseaux qui sont les plus nuisibles aux abeilles, et ceux qui les mangent, sont l'hirondelle, le faucon, la chauve-souris et divers autres petits oiseaux (2), la guêpe et la grenouille des marécages, qui se jettent sur les abeilles quand elles veulent retourner à la ruche et les mangent. Ceux qui ont la surveillance des ruches *donnent la chasse aux oiseaux* destructeurs et aux hirondelles qui sont dans le voisinage. Ils la donnent aussi aux guêpes de cette manière : ils disposent un morceau de chair dans une chaudière, et, quand les guêpes sont posées dessus et qu'elles y sont réunies en grand nombre, ils mettent un couvercle dessus la chaudière et l'exposent au feu pour les y faire périr.

(1) Aristote dit : des figues et des choses sucrées. *Ibid.*, IX, p. 615.

(2) Le texte d'Aristote est fort altéré et presque méconnaissable. Il dit que les abeilles ont pour ennemis des petits oiseaux dont il donne les noms. Ce sont les mésanges, αἰγίθαλοι καλούμενοι τὰ ὄρενα, l'hirondelle et le guêpier, μέροψ, *apiaster*. Il ajoute que les grenouilles des marais les prennent quand elles approchent de l'eau (pag. 612) ; et, plus loin, il parle de la grenouille des haies, φρύνος, *rubeta*, qui vient à l'entrée de la ruche, souffle et les attrape quand elles sortent (pag. 614). Cf. Pline, XI, 27. — Banqueri fait une correction que nous rejetons.

Les abeilles sont sujettes à des infirmités qui altèrent leur constitution quand la *vermine* a envahi les fleurs, et quand, au printemps (1), le vent du midi souffle beaucoup. Suivant un autre, quand on craint pour les abeilles l'invasion de la vermine, il faut faire des fumigations avec de la moelle de sadj (*Tectona grandis*); si on ne peut s'en procurer, on prend des branches de pommier, on les trempe dans une décoction *aromatique* (*litt.* quelque chose de cuit), ou bien dans un vin parfumé, ou dans un sirop, et on le place *dans la ruche*, et alors les poux disparaissent. Les abeilles sont encore sujettes à être malades si, dans l'année, les pluies sont rares. Elles souffrent aussi quand elles sont enfermées dans un espace resserré; il faut alors leur donner du large.

Suivant Aristote, parmi les maladies qui attaquent spécialement les abeilles, même en bon état, il y a celle qu'on appelle *hassâ* (2). *Elle est causée* par un petit ver qui s'engendre dans la ruche; il se produit alors des fils comme ceux de l'araignée, qui s'étendent dans la ruche et font gâter la cire des gâteaux, et alors les mouches deviennent malades. Il y a encore un autre (fléau) pour les abeilles, c'est ce papillon qui voltige autour des bougies, à la flamme desquelles il va se brûler. Quand ce papillon a fait invasion dans une ruche, on voit une poussière pareille à celle de la farine. Une autre maladie, c'est l'*évanouissement* (*léthargique*) des abeilles, duquel il résulte une mauvaise odeur qui les fait périr et cause la destruction de la ruche.

(1) Suivant Aristote, ce n'est pas *la vermine* qui tombe sur les fleurs, mais *la rouille*, qui rend les abeilles malades quand elles y viennent butiner, ὅταν ἐρυσίβώδη ἐργάζονται ὕλην, *cum per rubiginosam materiam operantur*, pag. 614. Camus, et 444 c. *ed. Duval.*

(2) حشّة. Aristote dit que ce ver est appelé *clerus* ou *pyrauste*, κλῆρος, πυραύστης. *Hist. anim.*, VIII, 27, page 520. Le papillon dont il est parlé ici est mentionné par Aristote. *Ibid.* Ces vers et ce papillon sont sans doute ces *fausses teignes* qui causent parfois tant de dégâts dans les ruches. — La troisième maladie بطلان الحسّ est comparée par Aristote à une sorte de léthargie, οἷον ἀργία, IX, pag. 27.

Parmi les préparations qu'on peut employer comme prophy-
lactiques contre les maladies des abeilles, Dieu aidant, il y a la
fleur de grenadier. On la triture, on la mêle avec du miel, et,
avec ce mélange, on enduit l'intérieur de la ruche, afin que les
abeilles qui s'en nourrissent soient par là rendues à la santé, et
qu'en même temps les causes de maladie soient écartées. On
obtient le même résultat avec la noix de galle (1) réduite en
poudre fine et mêlee avec du miel vieux ; cette composition est
très-utile pour prévenir les maladies des abeilles. Quand on voit
les abeilles se former en groupes dans l'intérieur de la ruche,
c'est un signe qu'elles sont dans l'intention de l'abandonner ; le
moyen de l'empêcher, c'est de mouiller l'intérieur de la ruche
de vin sucré. Quand l'hiver est passé (2) si on pratique dans la
ruche une fumigation avec de la colombine ou du crottin d'à-
nesse les abeilles sortiront. Kassianus, parlant de la manière
de tuer les abeilles, dit que, toutes les fois qu'on arrose avec
de l'eau la partie inférieure de la ruche à miel, suivant une
opinion généralement reçue, le lendemain matin, en ouvrant
la ruche, on trouve toutes les abeilles ramassées sur la surface
mouillée à l'intérieur de la ruche, fixées à cette humidité, et
alors il est facile, tant qu'elles sont dans cet état, de les prendre
et de les tuer toutes, sans qu'il en reste une seule, ou bien
seulement la quantité qu'il convient de détruire. C'est de cette
façon qu'on peut procéder quand on veut se débarrasser des
mâles, (يعاسيب *princes*). Quand on veut faire périr les rois,
s'ils sont en trop grand nombre, on opère de même. Voyez et
réfléchissez.

Quant à ce que nous enseignent quelques Espagnols des

---

(1) عفص persan مازو, la noix de galle, *yalla.* Κηκὶς, Diosc., I, 147.
Galla indica, forskhal. Dioscorides et Avicenne l'indiquent comme étant
le fruit d'un arbre. Avic., I, 231. Columelle aussi cite la noix de galle
parmi les substances à employer dans les maladies des abeilles, IX,
13, 6.

(2) Sans doute quand les mouches sont paresseuses à sortir.

temps modernes sur l'époque de la sortie des essaims, sur celle de la récolte du miel, sur ce qu'il convient de faire pour diriger les essaims et les gouverner, sur les procédés à employer quand on veut transporter une ruche d'un lieu à un autre, lorsqu'il y a nécessité, et autres choses pareilles ; voici ce qu'ils disent : c'est au printemps que le couvain ou les essaims se forment, depuis le commencement de février jusqu'à la fin de mai. Quelquefois, cette production devance cette époque; quelquefois aussi, elle a lieu plus tard, en raison des variations que peut éprouver la végétation, soit qu'elle avance comme dans certaines années, soit qu'elle retarde. En effet, lorsque le couvain est arrivé à l'état d'insecte parfait et qu'il a atteint toute sa grosseur, il se réunit à l'entrée de la ruche en groupe compacte, puis il sort et prend sa volée; mais, s'il se trouve trop faible, il rentre dans la ruche, attendant le secours (ou l'adjonction) de ce qui y est resté et qui n'est point sorti. S'il arrive que le nombre de cette nouvelle colonie soit trop faible et que la ruche se trouve assez spacieuse, l'émigration n'a point lieu, et toutes ces jeunes abeilles restent avec leurs mères. Quand l'essaim a pris sa volée, toutes les abeilles qui le composent se portent sur le roi, s'agglomèrent, formant autour de lui une espèce de couronne qui ressemble à un cône de pin ou bien à une grappe de raisin, qui s'attache à tout ce qui se trouve dans le voisinage, soit arbre, soit toute autre chose. Il arrive aussi que l'essaim se fixe à terre; quand il en est ainsi, le surveillant peut, vers le soir, aller le prendre et le porter dans une ruche ou dans une de ces cavités ou niches (pratiquées dans le mur ou rucher, comme nous l'avons dit), qu'il aura frottée de miel avant l'enlèvement de l'essaim. On prend avec le plus grand soin toutes les abeilles, ou le plus grand nombre, dans une espèce de panier, ou quelque engin pareil; on les dépose dans la ruche ou dans la niche, ayant soin de fermer l'ouverture par un couvercle. Si, au moment de prendre l'essaim, il vient à se diviser, on le laisse en repos jusqu'à ce qu'il se soit reformé, et alors on le prend. Si on n'a pu en avoir

qu'une partie et que le reste se soit porté ailleurs, on laisse le
panier à terre ou fixé quelque part avec les mouches qu'il
renferme, car les groupes qui n'ont point avec eux de rois re-
viendront vers celui dans lequel il y en a un, et ainsi on devient
maître de la totalité, ou tout au moins de la plus grande
partie. On introduit cet essaim dans la ruche ou dans le vase
(d'argile) (1) préparé à l'avance avec du miel. S'il reste une
partie des mouches dans le panier (qui a servi à les prendre),
on les y laisse, mais on l'applique à l'orifice de la ruche dans
laquelle les autres ont été introduites. Si on craint que l'essaim
ne déserte la ruche, on applique le panier enduit d'argile de
telle sorte qu'il ne reste point d'ouverture par où les mouches
puissent s'échapper. On laisse les choses en cet état pendant
un jour et une nuit, puis, le matin venu, on dégage l'ouverture
de la ruche; les abeilles alors sont fixées et ne songent plus à
partir, Dieu aidant. Le surveillant des ruches devra, au bout
de deux ou trois jours, visiter le panier ou la niche dans lesquels il a introduit les abeilles; il en fera disparaître les molé-
cules de cire ou autres ordures qui auraient pu s'y amasser;
il adaptera à l'entrée une fermeture qui la close exactement;
cette fermeture sera percée d'un trou par lequel les abeilles
pourront aller et venir librement. Ce passage devra être percé
obliquement (2).

Les apiculteurs intelligents fixent leurs idées après qu'ils
ont consulté leurs amis sur les meilleurs pâturages, adoptant
l'opinion de celui qui dit franchement ce qu'il sait de bon et
qui *se garde* d'indiquer *ce qui est mauvais*. Ils examinent (et
pèsent) le tout avec un esprit sainement disposé et dégagé de

---

(1) Le texte porte الطرف, *le vase*. Les Géoponiques emploient aussi
le mot ἀγγεῖον, plur. ἀγγεῖα, qui a la même signification, XV, 2, p. 17.
Columelle nous apprend qu'on se servait de ruches en terre cuite, mais
qu'elles étaient très-mauvaises. *De Re rust.*, VII, 6, 2.

(2) Les Géoponiques font la même recommandation, XV, 2, p. 404.

toute prévention défavorable (1), en rectifiant tout ce qui peut être défectueux, car l'œil doit être bienveillant pour les erreurs d'une intelligence bornée.

J'implore de Dieu le pardon de mes fautes et de mes péchés ; je le supplie de m'en faire la remise ; j'invoque sa clémence et son secours pour bien parler et pour bien agir. Il n'y a point d'autre maître suprême ; lui seul doit être adoré ; c'est lui qui est notre suffisance et notre plus glorieuse espérance.

Ici finit la deuxième partie du livre de l'Agriculture, en ce qui concerne la culture du sol et l'élevage des animaux, ainsi que s'est proposé de le composer, d'après les écrits des agronomes et des sages des temps passés, IAHYA-IBN-MOHAMMED-BEN-AHMED-IBN-AL-AWAM, *de Séville*. Que Dieu ait pitié de lui et le traite avec miséricorde.

Amen !

(1) Ils examinent avec un œil bienveillant, et non avec un œil défavorable.

PASSAGES

NON TRADUITS PAR BANQUERI A CAUSE DES INEXACTITUDES DU TEXTE

ET RENVOYÉS PAR LUI EN NOTE.

⁓

[Passage se rattachant à l'éparvin, *al-djarads*. Page 654 du texte.

L'animal peut avoir l'éparvin de naissance, comme cette affection peut être chez lui accidentelle. Dans ce dernier cas il a une
forme ronde; dans l'autre il s'étend en longueur, mais il n'est
pas nuisible. Il se rencontre dans la vache et nullement dans le
taureau, sinon par accident. L'éparvin venu par accident n'est
point une cause de fatigue pour l'animal qui est vigoureux du
pied (*litt.* du talon) (1); il ne le fait pas boiter. Tantôt l'éparvin
s'établit aux jointures du pied de derrière, en dehors, et tantôt
sur le pied de devant (2). Tout renflement qui est à la base du
jarret et du genou, à la jointure de l'avant-bras, est un éparvin
et constitue un vilain défaut.—Suivant un autre auteur, l'éparvin

(1) M. Goubaux pense qu'il faudrait lire *jarret* au lieu de talon ou
pied, parce que l'éparvin se montre à la face interne du jarret; mais le
texte est précis.
(2) On n'admet pas d'éparvins dans les membres antérieurs. Les
tumeurs osseuses du genou sont maintenant connues sous le nom
d'osselets.

est accidentel ou bien il est un défaut apporté en naissant. La
différence entre les deux, c'est que l'apparition de celui-ci tient
à une cause cachée et que dans ce cas les jarrets (du cheval)
ressemblent à ceux de la vache. Cet éparvin n'est pas dangereux, mais il rend l'animal difforme (1) et il diminue sa valeur.
Le procédé pour le guérir est, suivant Ibn-Abou-Hazem, de
faire une application de cantharides et de goudron. On peut
aussi le traiter par l'application du feu soit par pointes, soit par
raies. Je pense que, le plus souvent, les traitements sont, dans
ce cas, sans efficacité. Mousa-Ibn-Naçr dit : pour traiter l'éparvin, on prend la moelle d'un os de bœuf (ou de vache) et
on en frotte l'éparvin, ou bien on prend de la graisse avec
de la graine de myrte pilée, qu'on fixe en compresse sur le
mal, puis on tient le cheval à l'écurie dans un lieu où le froid
n'ait pas de prise sur lui, et la guérison se réalise. S'il en arrive
autrement, on applique le feu. *Le reste du paragraphe est inintelligible.*

Article sur la manière de traiter la *claudication* et la *boiterie*, غَمْزٌ, ظَلْعٌ.

Ibn-Abou-Hazem dit : quand la cause d'un vice apparent ou
non est cachée, il faut faire des recherches très-attentives jusqu'à ce qu'on l'ait découverte, qu'on sache positivement d'où
vient la claudication et qu'on ait bien observé les signes indicateurs. Sachez bien que si la claudication affecte l'un des pieds
de devant, le mal se reconnaît par le mouvement de la tête et
son abaissement soit dans l'allure au pas, soit dans le trot. En
effet, quand l'animal trotte, il craint de s'appuyer sur le pied
qui lui cause de la douleur; alors il se porte en avant et s'appuie sur les pieds qui sont sains; ainsi, c'est sur eux que se
porte la claudication, et, par ce fait, l'animal se contracte et les

____

(1) Le texte porte نُشِيبًا, qui ne donne pas de sens; nous lisons
نُعَيِّبُ, le rend difforme, défectueux.

mouvements de la tête la font infléchir en bas. Quand vous
voudrez vous rendre un compte exact de la chose, faites vos
observations en tenant l'animal pendant quelques heures près
de la mangeoire, à la suite d'un travail pénible, jusqu'à ce qu'il
soit rafraîchi et qu'il ait soufflé et mangé. Sortez-le ensuite
d'auprès de la mangeoire sans tenir la longe trop longue, sans
crier, ni frapper l'animal, ni l'exciter. S'il existe quelque claudication, elle se manifestera dans ce moment. Et d'ailleurs, si
vous voulez bien juger le fait, commandez de faire trotter
l'animal sur un terrain facile, à volonté, sans qu'il ait à monter
ni à descendre, allant avec aisance (avec facilité), sous la simple
direction (de la guide). S'il y a de la douleur dans le pied de
devant sans lésion (apparente) dans le sabot et que par hasard
l'animal porte le pied endolori sur un point en saillie et l'autre
pied sur un point en dépression, le pied, appuyant plus lourdement, la douleur se fait sentir plus vivement, et la claudication
se révèle sans que rien soit dissimulé. De même, si le sabot
porte douloureusement sur une pierre ou sur un endroit raboteux, la souffrance et la claudication se manifestent bien vite,
Dieu très-haut aidant. Considérez avec attention la tête de
l'animal quand il trotte ainsi que ses oreilles ; arrêtez-y longtemps le regard ; cette observation prolongée vous fera connaître
la claudication. En effet, quand elle existe, la tête s'abaisse
quand l'animal pose le pied non malade sur la terre pour s'appuyer. Il emploie pour cela toute son énergie qui va s'y perdre
(*litt.* il lance là-dessus son âme qui s'écoule à cause de la maladie). Ces symptômes confirment l'existence de la claudication. Voilà pour ce qui regarde la claudication non apparente.
Quand à celle qui l'est, on la reconnaît à la première vue et on
en acquiert vite la certitude, Dieu aidant. La claudication dans
un des pieds de derrière se révèle par la manière dont l'animal
cherche un point d'appui sur le pied qui est sain, par suite de
l'affaiblissement causé par la maladie. La chose se passe de
même pour le pied de devant. Le mal se connaît donc d'après
l'état des choses et aussi parce qu'il n'y a plus relation égale

entre le garrot et la croupe dans les mouvements d'élévation et
d'abaissement; car, quand il en est ainsi, il doit nécessairement
y avoir abaissement de l'un des deux (l'autre restant à l'état
normal), et, par suite, dans le trot, la claudication est plus
prononcée de l'autre côté. Quand vous voudrez compléter
l'exploration pour vous assurer si cette infirmité existe dans
l'extrémité (la croupe) et dans les pieds de derrière, ordonnez
de laisser le cheval se rouler, car la claudication restée cachée
se manifestera à la suite de cet exercice. Elle se montrera plus
forte si surtout elle a son siége à la croupe dans la partie supérieure, et elle sera très-évidente quand l'animal se relèvera.
— Les signes indicateurs de la claudication qui provient de la
couronne, du boulet ou du lieu du suros (1) ou de l'os attaché
à l'avant-bras, sans aucune difformité apparente, sont ceux-ci:
quand l'animal fait le mouvement pour déplacer le pied, il décrit ce mouvement en rond régulièrement, et il porte le pied de
devant pour la marche *habituelle* en le tournant, mais les deux
pieds n'exécutent jamais ce tournoiement. Vous pourrez reconnaître avec la main un mouvement de claudication violente
qui ressemblera à (*inintelligible*). En effet, si vous appliquez
votre main sur le siége du mal, vous déterminez une douleur
qui pousse le cheval à lever son pied de devant. — Signes qui
décèlent la claudication dont le siége est dans le poitrail (2),
les épaules et les parties supérieures. Ces signes consistent en
ce que, quand vous voulez faire changer le cheval de direction
et qu'il en exécute le mouvement, les deux pieds de devant se
portent en avant par une locomotion circulaire et l'animal en
frappe vivement ce qui est devant lui. Si la cause de claudication est dans les deux pieds antérieurs, il n'y a rien d'apparent.

(1) موضع الروايد, *litt.* le lieu des excroissances, c'est pourquoi nous
avons traduit par *suros*. M. Goubaux préférerait *canons* ou *tendons*.
(2) Le texte porte صدر, qu'on traduit ordinairement par *poitrine*.
Ici il faut entendre la partie thoracique externe et le poitrail et nullement la cavité interne.

Quand la cause de l'infirmité est dans le boulet et le paturon (1), on voit les deux pieds antérieurs se jeter en avant,
soit que le cheval trotte, soit qu'il aille au pas, de telle sorte
qu'on peut craindre une chute à terre venant de ces pieds.
Dans le trot, l'animal part des pieds de derrière sur lesquels il
s'appuie (*litt.* il commence par les pieds postérieurs et se dirige
sur eux). Il relève fortement la tête et le poitrail (*litt.* avec
l'élévation suprême) à cause de la douleur qu'il ressent dans
le sabot. Pendant le trot, il s'opère dans le boulet une flexion
très-forte inverse telle qu'on croirait que l'animal va tomber
sur ses genoux. Pour la claudication qui part de la pince, les
signes révélateurs ont été mentionnés dans le lieu où il est
parlé de cette infirmité.

Les phénomènes que présente l'animal qui boite parce qu'il
souffre de la poitrine et des sabots des pieds antérieurs, c'est
qu'il cherche toujours à faire rentrer la poitrine en dedans. Le
mal est caché, mais il y a toujours quelque indice certain qui
ne trompe point, étudiez (cherchez à savoir et réfléchissez).

La douleur causée par la goutte aux pieds de devant se révèle
par le sabot qui se rétrécit en s'allongeant et qui n'a pas l'ampleur de celui qui est sain. L'hypochondre se contracte, le testicule du côté endolori se retire, ce qui arrive à tous les deux
si les deux pieds sont affectés de la goutte; toutes choses qui
se voient d'elles-mêmes; de plus, le sabot est sec. Ces symptômes ont été mentionnés dans le lieu où il est traité de cette
maladie (Sup. p. 183. Cf. Arist. *Hist. anim.*, VIII, 29).

Passage qui se rattache à la cure de la maladie de la *loure* ذَيَّتَة.
Page 674 du texte.

Il faut, dit Ibn-Abou-Hazem, saisir avec la main droite la
racine de la queue de l'animal et rendre apparente la partie où

(1) Le texte porte في نَقرس والراس qui ne donnent pas de sens,
aussi croyons-nous devoir lire عشوب ورسغ.

II*

le crin prend naissance. On saisit alors l'instrument entre le pouce et l'index comme il a été dit antérieurement. On pratique alors avec légèreté et célérité une incision. On gratte aussitôt (avec l'instrument) et on enlève la louve sous forme de jaune d'œuf. Quand il faut opérer sur l'extrémité des oreilles ou sur la langue, si on éprouve des difficultés dans l'emploi du scalpel, il faut se servir d'une pince ; ce sera bien plus facile qu'avec la main (1).

Observation qui se rattache à la page 56.

Nous avons suivi servilement le texte dans la traduction du passage qui traite des âges du jeune cheval. Ainsi nous avons dit que le poulain prenait le nom de *djadsa* جَذَع sing., *djidsá* جِذَاع plur., *djidsah* féminin, jusqu'à ce que la seconde année fût révolue..... La seconde année révolue, on l'appelle jusqu'à la fin de la troisième *tsani* ثَنِي, fém. *tsaniah* ثَنِيَّة, tandis que c'est le contraire qu'il faut dire, car *tsani* est bien le nom du poulain de deux ans et *djadsa* de celui de trois ans. Le texte arabe et la traduction doivent être corrigés dans ce sens.

(1) Nous avons déjà vu (p. 395, texte, et 135, trad.) une description de la louve, maladie qui affecte l'âne et diverses parties du cheval et qui peut dans certains cas être, comme l'a dit M. Huzard, le *charbon*. Mais on trouve dans le Dictionnaire de médecine de Schulze (Louvain 1755) l'indication d'une maladie, *lupia*, tumeur glanduleuse de la grosseur d'une fève turque qui se produit dans la peau et que les uns prennent pour la mélicéride μελικηρίς, et les autres pour le *ganglion*. Or, suivant les vétérinaires grecs la mélicéride est une tumeur remplie d'une humeur visqueuse de la couleur et de la consistance du miel, d'où lui vient son nom. Cette indication concorde bien avec ce qu'on lit ici et précédemment. La mélicéride est aussi mentionnée par Végèce parmi les *tubera* ou grosseurs au nombre desquelles figure encore le *ganglion*. Les traitements indiqués ont grande analogie avec ceux prescrits par nos Arabes. *Voir* Vétérin. grecs, chap. 76 — 77, page 205 du texte grec et chap. LXXV, pag. 77, v°, trad. latine ; Vegetius, *Art vétérin.*, XXX, 1 ; l'*Art vétérinaire ou grande Maréchalerie* de Jean Massé, pag. 106, v°.

INDEX

خشكار pain de farine mêlée de son, 241.

خضرا pin des Qoreïschites, 133.

خطران dureté de bouche sans remède, 83.

خليط *farrago*, fourrage, 60.

خنزير glandes scrofuleuses, 131.

خلية ruche, 258.

خناق esquinancie, 133 ; pépie chez les oiseaux, 236.

خدر vue faible par vice de conformation de l'œil, 35.

خيشوم sing., خياشيم plur., cartilage du nez et par extension *parois du nez*, 123.

خزف couleur vairon dans l'œil, 35.

خيل les chevaux, *passim*.

دآء البقر maladie de la vache, — diarrhée, 160.

دامعية suintement sanguin, 194.

دخس ulcère en *pince au boulet*, 181.

دورق mesure de capacité, 158.

ذبحة angine, 132.

ذبيبة maladie de l'espèce asine, 22. — Mal qui affecte diverses parties du cheval, 135. *Lupia*, louve, 274.

راوول ou روال surdent, 41.

ربعى sing., et ربع plur. masc., رباعية fém., poulain qui a jeté ses mitoyennes, 56.

رتق adapter à la tête une muselière, 93.

ربو asthme, 39, 200.

ربيض cheval qui se couche sous le cavalier, 88.

رحم matrice, 164.

ردفى qui va en croupe, 48.

رديف cavalier en croupe, 93.

رسن muselière, 98.

رعدينة البرد maladie de la chèvre 16, 17.

رطبة luzerne verte, 62.

رطوبة humeur, mucosité, 123.

رعف hémorrhagie, 122.

رعنى orgolet ou grain d'orge, 121. — Lisez شعيرة.

رت plur., رفيف claies d'osier, *vimine crates*, 257.

رقم بالنار appliquer des pointes de feu, 200.

رقيق ذنبى mince de la gorge, 47, 48.

ركض ruer (en parlant du chameau), 94.

رمح ruer, — رموح cheval qui rue, 94.

رمد chassie, *lippitudo*, 112.

رمكة, héb. רמך *equa*, jument, 26.

رهصة lésions des pieds ; la *bleime*, 173.

روهص quand le cheval se coupe, 43.

رِوَال sing., رِوَاويل plur., sur-dent, 126.

رِوَغَان déflexion. — رَوْغ cheval qui se porte à droite et à gauche, 79.

رَوَق longueur des dents, 41.

رِيح, flatulence, 159.

رِيح météorisation, 159.

رِيح السبل sorte de maladie des yeux mal déterminée, 121.

زبد البحر crème de mer, espèce d'alcyon, 110.

زَعْق la frayeur, 79.

زَمَكَّى base de la queue, croupion, ὀρροπύγιον, 252.

زوائد plur., زائدة sing., excroissance, surus. — زائدة الحمير excroissance de l'âne à la partie antérieure, 193.

زور poitrail étroit, 38.

زِيار morailles, 99.

سِبَال ou شِبَال organes sexuels, 124.

سُيُور وخيوط franges, 72.

سحج excoriation, 160.

سِرْ العنق litt. va suivant le cou librement, au pas ordinaire, 220.

سَرَطان chancre (du paturon), 192.

سبط toupet peu fourni, 34.

سقط وجهه il s'encapuchonne, litt. sa face tombe, 38.

سكرجة sing., سكرجات, persan

سُكُرَّجَة paropsis, scutella, écuelle, 68.

سَلاق ulcérations de la bouche, 123.

سُلاق — انتشار des Grecs, perte des cils, par suite d'affection dartreuse, 117.

سَلْخ حية dépouille de serpent, anguium senecta, 69.

سُلّ aculei, piquants comme les soies de porc rongées, 166.

سنامكي cassia fistula, Linn., 131.

سيبيا sèche, sepia officinalis, 109.

شِرِب suber, liége, 258.

شبكور nom persan de l'héméra-lopie, 44.

شركة courroie, lanière de cuir, 97.

عظم التنابت os sésamoïdes, 43.

شعل toupet pendant et touffu, 34.

شعير orgelet, au lieu de الوقف qui est une faute, 121.

شغا irrégularité dans les dents, quand elles sont de longueur iné-gale, 41, 128.

شقاق crevasses (au paturon), 183.

شقيقة migraine, hemirania, 129.

شمس être inabordable, — شموس cheval récalcitrant, ina-bordable, 90.

شياف Nom d'une préparation pour les yeux, 109.

عضوض cheval qui mord, 93.

عفص , en persan مازو noix de galle, 265.

عقوق jument pleine, 28.

عمى cécité, 45.

عنكبوت litt. araignée; excroissance cancéreuse, 124.

عيوف qui ne boit pas à tous les abreuvoirs, 46.

عيوف qui ne veut boire ni dans un gué, ni dans un vase, 98.

غافت aigremoine, *agrimonia eupatoria*, 253,

غدّة sing., غدد plur., glande, 131.

غرّة tache blanche au front du cheval, 50.

غرب paupière et cils blancs avec l'œil vairon, 35.

غرمول *veretrum equinum*, scrotum, 162.

غشوة litt. *tegumentum*, dragon, maladie de l'œil, 111.

غلوة jet de flèche (mesure de distance), 74.

غمم profusion de crins sur le devant de la tête, 34.

غمز claudication, 270.

غمير foin, herbe des prés, 62.

فارغ cheval qui a le cou vide, 38.

فانيذ sucre très-raffiné, candi, 92.

فقة crevasse, fissure, 105, 179.

فحول plur., فحل sing., *equus mas*, étalon, 26.

فدع déviation du paturon, 40.

فرج vulve, 161.

فرس cheval fait qui a remplacé toutes ses dents, 36.

فساد بقضيب maladie de la verge du cheval, 161.

فساد الحافر altération du sabot, 172.

فسخ peut-être تتبج phase de la péripneumonie à l'état purulent, 148.

فلو poulain, 36.

فولاذ acier fin de Damas, en persan پولاد, 210.

قابلان veines à la partie antérieure de la cuisse, 209.

قارح sing., قرح plur., féminin قارحة ou قوارح poulain qui a jeté ses coins, 36, — de cinq ans, 207.

قت fourrage sec, 73.

قراد sing., قردان plur., *acarus ricinus*, *ixodes ricinus*, ricin, tique de chien, 24.

قرحة tache blanche au front du cheval, 50.

قردان claveau, maladie des moutons, 14 et 15.

قرع calvitie ou dépilation, 35, 140.

قرحة ulcération, 113, 140.

قريصة partie charnue du cheval sur laquelle se portent les mouches, 63.

قصط quand les pieds de derrière sont trop droits, 42.

قصط sorte de mesure, 153.

قصيل orge fauchée en vert, — fourrage vert, persan جوز 62.

قصيمة plante fourragère sèche en général, 62.

قط sing., plur. قطط *felis catus*, le chat, 213.

قطاة point de jonction des os des îles; croupe, 49.

قطرة cou avec protubérance, 38.

قفد déviation des pieds de derrière, 195.

قفد paturon droit sur le sabot dans le pied de devant. — اقفد droit jointé, 40 et 43.

قلق agitation et mouvements inquiets, 158.

قلوق cheval inquiet, 85.

قمر vue affaiblie par une lumière trop vive, 45, 116.

قمع grosseur à la tête ou extrémité du jarret, 43 et 194.

قنديل *candela*, ici roseau ou tube, 153.

قنطرة protubérance sur le cou du cheval, 38.

قني cheval qui a le nez gibbeux, 36.

قولنج coliques, 134.

قيح écoulement purulent par les narines, 123, — purulence du poumon, 148.

قيروطي cérat, 163.

قيفال veine céphalique, 112.

كب cheval qui a le vent court, 36.

كثيرا gomme adragant, 150.

كرو jeu de *boule*, 223.

كسس briéveté des dents, 41.

كسوة couverture de la tête du cheval, 71.

كشف déviation du tronçon de la queue, 43.

كعب grosseurs, molettes, 191.

كلة maladie des yeux, mal définie, 121.

كلخ *ferula communis*, 259.

كمخة caveçon, 73.

كمنة vue obscurcie, 110.

كميت cheval bai, 24.

كشكش *gypsophila struthion?* plante douteuse, 113.

كوكب litt. l'étoile, la taie sur l'œil, 108.

لحى plur. لحية sing., mâchoire, ganache, 131. — ملين لحى l'auge, 36.

لسان البحر litt. langue de la mer, sèche, *sepia officinalis*, 109.

موق sing. et ماق, مثنان duel, coin de l'œil, 118.

موم cire, 260.

ناخران les deux veines de la poitrine, 209.

نؤر illivit calce viva, 184.

نازكي et نزكي, peut-être تركي (mors) turc? 92, 215.

ناصور ulcération, 140.

ناطف composition pharmaceutique, 158.

ناظران les deux veines de la poitrine, 209.

نسيان veines à la partie interne des cuisses, 209.

نفخ enflure, vessigon, 189.

نفخ فى البطن l'enflure du ventre, 159.

نفور cheval fuyard ou ombrageux, 86.

نقرس la goutte, 183.

نقطة dépôt dans l'intérieur du pied du cheval, 178.

نقلة seime en pince, 168.

نزلة pneumonie aiguë, 147.

هبرت commissures de la bouche fendues, 37.

هضم flanc resserré, 39.

هليلج كابلى myrobalanus chebula, 237.

وجع maladie du sabot du cheval, 181.

وجع الرية inflammation du poumon, 150.

وجع طحال douleur, maladie de la rate, 143.

وجع فى اذن douleur dans l'oreille, 140.

وجع الفم douleur dans la bouche, 126.

وجع القلب cardialgie, 144.

وجع الكبد maladie, douleur du foie, 143.

وجع كليتين douleur ou inflammation des reins, 146.

وجع مثانة maladie de la vessie, 151.

ودجان les deux jugulaires, 209.

ودقت (la cavale) est en rut, 30.

ورم abcès, 126, gonflement, 159.

وقرة plaie profonde au sabot, 178.

قوى 5ᵉ form. ينقيّ vomir, 25.

يرقان jaunisse, 113.

يلل inclinaison des dents vers l'intérieur de la bouche, 41.

TABLEAU INDICATIF DES PRINCIPALES PARTIES DU CHEVAL ET DES HARNAIS.

D'après IBN-AL-AWAM (Traité d'agriculture arabe (Ch. 32 et 33) par A. CLÉMENT-MULLET.

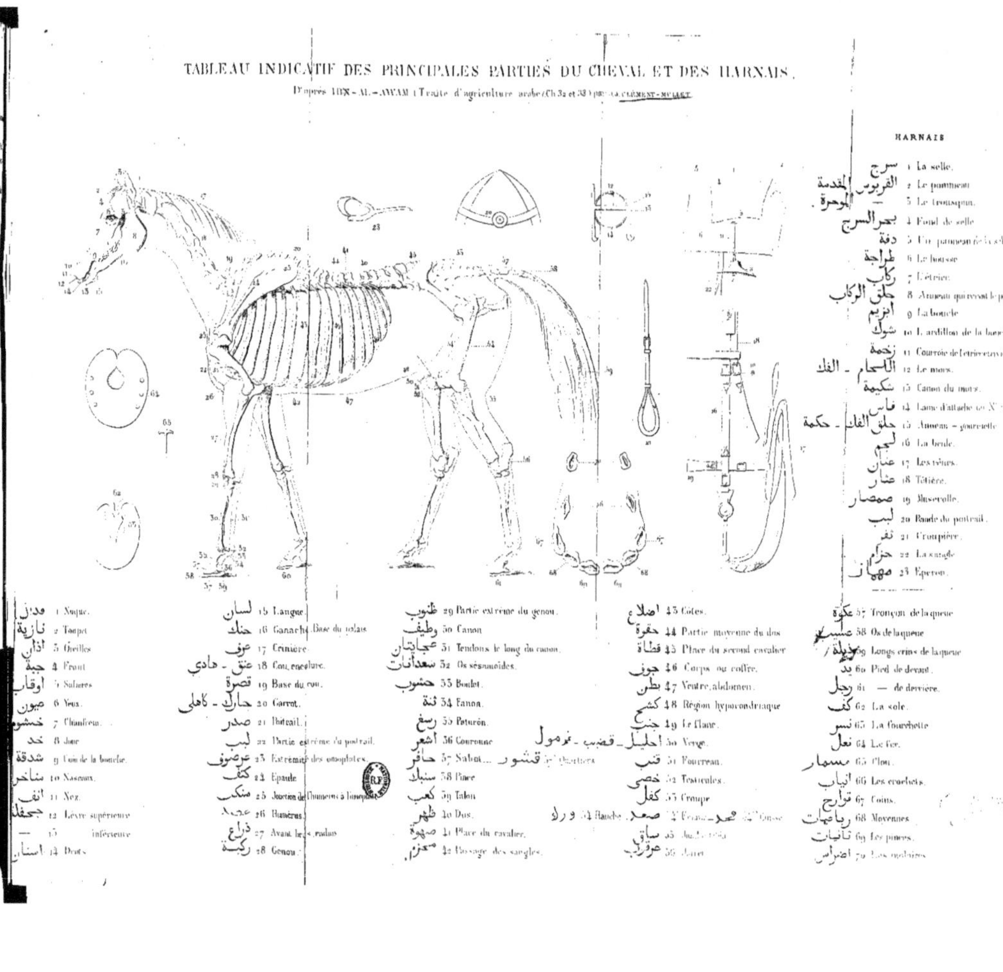

TABLE DES MATIÈRES

TOME II. — IIᵉ PARTIE

FIN.

INDEX

DES MOTS ARABES CITÉS DANS LE PREMIER VOLUME ET DANS LA PREMIÈRE PARTIE

DU SECOND VOLUME (1).

(1) Les mots arabes sont rangés suivant l'ordre adopté par les traductions.

بسيم jardin planté de fleurs, parterre, I, 138.

بسوقة petit vase d'argile, I, 624.

بسلة espèce de pois cultivé, *pisum sativum*, Linn. C'est aussi le nom du lupin, II, 97, 127.

بشكير bandes d'étoffe, ourlets, I, 601.

بصل *allium cepa*, Linn., oignon, II, 184.

بصل الفار oignon au rat, *scilla marina*, II, 373.

بطم *pistacia therebinthus*, Linn., II, 368.

بطيخ les ballons pour la natation, II, 380; ou cucurbites, II, 396.

بطيخ melon et pastèque, *cucumis melo*, Linn. — *Cucurbita citrullus*, Linn. — بطيخ. Ib. Beit., II, 213. بطيخ زرياني melon myrte. بطيخ سري, — en forme de coussin. سري خشي ou khaïschi, etc. بطيخ أصفر, πέπων de Diosc., II, 213.

بطرنيس village voisin de Tolède, II, 391.

باقلا syn. de فول la fève, *vicia faba*, Linn., II, 64.

تنعث nom du شبرم en Afrique, II. 373. — توبيب son nom en berbère, *ibid.*

تزريق الصفر l'ère de cuivre. II, 422.

تخليل préparation au vinaigre, I, 644.

التخلخل (terre) à texture poreuse et peu serrée. I, 65.

تدويب tailler, rogner, I, 10, v. زبر *syn.*

تذكير l'action de féconder, I, 336. opérer la fécondation artificielle, I, 527.

ترنجبين manne qui tombe sur l'*alhadgi maurorum*, II, 372.

تركيب la greffe, I, 380; 400 texte.

تردادات pépinières, I, 144.

ترنجان *melissa officinalis*. Linn., II, 273.

ترويح donner de l'air, I, 485; — faire pousser de nouvelles branches (au cotonnier) par la taille, II, 105.

تزبيل donner de l'engrais, I, 106.

تسمين faire renfler et germer la graine, la semence, II, 19, 34.

تسبيخ donner de l'engrais. I, 106, 207.

تشبيح tailler un arbre pour lui donner une forme. I, 468.

تطعيط greffer. I, 381.

تطعيم اللحاء greffe par l'écorce. greffe en couronne, I, 386. — تطعيم النشب greffe par térébration, *insitio per terebrationem.* I, 388.

تطعيس ou تكبيس marcotter par couchage. I, 166.

تغريغ chute des feuilles, I, 388.

تقبض se contracter, se recoquiller en parlant des feuilles, être attaqué de la *cloque*, I, 595.

تقطير distillation, تقطير الماورد dis-tillation de l'eau de rose, II. 380.

تقليم tailler, élaguer les arbres; préparer le greffon, *qalam*, I, 468.

تكبيس marcotte par couchage, plur. تكابيس, I, 166.

تلقيح fécondation (du palmier), I, 536.

تليس anis sauvage, *daucus gengi-dium* ou *daucus visnaga*, II, 231.

تنفيس faire respirer, donner de l'air. I, 485.

تنور four cylindrique, tourtière ou tartière, II, 347.

ثفل الخل *fœx aceti*, mère de vinai-gre, 408.

ثوم *allium cepa*, Linn., ail ثوم قسطة ail de la grosseur d'une châtaigne, II, 192.

ثوم كراث ail poracé, σκοροδόπρασον, Diosc., II, 193.

جاورش pers. كاورش est-il le dokhn? II, 74 — 77.

جبلين djebelin, ciboule, II, 153.

جبهة le Front (du lion) 10e mansion de la lune, II, 438.

جرزين litt. gaîne, — silique I, 228.

جرجير brassica eruca, Linn., roquette. جرجير برّي roquette sauvage, brassica erucastrum, II, 301.

الجرى fosses longues pour planter la vigne? I, 333. V. خندق.

جريب plur. أجربة mesure de capacité contenant 284 lit. 264, I, 570.

جزاير ; أرض الجزائر atterrissements, terres d'alluvion, I, 26.

جزر ou أسطفلين daucus sativus et silvestris, Linn., II, 176.

جزرى (كرنب) chou rave? II, 160.

سوس eruca, chenille, ver, transcription de l'hébreu ... II, 83.

جفنة sorte d'auvent pour donner de l'ombre, I, 134.

جلبان pers. كلبان qu. p. II, 400.

جلبان gesse cultivé, lathyrus tuberosus, Linn., II, 66.

جمار ... palmier? I, 323.

حديقة plur. حدائق lieu planté d'arbres, Verger, I, 158.

ح un des noms de l'inula helenium, II, 303.

جنوبي vent du midi, du sud, II, 432.

جوز le noyer, I, 271.

حمص le tysarum al-hadji, al-hadji majorum des modernes, I, 538, II, 272.

حرّة terra sicca, herbis carens, I, 276.

حول arbre qui ne donne du fruit qu'une année sur deux, II, 354.

حبّ البطم fruit du térébinthe, II, 368.

حب العزيز ; العزيز الارض cyperus esculentus, Linn., حب الزلم II, 202.

حب المحلب un des noms du ci-bestier, II, 31...

حبل corde, funis, I, 435.

حبّة grana, in genere, II, 279.

حبق المدوق V. حبق.

حبق الترنجان melissa officinalis, Linn., II, 273.

حبّ silique, II, 238, c'est être ... حب ... altéré.

حرث culture peu profonde, I, 138. — المحراث instrument de culture, charrue, I, 135.

[ا......] , [ا....] labour à raies rapprochées. II, 11, 37.

[ا...] en persan *laurier rose*, II,
331.

[ا......] transplanté avec
la [...] de sa terre, c'est-
à-dire en motte. I, 2...

[ا....] artichaut sauvage (B...,
cultivé en Égypte. II, 20...

[ا...] cresson alénois, v. [ا...].

[ا....] arroche [...] *atriplex [...]-
tum*, Linn., II, 13...

[ا....] rue sauvage, *[...] le ro-
[...]*, Linn., II, 292.

[ا...] , [ا....] orobanche, II, 44...

[ا......] terre caillouteuse, I,
81.

[ا...] chaume ou jachère, terre
qui, l'année précédente, a fourni
une récolte : [ا....] celle
qu'on a fourni deux années de
suite. II, 11.

[ا...] instrument à l'aide duquel
on enlève la moelle d'une branche, I, ...

[ا...] fouiller, cultiver profondément,
I, 15..., ...

[ا...] une fosse, I, ...

[ا...] *usal [...]*, II, ...

[ا...] *avoir trop [...] [...]*, I, ...

[ا....] ville [...] *Hira*, I, 118.

[ا...] *rumex acetosa*, Linn., II,
169.

[ا...] *pisum sativum*, Linn., pois
chiche et autre. II, 89.

[ا....] henné, *lawsonia inermis*,
Linn., II, 118. *Cyprus* Cast.

[ا......] *cucumis colocynthis*. II,
372.

[ا......] peuplier romain ou
peuplier d'Italie, I, 474.

[ا...] plur. [ا....] carreau à
bords relevés, I, 10 et I, 151,
texte.

[ا...] grappe de raisin dont les
grains ne sont point serrés, I,
607.

[ا....] grand vase d'argile (amphore ?), II, 402.

[ا...], — [ا....], — [ا...], *malva*,
mauve (*en gén.*), II, 286.

[ا......] et [ا.....] [ا...] *Lavatera
arborea?* Linn., [ا......] *malva
verticillata* ou *rotundi-
folia*, Linn., II, 289.

[ا....] *[...] cuit sous la cendre*,
II, 117.

[ا...] *[...] (défoncées?)*, II, 29.

[ا...] *[...] dite helleborine*, I,
...

[ا...] *[...] côtes du lion (astr.)*, II,
338.

خردل *sinapis*, toute espèce de moutarde, II, 252. عبس.

خرق couper, rogner, I, 352.

خرقة litt. fente, déchirure, *sulcus*. I, 167.

خرفة terre *céramoïde*, dont la surface ressemble à des tessons de poterie, I, 33.

خرو الانسان. C'est le زبل الكنيف engrais humain extrait des lieux d'aisances, I, 107.

خريط plur. خرائط sac de toile de lin, I, 623.

حزامة — خزامى — خزام lavande; lis bleu, II, 284.

الخزائي sorte de sucre indien, I, 252.

خس laitue, *lactuca sativa*, Linn., خسّ, II, 140.

الخشخاش الابيض *papaver somniferum*, Linn., II, 128.

ختمى *althœa officinalis*. Linn., II, 286.

خلخال la cloche (distil..., II, 336.

خلخال litt. anneau que les femmes portent aux jambes; — bracelet formé de loques tordues, I, 173.

خلخال كتان sorte de lin gros, délié, II, 18.

خبز légume pareil à la fève de, II, 66.

الخميرة languoeur et étiolement (des arbres), I, 590.

الخميرة eau de ferment, II, 346.

خميرة الخل ferment du vinaigre, mère de vinaigre, II, 414.

خندق plur. خنادق salej, rigoles pour la plantation de la vigne, I, 349.

خولنجان *acanta galanga*, et *Kœmpferia galanga*. Linn., II, 241.

خيار cornichon; *cucumis sativus fructu minore*. Linn., II, 223.

خيار et قثاء cités comme deux variétés, en Égypte, II, 224.

خيري *cheiranthus*, giroflée en général ou منثور, II, 256.

دالية berceau, treille, I, 364. — دالية vigne, en Algérie.

دبس miel ou sirop de dattes; sirop de raisin, vin cuit, I, 348, II, 175.

دبور vent du couchant, II, 433

دخن panic, millet à épis, *panicum italicum*, Linn., II, 74.

درّاج plur. دراج sing. francolin, I, 225.

دراقطيون *arum dracunculus*, Linn., II, 306.

درونج *doronicum scorpioides*, Linn., II, 117.

ﺩﻐﻞ mauvaises herbes, broussailles, II, 40.

ﺩﻔﻠﻰ laurier rose, *nerium olean-
der*. Linn., I, 374.

ﺩﻟّﻊ melon du Sinde ou de l'Inde.
Pastèque en Afrique. II, 221.

ﺩﻟّﻚ enduire la graine en l'agitant
avec de la bouse de vache, la
praliner, II, 70.

ﺩﻫﻦ ﺍﻵﺟﺮ huile de brique, II, 398.

ﺩﻭﺩ *vermiculi*, petits vers. I, 384.

ﺩﻳﺲ sorte de jonc, *ampelodesmos
tenax*. Linn., *arundo festucoïdes*.
Desfont., I, 158.

ﺩﻳﺞ résultat de l'influence du
soleil sur l'écorce de l'arbre, I,
160.

ﺩﺭﺍﺭﻳﺞ cantharides, I, 226.

ﺩﺭﺍﻉ coudée, 0m 462, I, 10.

ﺩﻳﻞ ﺍﻻﻧﺒﻴﻖ queue ou serpentin
de l'alambic, II, 397.

ﺩﻳﻞ la queue, un des noms du
ventre du poisson ﺑﻄﻦ ﺍﻟﺤﻮﺕ
ou ﺩﺵ, II, 447.

ﺩﺧﻦ millet, *panicum miliaceum*,
sorgho, Linn., II, 77.

ﺫﻭﺍﺕ ﺍﻻﺭﺑﻊ les quadrupèdes, I,
289.

ﺩﺑﺐ petite sauterelle, ou ver de
terre (lombric?), I, 594.

ﺩﺭﺑﺠﻴﻦ ou ﺩﺭﺑﻴﻦ

fenouil, *fœniculum*, *anethum
fœniculatum*. Linn., II, 230.

ﺑﺴﺒﺎﺱ ﺷﺎﻣﻲ ou ﺭﺍﺯﻳﺎﻧﺞ ﺭﻭﻣﻲ
fenouil grec ou anis. V. ﺍﻧﻴﺴﻮﻥ,
II, 149.

ﺭﺃﺱ et pl. ﺭﺅﻭﺱ, tête ou chapi-
teau dans l'appareil distillatoire,
II, 380, 386.

ﺭﺍﺳﻦ *inula helenium*, Linn., II,
303.

ﺭﺏ ﺟﻼﺑﻲ rob au julep, II, 399.

ﺭﺧﺎﻡ pierre blanche, marbre, II,
446.

ﺍﻟﻔﺮﻓﺢ, ﺑﻘﻠﺔ, ﺣﻤﻘﺎ, ﺭﺟﻠﺔ — *portulaca oleracea*, Linn., pourpier,
II, 149.

ﺭﺟﻞ un des noms du schakous,
II, 374.

ﺭﺧﻮ (terre) molle, I, 64.

ﺭﺫﺍﺫ pluie fine, II, 431.

ﺭﺯﺓ *oculus ferreus quo pessulus ex-
cipitur;* un piton, I, 133.

ﺭﺷﺎﺩ ou ﺣﻔﻰ ou ﺛﻔﺎ — cresson
alénois, *lepidium sativum*,
Linn., II, 248.

ﺭﺻﺎﺹ ﺍﺑﻴﺾ plomb. — ﺭﺻﺎﺹ
étain. — ﺭﺻﺎﺹ ﺍﺳﻮﺩ plomb
noir, ﺳﺮﺍﺏ, II, 352.

ﺭﺻﺎﺹ ﻗﻠﻌﻲ étain de qalaby, I,
339.

ﺭﻗﻌﺔ morceau d'écorce taillé en

rond pour la greffe en écusson, I, 437.

قُعمة, nom d'arbre indéterminé, I, 224.

رقيطا, la nouvelle lune au bout de trois jours, II, 136.

رقيقة (terre) molle, I, 48.

رطبة terre fraîche, I, 79.

رماد الحمّام, cendre de bains, I, 110.

الرمادية terre cinéroïde, I, 52.

رنجبويه, *Melissa officinalis*, Ebn Beith., II, 273.

رأس البقول, un des noms de l'épinard, II, 154.

الرهل terre rouge, maigre et légère, I, 73.

زاج couperose verte, sulfate de fer, χάλκανθον, Dios., *passim*.

زبر taille des arbres et particulièrement la vigne, suivant l'Agric. nabat., I, 10, 468.

زرّيطا semer, pris dans le sens de planter des crossettes ou chapons, etc. Cf. Col. de Arb. *III.* — I, 342.

زعرور. V. زعرور — II, 154.

الزعرور le zahroûr al-azgaren, *cratægus azarolus*, Linn., I, 250.

زفيزف الطبطب, l'épine, 243.

أنمونم ; *amomum zingiber*, Linn., em arabe, I, 44.

زنجبيل شامي, litt. gingembre de Syrie, *inula helenium*, II, 303.

سطلة litt. *situla magna*, appareil à puiser l'eau, I, 125.

سبخة terre salée, — I, 63.

سبستان sébestier, *cordia myxa*, *cordia sebestena*, II, 347. *sorbus domestica*, Linn., I, 302.

سبل légumineuse de la famille des orobes, II, 63.

سحق briser le lin pour en détacher la filasse, سحّاق ouvrier qui le fait, II, 114.

سذاب, *ruta graveolens sativa*. سذاب بري rue sauvage حرمل, II, 306.

سدّة treillage ou estrade, II, 232. V. الشبك.

سراي marais, سرکن persan. I, 82.

سرو maladie des melons, II, 219.

سرمق *atriplex hortensis*, Linn., oraches, II, 328. V. قطف.

سرّم petite plate-forme en bois pour poser sur un vase, I, 175.

سطبرق jujubier sauvage, jujubes ou *jutubes*, II, 136. *Ci-saison edera*, Linn.

سعد souchet odorant, *cyperus

oreus ou *C. rotundus*, Linn., II. 305.

fortune des tentes; station de la lune, II. 439.

cognassier, *pirus cydonia*. — *annona glabra* ou *pirus kadicasis*, Forskhal, I. 305.

ail sauvage. V. II. 193.

sing., duel, plur., soc, *vomis aratri*, quelquefois un simple clou; par extension le labour lui-même, II. 10.

couteau mince pour parer le pied des animaux, I. 408.

jus de mère, goutte, II. 399.

hordeum nudum, orge nue, II. 27.

ou navet, *brassica napus*, Linn., II. 171.

récolter la bette, II. 285.

échauder, II. 333.

échelle, II. 443.

la casse, *laurus cassia*, II. 337.

rous coriaria, Linn., II. 310.

l'épi, constel., II. 419.

isatis tinctoria sativa, Linn. Ibn-Beith, le pastel. I. 123, 207.

ou expérimentation sur les graines en les faisant renfler et germer à l'avance, II. 19, 34.

jonc avec lequel on fait des stores, II. 330.

semoun de l'hiver, semoun de l'été, I. 168.

(terre) grasse avec limon visqueux, I. 68.

plur. caïeux de l'ail, II. 193.

pièce de bois droite, volant (méton.)? I. 130.

ver. — Insecte qui attaque le blé, *curculio*, le charançon, I. 333.

lilium candidum, Linn., II. 260.

lis bleu, *iris persica*, Linn.? II. 306.

menthe sauvage? II. 275.

eaux torrentielles, pluie violente, II. 431.

litt. arbre d'un seul jet, I. 172.

شجر على الورد 2ᵉ forme. S'élève en arbre au-dessus de la bouture, I, 177.

شطبة alidade, I, 131.

شقة division; l'un des noms du premier labour, II, 9.

شلقان peut-être la gesse chiche ou jarosse, II, 68.

شهب trabes, *lampades*, météores ignés, II, 440.

شقيق terre qui absorbe beaucoup de calorique. Peut-être doit-on lire سبخ ? I, 187.

شوك الدراخين *dipsacus fullonum* chardon bonnetier, II, 128.

شهدانج litt. graine royale, *cannabis sativa*, Linn., II, 114.

صبا vent d'Orient, II, 433.

صبحة lune grossie par les vapeurs, II, 436.

صراخة la Crieuse, l'un des noms de l'*arum dracunculus*, II, 306.

صروف les Vicissitudes, mansion de la lune, II, 438.

صعتر ou صعتر l'origan, II, 298.

صلب terre sèche, dénudée d'herbe, I, 208.

صنب *sinapis*. V. خردل.

صنبل menthe sauvage, II, 273.

صندل *santalum album* ou *pterocarpus santalinus*. Syr., II, 392.

طالع l'horoscope, II, 447.

طبن rouissage (du lin), II, 111.

طرخشقوق, طرخشون, طرسقون, chicorée sauvage; le pis-enlit, *taraxacum*? II, 357.

طرمير le *thourmaki* des Nabathéens, *chondros* des Grecs, *spelta* ou *zeo-crithon*, طرمير الشعير indéterminés, I, 17, II, 29, 47.

طروية V. ذروقة, II, 291.

طلع enne régime avec la spathe ou membrane qui l'enveloppe, I, 323.

الطغلة la terre boueuse, I, 25.

طمر combler, comblement, I, 10.

طيبن jasmin sauvage, I, 403.

طين ou مختم ou طين الروم, terre sigillée, *passim*.

عاقر قرحة pyrèthre, *anthemis pyrethrum*, Linn., II, 351.

عاقول *hedysarum alhagi, al-hadji maurorum*, I, 458.

عاقون altération du grec κάλαμος, *calamus scriptorius*, I, 591.

عجمية écorce enlevée pour greffer en écusson, I, 428.

عجلة *assa fœtida*, II, 88.

عجاج ouragan, II, 442.

عجم loupes employées pour la reproduction de l'olivier, I, 211.

عجم plur. عجمة sing. rafles de raisin, II, 409.

غلاف plur. غلف enveloppe. عسّ? II, 90.

عطفـ un des noms de l'*arum dracunculus*, nom donné aussi au *cyclamen europæum*, II, 307.

العرقة terre suante, I, 48.

عسـ duel عسبين branche laissée en taillant, I, 364.

عشر *asclepias gigantea*. Linn., II, 373.

العضد alidade, I, 131.

عظلم *indigofera*, Ibn-Beit., II, 297.

عقد nœud — fruits noués, I, 199 et 600 — nœud, maladie des plantes qui en arrête le développement, I, 592.

علس chez les Espagnols اشقالية épeautre, *spelta*, II, 29.

علبـ tubes contenant des tiges de rosier, I, 287.

عنصرة nom donné au 24 juin, II, 306 et 128.

عنصل *scilla maritima*, Linn., ou oignon au rat, II, 373.

عبهر narcisse jaune, II, 297.

عوسج *Rhamnus*, in gen., I, 3.. — *Rhamnus paliurus* ou *R. catharticus*? II, 364.

عوسج عضه *lycium europæum*, Linn., I, 4..

عين بقر œil de bœuf, prune noire de Damas, I, 319. — مطرّى variété musquée, I, 448.

أعين et عيون bourgeons ou jeunes pousses, *oculi, surculi*, I, 12, 139.

غبيراء sorbier, *sorbus domestica*, Linn., I, 302.

غسول lessive, *lixivia*, I, 626.

الغليظة (la terre) épaisse, forte, I, 80.

غيطـ nom d'une vallée, II, 266.

غيث pluie en général, II, 431.

فأس houe, pioche, *securis dolabrata*. Pallad. — I, 499.

فلقـ adjectif dérivé de فلقة *pellicula ossis dactyli*, ici pellicule qui enveloppe le pepin de la grenade, I, 253.

فتح ouverture, troisième labour à larges raies, II, 9.

فجل *raphanus sativus*, Linn., radis ou raifort, II, 179.

فحل *admissarius* appliqué au palmier mâle, I, 247.

الفحمية terre charbonneuse ou mieux anthracoïde, I, 33.

فدان *biga boum*, charrue, labour — mesure agraire égale au travail d'un joug pendant la journée, *jugerum* des Latins, II, 8.

[arabe] indigo brillant, I, 603.

[arabe] terres en friches depuis longtemps, II, 29.

[arabe] portulaca oleracea, Linn. pourpier, Linn., II, 149.

[arabe] mesure de capacité égale au [arabe] contenant 8 litres 282. V. 50.

[arabe] four voûté, II, 347.

[arabe] drageon de palmier, I, 323.

[arabe] medicago sativa, Linn., luzerne, II, 126.

[arabe] espèce de trèfle moins noire, II, 133.

[arabe] variété du [arabe] cornichon, II, 224.

[arabe] tube d'écorce pour greffer en flûte, I, 428.

[arabe] disparition de l'eau, sa déperdition, I, 11.

[arabe]. C'est le [arabe] la fève, II, 81.

[arabe] plur. [arabe], catas, seau, godet de noria, I, 636.

[arabe] vase d'argile, cucurbite, II, 384.

[arabe] terra depressa, surface plate et basse, I, 631.

[arabe] tablier du fourneau pour la distillation, II, 381.

[arabe] luzerne, medicago sativa, Linn., II, 126.

[arabe] cucumis sativus, Linn., concombre. — [arabe] concombre clair-vin, [arabe] concombre jujube, le serpentin? II, 205.

[arabe]. V. [arabe].

[arabe] pied, mesure ... 0m.468, l'empan, schabr, I, 10.

[arabe] pioche, comme en Algérie, I, 192.

[arabe] [arabe] plante en terre d'Égypte. V. [arabe], I, 316.

[arabe] plur. de [arabe], I, 48.

[arabe] courge, cucurbita pepo, Linn. — V. [arabe], II, 225.

[arabe] carvi sauvage. V. [arabe], II, 244.

[arabe] mauris, pendant d'oreille, mot mal déterminé, I, 145.

[arabe], zaganon, oleaster, I, 145.

[arabe] trifolium alexandrinum, II, 127.

[arabe] et plur. [arabe] cucurbite, II, 384.

[arabe], duel [arabe] tuile creuse, grès zézereux, I, 133.

[arabe] le griottier, Euphorbia ...phyllon, Spreng., II, 392.

[arabe], [arabe] arica maris, II, 357.

[arabic] série de préparation culinaire. II. 62.

[arabic] costus de Syrie, un des noms de l'année. II. 303.

[arabic] synon. de [arabic] ... extérieure. I. 634.

[arabic] ... force supérieure, ex... le *brou* dans la noix. I. 634.

[arabic] canne, mesure de longueur de trois palmes et demi (0m 808). I. 359.

[arabic] manche ou poignée. II, 386.

[arabic] cône de pin, pin à pignons. I. 13.

[arabic] nom générique des fourrages verts, orge coupée en vert — luzerne, sans doute donnée en vert. II. 126.

[arabic] branches propres aux marcottes. I. 139.

[arabic] diamètre. I. 195.

[arabic] peut-être pour [arabic] ? II. 507.

[arabic] *atriplex hortensis*, Linn., arroche des jardins. II. 133.

[arabic] pluriel [arabic] chaldéen [hebrew] probablement les noms. II. 81.

[arabic] plur. [arabic] gant. I. 491.

[arabic] = 1/9 du qafiz de Cordoue = 1 litre 837. I. 19.

[arabic] labour qui retourne la terre. I. 183 et II. 1.

[arabic] ou [arabic] *arum colocasia*, gouet colocasie. I, 459, II. 294.

[arabic] lancette latine, I. 426.

[arabic] branche qu'on insère dans la greffe. *vulg. greffon*. I, 382.

[arabic] *versura*, préparation de la terre pour le labour; mise en train, II. 1.

[arabic] litt. labour de chaleur, culture énergique. II. 11.

[arabic] transcription fautive de *calendas*. II, 85.

[arabic] plur. [arabic] le calice d'une fleur avec l'ovaire et les pétales, et aussi le bouton. I, 637.

[arabic] artichaut. II. 291.

[arabic] écorce piquante de la châtaigne, litt. hérisson. I. 235.

[arabic] *brassica oleracea botrytis*, Linn., chou-fleur. II. 161.

[arabic] *quintar*, mesure de capacité. II. 402.

[arabic] arc-en-ciel. II, 440.

[arabic] ... I. 125.

[arabic] ... orientale. I, 45.

[arabic] seseli. II, 243.

expansa, ce qu'elle couvre de terrain. *boisselée*, II, 68.

كيما الطعام le *pourquoi des aliments*, leur raison d'être. I, 622.

لاعية *euphorbia piscatore* qui fait mourir le poisson, II, 375.

لب amande d'un fruit, *endosperme*, I, 598.

لب litt. cœur, point central d'où partent les feuilles du navet. لב hébr., II, 175.

لسان الحمل (langue de bélier) *plantago*, II, 311.

سلجم V. لفت, II, 171.

لفت drageons; branches pour replanter, I, 139, 166.

لقح plur. لواقح, drageons. I, 139, 166.

اللقح *germinare, pullulare.* لقح *germinatio*, l'action de s'ouvrir en parlant des boutons des arbres, I, 154.

لقش partie grasse de l'intérieur du pin, II, 394.

لوبيا ici *phaseolus communis*. II, 62.

لوز amandier, *amygdalus communis*, Linn., I, 260. — Caïeu de l'ail, II, 195.

لوف nom générique des *arum*, I. اروت. II, 306.

لوف الحية *arum dracunculus*, II, 306.

ليرون transcription du grec λείρον, narcisse. Suivant M. Fée, Flore de Théocrite, souvent synonyme de κρίνον, I, 603.

مخطة, مخطط un des noms du sébestier, II, 317.

ماء الدقيق eau blanche, *colatum* de farine, II, 346.

ماء الخمير eau de ferment, II, 346.

مازريون *euphorbia mezereum*, II, 375.

ماهودانة synonyme de شاهدانة, *euphorbia lathyris*, Linn. Euph., épurge, II, 375.

الماورد المأوى eau de rose de seconde distillation, II, 389.

المادّة litt. matière (séveuse) — *cambium* des modernes, I, 244.

مرق bouillon, I, 551.

ماش *phaseolus maximus*, Linn. ou *mungo* confondu par Ibn-Beithaᵣ avec le *djilban*, II, 67.

ماميثة *chelidonium glaucium*, Linn Pavot cornu, II, 290.

مبطخة melonnière, II, 218.

مبقلة potager, II, 218.

مأكل le chancre, I, 564.

منسم ensuble de tisserant, II, 444.

المتماسك (terre) compacte, I, 64.

المتلزز (terre) glaiseuse, I, 64.

مشمر olive mûre, noire, I, 645.

مشجرة arbre de couche? I, 129.

مجرد grande herse, II, 443.

محسنة greffe par germe, sorte de greffe en écusson, I. 438.

محبس plur. محابيس vase ou godet employé pour la greffe, baquet en Afrique, I, 410.

محراث instrument de labour particulièrement *araire*, I, 488. — Forte charrue, II, 9.

محلب mahaleb, *prunus mahaleb*, Linn., II, 367.

محينة sorte de terre rude de nature sèche et froide, I, 77.

محراب emporte-pièce, I, 441.

محراض un pilon, II, 411.

مخيط synonyme de مشتي fruit du sébestier; ou mieux sorbier? I, 633.

مخيل بالمطر (ciel) disposé pour la pluie, II, 442.

مد mesure de capacité qui contient 0 litre 638, II, 51.

مدرج jachère sur terrain cultivé en légumes, II, 12.

المدركة jeunes arbres qu'on peut replanter, I, 12.

المدمنة terre engraissée ou fumée. I, 75.

المر (la virilité) le maître), I, 3.

مرجع ce qu'un homme peut culti-ver de terre dans un jour; un *journal* (5 ares 20), I, 504, II, 50.

مرجل chaudière, I, 367.

المرجحال niveau avec fil à plomb, I, 130.

مرداسنج, en persan مرداسنك *spuma plombi*, II, 335.

مردقش, مردوش, مرزنجوش *origanum majorana*, Linn., II, 277.

مارزوان balisier, *canna indica*, Linn., I, 368.

مرشة arrosoir, I, 158.

مرض second degré de l'étiolement accidentel, I, 552.

مرو *teucrium marum*, II, 285.

المزبلة terreau, engrais, I, 177.

مسح ouverture au bas d'un vase; robinet? II, 404.

مسحاة, plur. مساحي et مساح *pala*, bêche, houe, I, 201 — pioche et *bidens*, I, 496.

المشتي alisier, *crataegus aria*, Linn., I, 230.

مشرح (olive) fendue, I, 645.

مشط الراعي chardon bonnetier, Ibn-Beith., *dipsacus sylvestris*, Linn., II, 128.

مشق fosse peu profonde, I, 10. — Culture légère, binage, II, 429.

مصطب couches de jardin, II, 53.

المَصْرُونة terre rude, sèche et froide, I, 77.

مصع aubépine, I, 251. — Variété de *rhamnus*, I, 380.

مصنب (vin) sinapisé, II, 402.

مطلى بازرجاج litt. enduit de verre, vernissé, II. 381.

مطمور, plur. مطامير silo, σειρός, I, 638.

معلاق plur. معاليق vrilles dans la vigne, queue dans les fruits, II, 378.

مغرة terre rouge, marne, I, 81.

مقتى *mokati*, nom de plante inconnue, II, 426.

مقبرة cimetière. II, 323.

مقثوة *ager cucumeribus consitus*, concombrière, II, 218.

(بصلة) المقدونس narcisse de Macédoine, II, 267.

مقصدر (vase) étamé, II, 402.

مكبر (vin) capparisé, II, 402.

المكددنة terre qui ressemble au *kadàn* كدان, jaune couleur de cuir. I, 76.

مكسور (olive) brisée, meurtrie, I. 645.

ملوخ litt. *avulsum*, branche arrachée, éclatée, *ramus avulsus*, I, 159.

ملوخى *corchorus olitorius*, corette cultivée, II, 289.

ملول *origan. majorana,* Linn., II, 277.

منفس un soupirail. — Cheminée d'appel, II, 380.

منجل plur. مناجل faucille, I, 144, 470, houe à crochet ou *falciforme* des Latins, II, 35.

منجم fléau de la balance (romaine)? I, 264.

منقار litt. *rostrum*, un coin de petite taille. I, 382.

منقاش petite pioche, binette, I, 491.

المهارير peut-être altération de معصر pressoir, au plur., I, 367.

مهراق ouverture au bas d'un vase, robinet? II, 404.

مهرجان fête du soleil, II, 428.

المهملة (terres) inertes, landes. *A ajouter* p. 81, lig. 19. I.

ناوكية V. نير بوز, II, 152.

نبل incision annulaire, analogue au chaldéen מילה *circumcisio*, I, 432.

نخنة ammi, ἄμμι de Dioscorides (III, 70) pour le mot altéré بشمة, II, 80.

نبطى ou معاثى ou (كراث) poireau sauvage, I, 79.

نشب déchausser. déchaussement, I. 10.

نكث peut-être mot altéré pour

زنبك la corde du pauvre, un *convolvulus*, II, 312.

نبل *repres*, broussailles. II, 28.

نجيل *triticum repens*, Linn.. chiendent. II. 376.

نرجس ايض *narcissus poeticus*, Linn., II, 265.

نسرين fleur indéterminée, II. 269. — *Rosa canina* des médecins. I. 377. — Rose des montagnes, fleur du néflier sauvage. II, 270.

نشا amidon, abrégé du persan نشاستي amidon. *amylum*. II. 76,

نشف faire sécher. II, 121.

نعنع *menta sativa*, Linn., nom générique. II. 275.

نجير marc de raisin, II, 413.

نجيل espèce de pois. II. 127.

نفش melon qui ressemble au دلاع melon *doudaïm*? En Égypte شمان, II, 222.

فقد cresson alenois. V. رشاد.

نقش faire binage. II. 121.

نقل plur. انقل jeune plante qu'on transporte et qu'on repique ailleurs. *novella*. νεόφυτον, I. 199. 221.

نمام *thymus. serpillum*, Linn., II. 275.

نمرة ciel tacheté comme la peau du léopard, temps pommelé. II, 441.

نجر rigole dans l'appareil distillatoire. II. 386.

نوشادر sel ammoniac. II, 362.

نواهى *surculus*, rejeton. drageon. I. 139. 166.

نوى *nucleus*. noyau. appliqué aussi aux graines qui n'ont pas l'écorce ligneuse. I. 155.

نيلج, نيل *indigofera tinctoria*, II. 297.

نيلوفر ابيض *nymphæa alba*, Linn.. II. 263. نيلوفر اصفر *nymphæa lutea*. II. 263.

هدب l'action de récolter. II. 105.

هشة terre grasse peu adhérente. I, 68.

هلام et قريص sortes de préparations culinaires. II. 62.

هندب *cichorium endivia*. chicorée cultivée. II. 146.

هليون *asparagus officinalis*, II. 313. — *Asparagus aphyllus*, Linn.. *asparagus spinosa*, Plin., II. 314. note. II, 356, texte.

هيضة choléra (Avic. I, 142). II 214, fortes coliques?

ود plur. اوداد. plançons. boutures. *talea. clava*, I, 139. --

---

NOTE POUR L'ARTICLE V, LIVRE XXIX, PAGE 328.

خواص plur. de خاصّة, *litt.* propriétés, *proprietates*. Il ne s'agit point ici seulement des propriétés ou qualités physiques, mais d'une influence d'action d'un corps sur un autre. C'est ce que l'on appelle dans le langage habituel *influence magnétique*; c'est le סגולא des Araméens.

L'Agriculture nabathéenne rattache ces propriétés aux talismans : mss. f° 83. وهذا الذي اسمها طلسمات انما هو اعتمال اشيا بخواصتها v°. Ce qu'on nomme *talismans* n'est que l'action des choses par leurs *propriétés*, c'est-à-dire leur influence.

L'Agriculture nabathéenne s'étend longuement sur ces procédés de magie. Ibn-al-Awam les a beaucoup abrégés, et Banqueri, par scrupule

sans doute, en a retranché une grande partie qu'il a renvoyée en note
sans les traduire, mais nous avons cru devoir en donner la traduction
intégrale pour ne rien omettre du texte.

Dans *Le Guide des égarés* (T. III, p. 281), cette publication si remarquable du savant Munk, Maimonides rappelle ces procédés magiques
pour les blâmer et montrer qu'ils sont condamnés par Moïse, qui me-
nace ceux qui les emploieront de l'effet contraire de ce qu'ils attendent,
c'est-à-dire de la destruction des plantes. et bêtes. Ces pratiques supers-
titieuses sont nommées : *Voies* ou *usages amorrhéens* דרכי האמורי.

ADDITION A LA NOTE DE LA PAGE 347, TOME II.

Athénée parle encore d'un pain nommé ὀβελίος, soit parce qu'il était
cuit sur des petites baguettes ὀβελίσκοι, soit parce qu'il était vendu pour
une *obole* ὀβολοῦ, ce qui rappelle le mot français *oublie* appliqué à une
sorte de pâtisserie. Athénée cite encore beaucoup d'autres variétés de
pain, *lib. III*, p. 109 à 115, *ed. Casaub.*; Pline, *loc. cit.*, en mentionne
aussi quelques-unes dont nous ne nous occuperons point ici. V. *Préface.*
page 39.

ERRATA

TOME Ier, PRÉFACE.

1 Page 15, ligne 6, au lieu de 471, *lisez* : 371.
—   46   —   12, 960, *lisez* : 850.
—   77   —   6, 57 et 58, *lisez* : 46.
—   81   —   11, *ajoutez* : inscrit sous le n° 943. Bibl. Imp. A. F.

TEXTE.

—   17   11, *Elashkalia, lisez* : *ashkalia.*
—   39   —   8, *ajoutez* : ceci est évident, si Dieu très-haut le veut. Fin de ce qu'on lit dans le *Moqneh* 'Ibn-Hedjadj sur ce sujet.
—   58   —   11, un *adjrab, lisez* : dix *adjrab.*
— 110, note, ligne 1, *lisez* : cendre *au singulier.*
— 129, note, ligne 2, Kazwien, *lisez* : Kazwini.
— 138. note 2, plus, *lisez* : plur.
— 171, ligne pénult., *lisez* : Auteur.
— 201, note, ligne 2, à un râteau, *supprimez* : à.
— 233, note 3, *turre, lisez* : *turres.*
— 298, ligne 16. l'orange, *lisez* : oranger.
— 313, ligne 27 titre, ou, *lisez* : et.
— 314 et 321, note pénult., *lisez* : *Géoponiques.*
— 339, ligne 21, *lisez* : plongés pendant un jour et une nuit.
— 342, note, doit, *lisez* : peut.
— 360, ligne 9, *lisez* : deux brins placés en travers, dont, etc.
— 371, ligne 27, *lisez* : lui-même et alors, etc.
— 425, ligne 13, l'enduit argileux, *ajoutez* : avec la loque.
— 440, ligne 12, *lisez* : le lait du figuier sur lequel on pratique la greffe.

— 529, ligne 17, demeurent, *lisez :* demeurèrent.

— 561, ligne 11, *lisez comme titre :* Effets nuisibles d'un écoulement d'humeur permanente.

— 588, ligne 1, et ses fruits, *ajoutez :* d'après l'Agriculture nabathéenne.

TOME II, Iʳᵉ PARTIE.

— 51, ligne 25, haricots, *lisez :* sésame.

— 55, note, ligne 2, *lisez :* c'est ici, etc.

— 68, ligne 24, *schatliq, lisez : schatliq.*

— 78, ligne 9, *après* fenouil *ajoutez :* en terrain arrosé.

— 179, *lisez* ARTICLE : III.

— 256, titre du chapitre, ligne 2, *au lieu de :* le chrysanthème, te.
lisez : l'*azérion* ou buphthalme jaune, le *nisrin*, les basilics, etc.

— 270, note, *benefatsa, lisez : benefaschch.*

— 311, note, *lisson, lisez : lissân.*

— 345, note, *lisez :* meules de l'eau.

— 347, note, *panis tardii, lisez : panis cineris calidi.*

— 353, ARTICLE XIII, *lisez :* XII.

PARIS. — IMPRIMERIE VICTOR GOUPY, RUE GARANCIÈRE,

www.ingramcontent.com/pod-product-compliance
Lightning Source LLC
LaVergne TN
LVHW021511170726
843501LV00004B/819